《中国工程物理研究院科技丛书》第 076 号

国防科技图书出版基金

核能未来与 Z 箍缩驱动聚变裂变混合堆

Nuclear Energy Future and Z-Pinch Driven Fusion Fission Hybrid Reactor

彭先觉　刘成安　师学明　著

国防工业出版社

·北京·

图书在版编目(CIP)数据

核能未来与 Z 箍缩驱动聚变裂变混合堆/彭先觉,刘成安,师学明著. —北京:国防工业出版社,2019.12
ISBN 978-7-118-11982-4

I. ①核… II. ①彭… ②刘… ③师… III. ①核能-箍缩堆 IV. ①TL64

中国版本图书馆 CIP 数据核字(2020)第 001900 号

※

国防工業出版社 出版发行
(北京市海淀区紫竹院南路 23 号　邮政编码 100048)
三河市腾飞印务有限公司印刷
新华书店经售

*

开本 787×1092　1/16　印张 16　字数 330 千字
2019 年 12 月第 1 版第 1 次印刷　印数 1—2000 册　定价 208.00 元

(本书如有印装错误,我社负责调换)

国防书店:(010)88540777　　　发行邮购:(010)88540776
发行传真:(010)88540755　　　发行业务:(010)88540717

致 读 者

本书由中央军委装备发展部**国防科技图书出版基金**资助出版。

为了促进国防科技和武器装备发展，加强社会主义物质文明和精神文明建设，培养优秀科技人才，确保国防科技优秀图书的出版，原国防科工委于1988年初决定每年拨出专款，设立国防科技图书出版基金，成立评审委员会，扶持、审定出版国防科技优秀图书。这是一项具有深远意义的创举。

国防科技图书出版基金资助的对象是：

1. 在国防科学技术领域中，学术水平高，内容有创见，在学科上居领先地位的基础科学理论图书；在工程技术理论方面有突破的应用科学专著。

2. 学术思想新颖，内容具体、实用，对国防科技和武器装备发展具有较大推动作用的专著；密切结合国防现代化和武器装备现代化需要的高新技术内容的专著。

3. 有重要发展前景和有重大开拓使用价值，密切结合国防现代化和武器装备现代化需要的新工艺、新材料内容的专著。

4. 填补目前我国科技领域空白并具有军事应用前景的薄弱学科和边缘学科的科技图书。

国防科技图书出版基金评审委员会在中央军委装备发展部的领导下开展工作，负责掌握出版基金的使用方向，评审受理的图书选题，决定资助的图书选题和资助金额，以及决定中断或取消资助等。经评审给予资助的图书，由中央军委装备发展部国防工业出版社出版发行。

国防科技和武器装备发展已经取得了举世瞩目的成就，国防科技图书承担着记载和弘扬这些成就，积累和传播科技知识的使命。开展好评审工作，使有限的基金发挥出巨大的效能，需要不断摸索、认真总结和及时改进，更需要国防科技和武器装备建设战线广大科技工作者、专家、教授，以及社会各界朋友的热情支持。

让我们携起手来，为祖国昌盛、科技腾飞、出版繁荣而共同奋斗！

国防科技图书出版基金
评审委员会

《中国工程物理研究院科技丛书》
出 版 说 明

  中国工程物理研究院建院 50 年来，坚持理论研究、科学实验和工程设计密切结合的科研方向，完成了国家下达的各项国防科技任务。通过完成任务，在许多专业领域里，不论是在基础理论方面，还是在实验测试技术和工程应用技术方面，都有重要发展和创新，积累了丰富的知识经验，造就了一大批优秀科技人才。

  为了扩大科技交流与合作，促进我院事业的继承与发展，系统地总结我院 50 年来在各个专业领域里集体积累起来的经验，吸收国内外最新科技成果，形成一套系列科技丛书，无疑是一件十分有意义的事情。

  这套丛书将部分地反映中国工程物理研究院科技工作的成果，内容涉及本院过去开设过的二十几个主要学科。现在和今后开设的新学科，也将编著出书，续入本丛书中。

  这套丛书自 1989 年开始出版，在今后一段时期还将继续编辑出版。我院早些年零散编著出版的专业书籍，经编委会审定后，也纳入本丛书系列。

  谨以这套丛书献给 50 年来为我国国防现代化而献身的人们！

《中国工程物理研究院科技丛书》

编审委员会

2008 年 5 月 8 日修改

《中国工程物理研究院科技丛书》
第七届编审委员会

《中国工程物理研究院科技丛书》
公开出版书目

能源是人类生存和幸福生活最重要的物质基础。

随着工业化的进程和人口的大幅增加，进入 21 世纪后，人类越来越感觉到能源危机已近在咫尺。目前全世界每年消耗的能源为 180 亿~200 亿 t 标准煤，传统化石能源将在百年左右消耗殆尽，而且化石能源的大量开采、利用，又使人类受到环境、气候恶化的严重威胁。因此寻找安全、清洁、持久、经济的新能源是科学家当前面临的最重要任务。

中国工程物理研究院从 2000 年开始就注意到 Z 箍缩能够为惯性约束聚变提供足够的驱动能量，并为此组织了相关研究团队，开始了对核聚变能源的探索研究。到 2008 年，研究团队形成并提出了 Z 箍缩驱动聚变裂变混合堆（Z-FFR）的基本概念。到 2016 年年底，研究团队在中国工程物理研究院、国家国防科技工业局、国家磁约束聚变能研究（ITER）专项（2012GB106000，2015GB108002）和国家自然科学基金委的支持下，对 Z-FFR 所涉及的各个方面进行了非常深入的理论和设计研究，并与当前国际、国内所有核能概念进行了比较，形成了如下认识：

（1）核能应成为未来规模能源的主力；

（2）当今的 Z 箍缩技术，能够最经济、最简便地创造大规模聚变的条件，特别是 LTD 技术路线提出来后，可以解决作为能源应用的重复频率运行问题；

（3）研究团队创造性提出的"局部整体点火"聚变靶概念及与之配套的负载、靶设计技术和设想方案完全有可能适用未来能源的要求；

（4）研究团队创造性提出的"次临界能源堆"概念及一系列创新、有效的技术措施，使 Z-FFR 在简便、安全、经济、持久、环境友好等方面都具有优良的品质，能够成为未来最具竞争力的千年能源；

（5）研究团队提出的三回路水准闭式循环方案，为堆建造场址的选择提供了极大的方便；

（6）由于安全性的圆满解决，Z-FFR 可靠近城市建造，因而可以方便地实现热电联供，并将大大提高能源的利用效率。

上述这些关键技术解决方案的提出，使我们看到了一种有效应对未来能源危机和环境、气候问题的新能源曙光。

本书是中国工程物理研究院研究团队多年在 Z 箍缩驱动聚变裂变混合堆研究方面的总结，也是对这条能源技术路线的论证。在论证过程中，研究团队获得了如下具有科学意义的重要认识：①纯聚变能源经济上没有竞争力，也不可能取之不尽、用之不竭；②对惯性约束聚变能源而言，驱动器必须在约 10ns 时间之内向聚变靶丸输送约 10MJ 量级的能量；③聚变的加入，可以大大改善甚至去除裂变堆应用中的多个关键性缺点，主要优点包括深度次临界运行、提高铀钍资源利用率、经济且少害的核燃料循环等。希望本书的出版，对科技界全面了解此技术路线有所助益。也希望倾听大家的有益建议，并为此技术路线的进一步发展打下良好的基础。

本书主要章节及主要内容均为中国工程物理研究院研究团队的工作总结和研究成果，为使内容更加完整和有利于总体评价，书中引用了其他文献中的内容，已在书中相应位置做出标注，在此表示感谢。本书初稿成书于 2016 年，后经基金评审等环节，又对书稿部分内容进行了更新和调整。彭先觉研究员主要负责第 1 章、第 3 章、第 6 章、第 8 章、第 9 章的撰写工作，并参与了第 7 章的部分撰写工作，同时负责全书的统稿工作；刘成安研究员主要负责第 2 章、第 7 章、第 10 章的撰写工作，并参与了第 1 章、第 3 章、第 8 章、第 9 章的部分撰写工作；师学明副研究员主要负责第 4 章和第 5 章的撰写工作，并参与了第 1 章、第 2 章、第 7 章、第 8 章、第 10 章的部分撰写工作。在此特别感谢李茂生研究员为第 6 章的包层部分提供了数据、图表，并参与了 8.5.2 节的撰写工作。在本书的撰写过程中，感谢中国工程物理研究院流体物理研究所提供的驱动器方面的资料和图片，感谢中国工程物理研究院核物理与化学研究所提供的实验测试和次临界能源堆方面的资料和图片，感谢中国工程物理研究院材料研究所提供的金属型燃料方面的资料，感谢中国工程物理研究院激光聚变研究中心提供的靶负载方面的资料和图片，感谢北京应用物理与计算数学研究所提供的大量数值模拟计算的结果，感谢中国核动力研究设计院提供的热工安全方面的资料，感谢中广核研究院有限公司提供的非能动安全方面的资料，这些都是此书得以完成的重要基础。在此郑重感谢整个研究团队的同心合作和为论证此技术路线的可行性而付出的辛勤劳动。同时，本书获得了国防科技图书出版基金的资助，在此表示衷心感谢。

书中不足之处请读者批评、指正。

彭先觉

2018 年 12 月于北京

目 录

Contents

第1章 能源问题概述

1.1 引　言

能源作为人类生存和社会发展的公用性资源,始终是国家和地区经济发展和社会发展的基本保障。它既是经济资源,也是战略资源和政治资源。能源的可持续发展直接影响国家的安全和现代化进程。我国应该构建可持续能源体系,以此推动技术革命和社会进步[1]。

目前,我国经济增速放缓,但能源消费长期增长的趋势没有改变。化石能源是不可再生能源,其资源将在今后百年左右消耗殆尽,可再生能源是可持续发展的重要能源,但目前还受到储能技术等多种因素的限制,无法充分发挥作用。资源的紧缺将成为我国乃至世界经济长期发展的关键制约因素。

人类在解决长期能源需求的同时,还面临空气污染和全球变暖的严峻挑战。一方面,据估计,全球每年有650万人的死亡与空气污染有关[2];另一方面,目前全球空气中CO_2平均浓度为400μL/L,2100年需要将其控制在450μL/L以内,才能实现《巴黎协定》中"将全球平均气温升高幅度与工业化前相比控制在2℃以内"的愿景[3]。

联合国政府间气候变化专门委员会(IPCC)认为温室气体排放的持续增加将使得21世纪内全球平均气温继续或加速上升,导致冰川融化、海平面上升、物种灭绝、农业减产、能源短缺等一系列严重问题,对人类生存环境产生最直接的威胁[4]。美国二氧化碳信息分析中心的最新数据表明,2015年我国CO_2排放总量达90亿t,居世界第一位,接近美国的两倍[5]。温室气体的大量排放使得我国生态环境面临极大的压力。

世界核能协会认为,为实现巴黎气候大会目标,从2015年起到2050年应该再新建10亿kW核电,届时核电占比达到25%,实现低碳化石能源(优先发展碳捕集与封存技术)、可再生能源、核能的协调发展,这是应对空气污染和全球变暖的现实、有效手段[6]。

1.2　我国能源消费结构

我国是世界上最大的能源消费国、生产国和净进口国。按照《BP2015世界能源统计年鉴》[7]提供的数据,2015年我国一次能源消费量为30.14亿toe①,占全球总量的22.9%,居世界首位。图1-1是我国近年来的一次能源消费情况。2015年中国能源消费

---

① toe表示吨油当量,1toe=42GJ。

增长 1.5%,是自 1998 年以来的最低值(过去十年平均增速为 5.3%)。

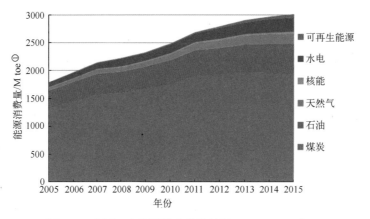

图 1-1   中国一次能源消费结构情况(2005—2015 年)

我国能源结构长期以煤炭为主,缺油、少气。表 1-1 是 2015 年全球一次能源消费结构[7],煤炭消费占我国一次能源消费量的 63.7%,而全球煤炭消费占比仅为 29.2%。我国原油占比 18.6%,水电占比 8.5%,天然气占比 5.9%,核能占比 1.3%,其他(风、光、生物质等)可再生能源占比 2.1%,由此可见,我国的原油、天然气、核能等消费占比明显低于全球平均水平,更低于美国消费占比。从能源结构上分析,未来较长一段时间内,煤炭仍将是我国能源消费的主导燃料,但其占比将逐渐下降,可再生能源、核能等清洁能源的占比将逐步提高。

表 1-1   2015 年全球一次能源消费结构

地区	原油/%	天然气/%	原煤/%	核能/%	水电/%	其他再生能源/%	能源消费总量/M toe
全球	32.9	23.8	29.2	4.4	6.8	2.8	13147.3
美国	37.3	31.3	17.4	8.3	2.5	3.1	2280.6
中国	18.6	5.9	63.7	1.3	8.5	2.1	3014.0

如表 1-2 所列,《BP2015 世界能源统计年鉴》[7]给出了全球化石能源探明储量。无论是煤炭、石油还是天然气,我国探明储量都远低于美国,我国煤炭、石油、天然气的储产比也都远低于全球平均水平。按照中华人民共和国国土资源部《中国矿产资源报告(2015)》[8],我国主要矿产探明资源储量分别为:煤炭 15317 亿 t,石油 34.3 亿 t,天然气49451 亿 m³。需要指出的是,BP 使用的是探明储量,中华人民共和国国土资源部使用的是资源储量,二者数据差近 10 倍。有资料估计,我国可经济开采的煤炭储量在 2000 亿 t左右,按照 2015 年一次能源消耗总量约 43 亿 t 标煤估计,只能用约 50 年,石油和天然气供应形势更加严峻。化石燃料可以作为宝贵的化工原料,将其直接燃烧发电是一种极大的浪费。

———————————

①   M toe 表示百万吨油当量,$1M\ toe = 4.2 \times 10^7 GJ$。

表 1-2　《BP2015 世界能源统计年鉴》统计的全球化石能源的探明储量和储产比[7]

化石能源	探明储量			化石能源	储产比		
	全球	美国	中国		全球	美国	中国
煤/亿 t	8915	2373	1145	煤	114	292	31
石油/亿 t	2394	66	25	石油	50.7	11.9	11.7
天然气/万亿 m³	186.9	10.4	3.8	天然气	52.8	13.6	27.8

1.3　各种能源的基本特点

为了更好地理解增加能源供给和减少排放等问题,下面对几种能源类型的特点、供给方式做出分析,以便对不同能源供给途径做出评估。

1.3.1　煤炭

煤炭是当前用于发电的主要化石燃料,为我们提供了持续的、不间断的电力和生活多方面的能量需要。我国煤炭的储量相对丰富,燃煤发电技术成熟,成本低,相对安全性好。在相当长的时间内,煤炭仍是人类所需的重要能源。

煤电产业链对温室效应和对环境污染的影响已是不争的事实。天然煤炭中也有微量的放射性,虽然比例小,但煤的总消耗量大,同等规模煤电排出物的总放射性比核电还大,未来煤炭作为能源利用应当受到严格的限制。我国煤炭供需缺口占煤炭消费量的比重近十年稳定在 5% 左右,但随着采煤的深度越来越大,工程难度也越来越高,前景不容乐观。

未来应该扩大煤炭的清洁化利用,提高燃煤发电效率,控制散烧煤的使用。我国燃煤超超临界机组、循环流化床等技术国际领先,电功率 1000MW 的超超临界机组二次再热技术发电效率达到 47.8%,每度电煤耗 266.5g,达到世界领先水平。这些技术的推广以及发展高效热电联产都是提高能源利用效率、减少碳排放和空气污染的有效手段。未来还应该密切跟踪碳捕集与封存技术。

1.3.2　天然气

天然气的主要成分是甲烷(CH_4),它比燃煤清洁,排放的颗粒物和 CO_2 都少于煤炭。通过改进循环方式,从天然气到电能的整体转换效率可达 50% 以上,单位电功率的 CO_2 排放量远少于煤。天然气在工业供热和家用方面,具有方便、费用低、排放量少的优点。但在总量上,天然气燃烧排放 CO_2 仍是产生温室效应的重要因素,这是化石燃料的本性所决定的。近些年,我国天然气消费快速增长,2005 年尚可以自给自足,2015 年超过 30% 的消费依赖于进口,近十年消费量增长超过 35%。

随着新开采技术的发展,非常规天然气,如煤层气、低渗透砂岩气和页岩气,获得大量开采,天然气的储量也将不断增加。在现有技术条件下,预计可供开采的储量将达到 850 万亿 m³。即使如此,天然气也不能维持长久的能源供应。

《2010 能源技术展望:面向 2050 的情景与战略》[9]一书提供了美国 2050 年煤炭、天然气发电成本预测,如表 1-3 所列。尽管预测数据有较大不确定性,但仍具有很好的参考价值。

表 1-3　美国 2050 年煤炭和天然气发电成本预测

发电类型	投资成本 /(美元/kW)		运行维护成本 /(美元/(kW·a))		净效率/%	
	2010 年	2050 年	2010 年	2050 年	2010 年	2050 年
超临界燃煤发电	2100	1650	42	32	42	42
超超临界燃煤发电	2200	1700	44	34	46	52
整体煤气化联合循环发电	2400	1850	72	56	42	54
天然气联合循环发电	900	750	27	23	57	63

1.3.3　石油

石油以其特有的便携性、较高的能量密度和可接受的价格,成为性质优良的交通运输用能源,也是可用于直接供热的能源。目前,石油仍是当前世界能源消耗的重要组成部分。石油储量有限,燃烧过程中也会排放大量温室气体。我国石油供需缺口逐年扩大,对外依存度 2005 年不到 45%,2015 年超过 60%,且有继续增长的趋势。

盛产石油的国家政治形势不稳定,世界对石油资源的争夺会越来越加剧。用氢或其他合成气、液态燃料可部分代替石油,但要把这类替代燃料生产出来,同样要消耗大量其他类型的能源。替代燃料是否经济、清洁、可持续,需要从全产业链来分析才能得出客观结论。

1.3.4　风能

风能是可再生能源,发电过程中不产生 CO_2 和其他有害的污染物,不需用蒸汽循环。其局限性在于风力强度不恒定,具有明显的间隙性。另外,风力发电噪声大,还会危害鸟类生存。风力发电如果要大规模发展,就必须在大规模储能、智能电网等方面取得突破。

截至 2015 年年底,我国风电装机容量达到 1.29 亿 kW,占全球 25.9%,平均利用小时数为 1728h。2006 年以来,我国风电并网容量 10 年增长超过 100 倍,目前已成为世界上风电并网容量最大、发展最迅速的国家。

风能领域总体技术的发展方向是具备发电功率精确预测、装备灵活控制、调度运行智能优化、电网友好主动支撑的技术性能,成为可预测、可控制、可调度的电网友好型发电技术和主力电源。

1.3.5　太阳能

太阳能是一种非常有潜力和吸引力的再生能源。太阳还能存活数十亿年,从资源上讲,是人类最持久的能源。太阳在地球高空的辐射强度为 $1.353kW/m^2$,到达地球表面的最大辐射强度约为 $1kW/m^2$,平均辐射强度约为 $250W/m^2$。

太阳能的利用主要包括光热转化、光电转化、光化学能转化。光热转化最为常见,虽然成本低廉但是转化效率低。光电转化过程是利用光伏电池技术将太阳能转化为电能,我国商业化单晶硅电池效率达到 20% 以上,多晶硅电池效率超过了 18%。光伏太阳能电池大规模发展,需要配备高效的储能系统。薄膜太阳能电池将是光伏发电技术的重点发展方向之一。更有效、实用和有发展前景的方式是将太阳能直接转化为化学能。通过人工光合作用将太阳能转化并储存为稳定的化学能,这样不仅可以解决能源问题,而且可以制备大宗化学品。目前,国内外人工光合作用的研究仍处于实验室阶段,若能突破稳定性、效率以及价格,则完全有可能成为太阳能利用的主流方向。

截至 2015 年年底,我国光伏发电累计装机容量 4318 万 kW,其中,光伏电站 3712 万 kW,分布式 606 万 kW,年发电量 392 亿 kW·h,全国全年平均利用小时数为 1133h。在"十三五"规划征求意见中,2020 年光伏发电累计装机容量的目标为 150GW。

太阳能发电也具有明显的间隙性。另外,光伏发电需用面积很大的电池板,设备昂贵。光热发电成本较光伏发电成本还要高。《2010 能源技术展望:面向 2050 的情景与战略》[9] 比较了美国各种可再生能源发电成本预测,见表 1-4。该表中 2050 年发电成本估算不确定性可能较大,但仍有重要的参考价值。

表 1-4 美国各种可再生能源发电成本预测

发电类型	投资成本/(美元/kW)		运营成本/(美元/(kW·a))	
	2010 年	2050 年	2010 年	2050 年
生物质发电	2500	1950	111	90
地热发电	2400~5500	2150~3600	220	136
大型水力发电	2000	2000	40	40
小型水力发电	3000	3000	60	60
太阳能光伏发电	3500~5600	1000~1600	50	13
太阳能热发电	4500~7000	1950~3000	30	15
海洋能发电	3000~5000	2000~2450	120	66
陆上风力发电	1450~2200	1200~1600	51	39
海上风力发电	3000~3700	2100~2600	96	68

从表 1-3 和表 1-4 所列数据来看,太阳能发电目前的投资成本为煤电的 2~3 倍。考虑到同等功率太阳能电站每年实际发电量只有煤电的 1/6~1/4,所以,目前来说不论是光伏发电还是光热发电都是十分昂贵的。

太阳能除十分昂贵以外,还有分散性和间歇性的缺点,要想成为规模能源(如给大城市供能),必须解决储能问题,或是用太阳能制氢,而这些又会大大增加经济负担或技术难度。如以目前较先进的工业储能钛锂电池系统来储存百万千瓦电站两天的发电量,就需要花费近 100 亿美元。

为了解决太阳能供能的不确定性问题,还有一种想法是把光伏电池板置于地球同步轨道上,发出的电转变成微波,再发回至地面,经接收后再把微波能转变成电能。该空间太阳能电站设想是于 1968 年由苏联科学家 Glaser 提出的[10]。1977—1980 年期间,美国实施了一项专门的科学研究计划,其目的是确定空间太阳能电站的前景。这项研究计划得到了美国能源部（DOE）和美国国家航空航天局（NASA）的支持。该计划曾设想从 2000 年开始，每年建造两座 5GW 空间电站，共计建造 60 座。他们设想借助载荷 400~500t 的专用火箭，先将空间太阳能电站的部件送入低轨道，然后利用火箭将这些部件送入同步轨道。由宇航员在同步轨道上将部件组装成电站。表 1-5 列出了 DOE/NASA 计划中电站的主要参数[11]。

表 1-5 空间太阳能电站的主要参数

空间太阳能电站总数	60 座
每座空间太阳能电站功率	5GW
每座太阳能电站电池板尺寸	5000m×10000m
每座天线发射直径	1km
每座空间太阳能电站质量	30000~50000t
地面接收系统尺寸	10000m×13000m
发射天线中心辐射能密度	$30kW/m^2$
接收天线中心辐射能密度	$230W/m^2$
第一座空间太阳能电站价格	约 250 亿美元
运载设备价格	约 100 亿美元
加工期限	约 20 年
每座空间太阳能电站工作寿命	≥30 年
每座空间太阳能电站投资回收时间	≤6 年

这类电站的科学和技术可行性是没问题的。问题是工程实现的难度太大，成本也太高，经济性评估值偏低。同时，微波辐射对地面和空中环境的影响也不容小觑。

1.3.6 水力发电

2015 年我国水电装机容量突破 3 亿 kW，年发电量超过 10000 亿 kW·h。我国水电开发总量仅占技术开发总量的 35% 左右，远远低于发达国家的 80%~90% 的水平。在未来水能开发利用中，需围绕大型水电工程开发建设与长效健康服役、常规水电机组和抽水蓄能机组等方面，开展前瞻性研究和关键科技问题集中攻关，进行新技术的推广应用示范，最终实现基于新技术的水能开发产业化。

水力发电的局限性在于，可建坝的地域受气候和地貌的限制。建坝会使大量土地被淹没，造成农林和一些资源的损失，造成山体滑移引发地质灾害，使某些洄游生物遭遇生存危机等。

1.3.7 核能

核能指核反应前后原子核结合能发生变化而释放出的巨大能量，为了使核能稳定输出，必须使核反应在反应堆中以可控的方式发生。铀核等重核发生裂变释放的能量称为裂变能，氘、氚等轻核发生聚变释放的能量称为聚变能。目前正在利用的是裂变能，聚变能还在开发当中。核能主要的利用形式是发电，未来核能在供热、核动力等领域将会有较大的拓展空间。

核能是安全、清洁、低碳、稳定、经济的高能量密度战略能源。福岛核事故后,国际上提出"从设计上实际消除大规模放射性释放",实现在任何情况下,确保环境和公众的安全。第三代核电的开发和建设,使核电的安全性达到了一个新的高度。核能全产业链碳排放及污染物排放与水电、风电相当,属于低碳、清洁能源。从发展潜力来看,全球铀资源蕴含的能量足够支持全人类千年以上的能源需求。规模化核电的经济性可以和煤电竞争。发展核能是解决能源危机,应对气候变化的现实、理性选择。

核能安全性和放射性废物处置是影响公众支持度最重要的因素。此外,经济性、资源利用率、防扩散性等也是核能可持续发展的必要条件。先进核能系统必须在这些方面获得突破,才能使核能发展获得更多的支持。

1.4 我国发展核能的潜力

截至 2018 年 12 月 31 日,全球有 31 个国家运营 445 台商业反应堆(总装机容量 3.95 亿 kW,提供约 10.5% 的清洁、基荷电力),有 55 个国家运行 225 台研究堆,有 180 台反应堆为 140 余座舰船和潜艇提供动力[12]。2018 年,我国大陆在运核电机组 44 台,总装机容量 4464.5 万 kW,约占全国电力总装机容量的 2.4%;核电发电量约 2865.11 亿 kW·h,约占全国总发电量的 4.22%。在确保安全的前提下,我国核电不但要发展,而且要规模化发展,才能成为解决我国能源问题的重要支柱之一,促进我国能源向绿色、低碳转型。

1.4.1 核能的安全性

核能是最安全的产业之一,但这一事实并没有得到社会的普遍认可。关于安全的评价取决于人们对风险和收益的综合比较。核能产业链在正常情况下,工作人员所受归一化辐射职业照射剂量仅为煤电链的 1/10,对公众产生的照射仅为煤电链的 1/50,其排放实际上是一种"近零排放"。美国核管理委员会认为,堆芯损坏概率取 10^{-4}/堆年,早期放射性物质大量外泄概率取 10^{-5}/堆年,即可满足 2 个"千分之一"的定量安全目标要求:厂区外 1.61 km 范围内,公众由于反应堆事故导致立即死亡的风险不超过所有其他类型事故导致立即死亡风险总和的千分之一;厂区外 16.1 km 范围内,公众由于反应堆运行导致癌症死亡的风险不超过所有其他原因导致癌症死亡风险总和的千分之一。公众对核能安全的质疑主要是源于历史上发生的三哩岛、切尔诺贝利、福岛 3 次严重核事故,这几次事故对核能发展带来了严重的负面影响。各核电国家都会积极吸取每次事故的经验反馈,促进核电安全和监管水平的进步与发展。

我国在运核电机组的安全性是有保障的。我国核电发展起步较晚,具有后发优势,从一开始就采用了成熟的二代改进型压水堆核电机型。反应堆设计阶段就吸取了三哩岛和切尔诺贝利事故的经验反馈,并采取了持续改进的措施。福岛核事故后,我国立即对运行和在建的核电厂开展了安全大检查,切实吸取福岛核事故经验教训,暂停新的核电项目审批。经过评估和整改,核电厂应对极端外部自然灾害与严重事故预防和缓解的能力得到加强,我国核电安全性和监管水平不断提高。我国目前在运的核电机组大多数属于二代改进型(2018 年在运核电机组 44 台,其中有 41 台属于二代改进型,3 台是当年年底投运的三代机组),安全水平不低于国际上绝大多数运行机组,运行业绩也排在国际前列,世界核电运营协会(WANO)运行指标普遍处于国际中上水平,没有发生过一起国际 2 级及以上的核事故,放射性排出物剂量水平远低于国家标准。

按照《核安全与放射性污染防治"十二五"规划及 2020 年远景目标》的要求,我国"新建核电机组具备较完善的严重事故预防缓解措施,每堆年发生严重堆芯损坏事件的概率低于十万分之一,每堆年发生大量放射性物质释放事件的概率低于百万分之一""'十三五'及以后新建核电机组力争实现从设计上实际消除大量放射性物质释放的可能性"。我国 2018 年年底投入运行的美国先进压水堆(AP1000)、欧洲先进压水堆(EPR)机组和目前开工建设的"华龙一号"三代先进压水堆、高温气冷堆示范工程以及钠冷快堆示范工程,其严重事故堆芯损伤概率和大量放射性释放概率比上述要求还要低近两个量级,可以认为做到了"从设计上实际消除大量放射性物质释放的可能性"。本书提出的聚变裂变混合能源堆具有非常好的固有安全性,有可能做到技术上取消场外应急系统。

1.4.2 核能是低碳、清洁、稳定的战略能源

1. 核能是低碳、清洁的能源

核电在运行过程中不会排放 CO_2 等温室气体,也不会排放 CO、SO_2、NO_x 等有害气体和固体尘粒。从核电全生命周期来看,核电的碳排放主要集中在铀矿开采、转化、铀浓缩、核电建设、后处理、核电退役等环节。国际原子能机构(IAEA)2015 年度《气候变化与核能报告》[6]引用了美国国家可再生能源实验室(National Renewable Erergy Laboratory,NREL)等多家实验室关于各种能源碳排放的全生命周期分析(LCA)数据库。研究发现:虽然每一种能源形式的碳排放值都有一个区间分布(体现了各个电厂全生命周期各环节采用的技术差异),但采用中位数来分析,各种数据库之间的吻合度还是很好的。根据该报告,煤电的碳排放最高(1025g/(kW·h)CO_2),随后依次是天然气(492g/(kW·h)CO_2)、带碳捕集与封存的化石电力(167g/(kW·h)CO_2)、光伏发电(49g/(kW·h)CO_2)、集中式太阳能发电(27.3g/(kW·h)CO_2)、风电(16.4g/(kW·h)CO_2)、核电(14.9g/(kW·h)CO_2)、水电(6.6g/(kW·h)CO_2)。可见,核电、风电和水电的碳排放水平最低,属于低碳能源。关于 CO、SO_2、NO_x 等有害气体的 LCA 也有类似结论,即核电和风电、水电的有害气体排放属于同一水平。2015 年我国核能发电相当于减少燃烧标准煤 5374 万 t,减少 CO_2 排放 14080 万 t,减少 SO_2 排放 45.7 万 t,减少 NO_x 排放 39.77 万 t。

表 1-6[13]给出了核电和煤电全产业链每运行 1GW·a 或者每发 1kW·h 电对公众健康和环境、气候变化的影响。最后一列表示二者的影响因子之比,显然,核电更加安全、环保。

表 1-6　核电和煤电全产业链对公众健康和环境、气候变化的影响比较

影 响 因 素		煤电链	核电链	煤电链/核电链
对公众健康的影响	辐射照射/(人·Sv/(GW·a))	420	8.39	约 50
	非辐射照射/(人/(GW·a))	12	0.67	约 18

（续）

影响因素		煤电链	核电链	煤电链/核电链
对工作人员 健康的影响	辐射照射/(人·Sv/(GW·a))	90	8.91	约10
	尘肺/(例/(GW·a))	21.6	4.4	约5
急性事故 死亡影响	急性事故死亡/(人/(GW·a))	35	0.6	约60
对环境的影响	流出物	明显	不可察觉	—
	固体废物占地/(m²/(GW·a))	$2.1×10^4$	$1×10^4$	约2
	塌陷面积/(m²/(GW·a))	$1×10^6$	$1.6×10^2$	6300
对气候的影响	等效 CO_2 排放量/(g/(kW·h))	1302	13.7	95

2. 核能是稳定的能源

与水电、风电、光电等清洁能源不同,核电能量输出是稳定的,不存在间隙性波动,年平均利用小时数可高达 7000~8000h,提高核电比例不会对现有电网构成不安全因素。

3. 核能是一种重要的战略能源

核能能量密度高,核燃料易于储备,可有效提高能源自给率。对于核电而言,核燃料用量小,燃料成本占发电成本比例低,且易于运输和储备。1 台 1GW 核电机组每年仅需新装入 25t 核燃料,燃料所需库存空间很小,便于缺乏燃料资源的国家为应付供应中断的风险而储备较长时期的燃料。例如,我国建设 90 天石油进口量的储备,需要投入 380 亿美元,相当于 150 台百万千瓦核电机组 5.4 年铀储备的资金投入。因此,国际上将核燃料视为一种"准国内资源",将发展核电看作提高能源自给率的一个重要途径。

1.4.3 铀资源情况

要准确回答"地球上的铀资源可以用多久"是非常困难的。高品位的铀矿开采成本低,但资源量较少;低品位的铀矿开采成本高,但资源量丰富。Deffeyes 等[14] 的研究指出,铀的资源量与铀的品位近似呈对数正态分布,如果适当降低开采铀矿的品位,则可获得的铀资源将按指数增长。在 1000~30000μg/g 的宽广范围内,开采铀矿的品位降低到百分之十,则铀资源量将增加约 300 倍。如果认为品位大于 2000μg/g 的铀矿是可采资源,则陆地可采资源量约 3000 万 t。法国原子能委员会在一个评估报告中说,仅在世界硫矿中伴生的铀资源就高达 2000 万 t。

根据 2016 年铀资源红皮书[15],全球已探明铀资源 764 万 t(每千克铀成本低于 260 美元),比两年前增加 6400t。如果按照 2014 年的全球天然铀需求量推算,则可以满足未来 135 年核电发展需求。此外,全球还有待探明铀资源约 1000 万 t,非常规铀资源① 2200 万 t,可以满足较长时期全球核电发展的需要。

除陆地铀资源外,海水中也有铀。海水中铀含量约为 3.3mg/m³,以海洋总体积约 $1.37×10^9 km^3$ 计,海水中铀资源总量为 $4.5×10^9 t$,可以作为潜在资源。海水中铀资源总量

① 常规铀资源一般指铀作为主要产品或者重要的副产品回收;非常规铀资源一般指铀作为一种次要的副产品回收,如磷酸盐矿、黑色页岩、褐煤等。

非常大,但提取也很不容易。日本从 20 世纪 60 年代起,就开始研究从海水中提取铀,早期研究表明,水合二氧化钛 $TiO(OH)_2$ 是一种很有前途的吸附剂,20 世纪 80 年代的实验表明,每千克吸附剂可吸附约 0.1g U,经济性仍有量级上的差距。近年来,日本又集中对基于胺肟基的吸附剂系统进行了实验研究,并在太平洋中进行了海洋实验[16-17]。日本通过辐射诱发接枝的方法,先用电子束辐照聚乙烯无纺布材料,再将丙烯腈接枝到聚乙烯无纺布上,然后通过与羟胺的反应,接枝后的高分子链上的氰基被转化为胺肟基团。这种通过辐射诱发接枝技术制备的吸附剂,具有足够的机械强度和较高的铀吸附能力。理想估计,束编型吸附剂系统置于洋流水域,深度 100~200m,1000km² 海域,1 年可回收铀 1200t 左右,提铀费用约 32000 日元/(kg U)。

根据我国新一轮铀矿资源潜力评价的结果,预测国内铀资源量约 210 万 t,预计可生产天然铀约 100 万 t,能满足 1 亿 kW 压水堆核电站 60 年的发展需求。为保证我国核电规模化发展对于铀资源的需求,近期应该重点发展深层铀资源和复杂地质条件下空白区铀资源的勘查、采冶技术,跟踪海水提铀技术。1t 铀完全裂变(含 ^{238}U)释放的能量和 300 万 t 标准煤释放的能量相当。按全世界年消耗能源 200 亿 t 标准煤水平算,全球已探明铀资源就可供全人类使用 1400 年以上。从长远来看,必须提早安排发展先进核能系统,大幅提高铀资源利用率,从而解决人类上千年的能源需求问题。

除铀以外,还有钍可供利用。钍元素在地壳表层(从地面到地下 16km)的含量与铀相当,目前已探明的钍矿藏储量在 600 万 t 以上。如果找到了好的钍应用技术路线,就可能刺激钍资源的勘探开发,届时钍的探明储量将会显著增加。

以上所谈都是裂变燃料,聚变燃料资源问题我们将在第 3 章中讨论。

参考文献

[1] 中国科学院能源领域战略研究组. 中国至 2050 年能源科技发展路线图[M]. 北京:科学出版社,2009.

[2] World Health Organization. 7 million premature deaths annually linked to air pollution[EB/OL]. [2016-05-02]Geneva:WHO,2014. http://www. who. int/mediacentre/ news/releases/2014/air-pollution/en/.

[3] United Nations Framework Convention on Climate Change. Report of the Conference of the Parties on its Fifteenth Session[R/OL]. [2019-04-10]. https://unfccc. int/process/conferences/past-conferences/copenhagen-climate-change-conference-december-2009/cop-15.

[4] IPCC. IPCC Second Assessment Climate Change 1995[R/OL]. [2019-4-10]. https://www. ipcc. ch/site/assets/uploads/2018/06/2nd-assessment-en. pdf.

[5] CDIAC. Global carbon project-Full Global Buget(1959—2015)[EB/OL]. [2019-04-10]. https://Cdiac. ess-dive. lbl. gov/GCP.

[6] International Atomic Engrgy Agency. Climate change and nuclear power[R]. Vienna:IAEA,2015.

[7] BP. BP statistical review of world energy(2015)[R]. London:BP,2016.

[8] 中华人民共和国国土资源部. 中国矿产资源报告(2015)[M]. 北京:地质出版社,2015.

[9] 国际能源署. 2010 能源技术展望:面向 2050 的情景与战略[M]. 北京:清华大学出版社,2011.

[10] GLASER P E. Power from the sun:its future[J]. Science,1968,162(3856):857.

[11] IVAVOV G A,VOLOSHIN N P,GANEEV A S,et al. Explosion deuterium energetics(in Russian)[M].Snezhinsk:RFYaTs VNIITF,1997.

[12] WNA. Nuclear power in the world today[EB/OL]. [2019-1-30]. www. world-nuclear. org/information-library/ facts-and-figues/world-nuclear-power-reactors-and-uranium-requireme. aspx.

[13] 潘自强. 我国煤电链和核电链对健康、环境和气候影响的比较[J]. 辐射防护,2001,21(3):129-144.

[14] DEFFEYES K S, MACGREGOR I D. World uranium resources[J]. Scientific American,1980,242(1):66-76.

[15] IAEA and OECD NEA. Uranium 2016:resources,production and demand[R]. France:NEA,2016.

[16] 饶林峰. 辐射诱发接枝技术的应用:日本海水提铀研究的进展及现状[J]. 核科学技术与应用,2012,5(4): 252-257.

[17] SUGO T,TAMADA M,SEGACHI T,et al. Recovery system for uranium from seawater with fibrous adsorbent and its pre-liminary cost estimation[J]. J. Atom Energy Soc. Japan,2001,43(10):1010-1016.

第 2 章　核裂变能的现状与发展趋势

2.1　引　　言

1939 年,德国科学家哈恩和史特拉斯曼发现,当中子轰击铀核时在产物中存在钡等中等质量核,随后科学家逐渐认识并合理解释了裂变现象。裂变的发现,立刻引起了人们的极大注意。这不仅是因为裂变过程中会释放出大量能量,更重要的是,每次裂变都会产生约 2.5 个中子。这些中子有可能形成自持链式裂变反应,从而使原子能的大规模利用成为可能,这也是核反应堆的基础。本章概述了核裂变能的基本概念和发展现状,重点介绍第四代反应堆的基本特点。

2.2　核裂变能的基本概念

2.2.1　中子的作用与链式裂变反应

中子不带电,不受原子核库仑场的作用,因此即使很低能量的中子也可深入到原子核内部,发生弹性散射、非弹性散射、裂变、$(n,2n)$、$(n,3n)$、(n,γ) 等反应,并产生一些次级粒子。中子在反应堆中的主要作用是维持自持链式裂变反应。一个中子在反应堆内产生后,有多种可能的命运。

(1) 产生新的次级中子。这主要通过裂变反应,也包括少量 $(n,2n)$、$(n,3n)$ 反应。裂变反应的主要贡献是 ^{235}U 等易裂变核,当入射中子能量较高时,^{238}U 等可裂变核也会有部分贡献。

(2) 与 ^{238}U 等可转换核发生 (n,γ) 反应,转换为 ^{239}Pu 等易裂变核。假设每消耗 1 个易裂变核还能生产出 CR 个易裂变核,当 CR < 1 时称为转化比,当 CR ≥ 1 时称为增殖比(专门用 BR 表示)。理论上,当 CR = 1 时就可以实现铀资源的可持续利用。

(3) 被其他核吸收而损失。包括被 ^{235}U 吸收转换为 ^{236}U,以及被结构材料、控制棒、可燃毒物、裂变产物等吸收而损失。

(4) 与系统中的各种核发生弹性散射、非弹性散射。这种反应不改变中子数目,但却可以改变中子的能量和运动方向,影响中子能谱和中子从系统中漏失的概率。

(5) 从系统漏失。

上述过程中,只有过程(1)产生的中子(主要是裂变过程)在它本身消亡的同时,能产生新的一代中子。把系统中某一代中子数对上一代中子数之比,称为有效增殖因数 k_{eff}。

当 $k_{eff}=1$ 时,反应堆处于临界状态,中子数目保持不变,链式反应得以持续进行,功率在一定水平上维持不变;当 $k_{eff}>1$ 时,反应堆处于超临界状态,功率不断增长;当 $k_{eff}<1$ 时,反应堆处于次临界状态,功率逐渐减小。裂变过程释放出的中子分为两种:一种是瞬发中子,在极短时间内(约 10^{-15} s)放出,占全部裂变中子的99%以上;另一种是缓发中子,它是在瞬发中子停止发射后,伴随裂变产物的 β 衰变在几秒甚至几分钟陆续释放的。反应堆等效缓发中子份额 $\beta_{eff}<1\%$,但正是缓发中子的存在才使反应堆控制成为可能。$k_{eff}=1$ 指缓发临界,即计入缓发中子后才达到临界,这样就有足够的时间来控制反应速率。

中子在反应堆内的行为可以用输运方程准确描述,工程上用的更多的是扩散近似。为求解中子输运/扩散方程,需要掌握中子与介质相互作用的基础数据,即不同能量下的各种反应截面等信息。

2.2.2　反应堆的反应性

通常用反应性表示反应堆偏离临界的程度。反应性的定义为

$$\rho = (k_{eff}-1)/k_{eff} \tag{2-1}$$

反应堆临界时,$\rho=0$;超临界时,$\rho>0$;次临界时,$\rho<0$。反应性可用 \$ 或元为单位。当 ρ 等于缓发中子份额 β_{eff} 时,称为 1 \$ 反应性,此时反应堆处于瞬发临界。

反应堆中没有控制材料(控制棒、可燃毒物和化学补偿毒物)时的反应性称为后备反应性。为使反应堆持续运行相当长的时间,必须在装料时留有足够的后备反应性。反应堆运行过程中通过反应性控制调节或保持功率水平。轻水堆转化比 CR<1,后备反应性较大;重水堆可不停堆装卸燃料,后备反应性较小;快中子增殖堆 CR>1,增殖燃料可弥补反应性减少,后备反应性最少。

反应堆运行过程中,燃料的燃耗、超铀元素与裂变产物的积累、堆芯温度和冷却剂密度的变化等,均使反应性不断发生变化。其中温度和密度变化引起反应性变化的过程比较迅速而显著。

反应性随反应堆温度的相对变化称为反应性温度系数,定义为

$$\alpha_T = \frac{d\rho}{dT} \tag{2-2}$$

负的反应性温度系数是保证反应堆安全运行的重要因素。从安全与控制的角度来看,燃料温度系数、慢化剂温度系数和冷却剂空泡系数特别重要。反应堆的设计必须保证整个运行周期的负温度系数。为使用方便,有时采用反应性功率系数来代替温度系数,其定义为功率每变化1%所引起的反应性变化。通常要求反应性功率系数在一切运行工况下具有负值。

2.2.3　核燃料的转换和增殖

2.2.3.1　核燃料的转换

这里介绍的是铀钚循环燃料转换过程,钍铀循环相关内容将在第 10 章专门介绍。天然铀中 ^{235}U 的丰度仅为 0.714%,而 ^{238}U 的丰度高达 99.28%。^{235}U 是易裂变核素,而 ^{238}U 的裂变存在较高阈能,对裂变的贡献非常有限。但是 ^{238}U 吸收一个中子,再经过两次 β

衰变可以转换为另一种重要的易裂变核素^{239}Pu,这个转换过程对铀资源的充分利用是至关重要的。转换过程如下:

$$n + {}^{238}\text{U} \longrightarrow {}^{239}\text{U} \xrightarrow[24\text{min}]{\beta^-} {}^{239}\text{Np} \xrightarrow[2.4\text{d}]{\beta^-} {}^{239}\text{Pu} \qquad (2-3)$$

除了^{239}Pu外,反应堆内还会产生钚(Pu)的另外几种同位素,包括^{240}Pu、^{241}Pu、^{242}Pu等,其中^{241}Pu也是易裂变核素。实际上,各种重核之间的转换是非常复杂的,图2-1给出了铀钚循环中重核素转换反应途径[1]。除了 Pu 以外,反应堆内还会产生 Np、Am、Cm等次锕系核素,其中有些核素的半衰期长达数十万年,这些放射性核素的管理是影响核能公众接受度的一个重要因素(另一个因素为核能的安全性)。

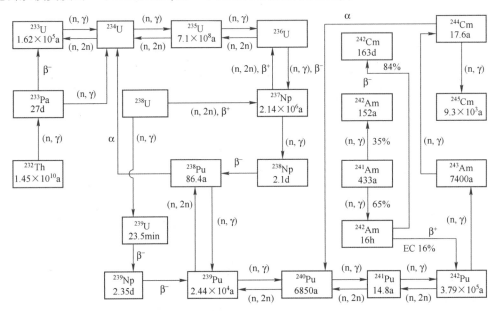

图 2-1　铀钚循环重核素的主要转换过程

2.2.3.2　核燃料的利用率

对于以天然铀为燃料的反应堆,燃料利用率可自然地定义为消耗的裂变燃料与装入的裂变燃料的质量比,此时燃料利用率和质量百分燃耗等价。对于以浓缩铀为燃料的反应堆,需要认识到浓缩铀是从天然铀中提取而来的,可以折算为等效的天然铀质量。堆级钚和^{233}U归根结底也是由天然铀转换而来的,因此也可以折算为等效的天然铀质量。燃料利用率f_r可以按照下式定义:

$$f_r = \frac{\text{累计消耗的裂变燃料质量}}{\text{累计装入的等效天然铀质量}} \qquad (2-4)$$

需要指出的是,对于增殖堆,平衡循环阶段可以只添加贫化铀或者钍,此时式(2-4)的分母还应该包含这一阶段添加的贫化铀或者钍。

为描述方便,记"一次通过"式、n次后处理、无限次后处理的燃料利用率分别为$f_r(1)$、$f_r(n+1)$、$f_r(\infty)$。

轻水堆中主要燃烧的是^{235}U,由于浓缩铀过程产生的尾料中^{235}U的含量为 0.2% ~

0.3%，因此能利用的 ^{235}U 实际上只占铀资源总量的 0.4%～0.5%。考虑到部分 ^{238}U 转换为 ^{239}Pu 以及小部分 ^{238}U 的直接裂变贡献，$f_r(1)$ 约为 0.6%。

热堆闭式燃料循环的燃料利用率也可通过如下定性分析估计。首先假设某反应堆每年消耗裂变燃料 m_0，易裂变燃料每年平均投料量为 I_0，1t 易裂变燃料（^{235}U 或堆级钚）相当于 200t 天然铀，如果采用"一次通过"式，则有

$$f_r(1) = \frac{m_0}{200I_0} \tag{2-5}$$

假设转换比为 CR，如果通过后处理将 I_0 增殖的核燃料重复利用，则经过 n 次复用，累计被利用的转换燃料为

$$C(n) = I_0(\text{CR} + \text{CR}^2 + \cdots + \text{CR}^n) \tag{2-6}$$

当 CR<1 时，$C(n)$ 的极限值为 $I_0\text{CR}/(1-\text{CR})$，即被利用的转换燃料与初始易裂变燃料的投料量之比为 CR/(1-CR)。这样，闭式循环的燃料利用率极限为

$$f_r(\infty) = f_r(1)/(1-\text{CR}) \tag{2-7}$$

对于压水堆，取 CR=0.6，$f_r(1)=0.6\%$，则 $f_r(\infty)=1.5\%$。考虑到循环次数有限及循环过程中的燃料损失，压水堆的燃料利用率最高约 1%。

下面详细分析一下后处理次数与燃料利用率的关系。假定反应堆每年消耗的裂变燃料为 m_0，当反应堆热功率为 3GW 时，可假定 $m_0=1$t。表 2-1 给出了前 4 次后处理每次节省的易裂变燃料和需要补充的易裂变燃料。第 n 次后处理节省的易裂变燃料可以由第 $n-1$ 次后处理的贡献递推出来。由该表可知，每次循环节省的易裂变燃料和需要补充的易裂变燃料实际上都是定值。经历 n 次后处理后，燃料的累计利用率为

$$f_r(n+1) = \frac{(n+1)m_0}{200I_0(1+(1-\text{CR})n)} = \frac{(n+1)}{1+(1-\text{CR})n}f_r(1) \tag{2-8}$$

表 2-1　每次后处理节省和需要补充的易裂变燃料分析

n	节省的易裂变燃料	补充的易裂变燃料
0	0	I_0
1	$I_0\times\text{CR}$	$I_0\times(1-\text{CR})$
2	$I_0\times\text{CR}^2+I_0\times(1-\text{CR})\text{CR}$	$I_0\times(1-\text{CR})$
3	$I_0\times\text{CR}^3+I_0\times(1-\text{CR})\text{CR}^2+I_0\times(1-\text{CR})\text{CR}$	$I_0\times(1-\text{CR})$
4	$I_0\times\text{CR}^4+I_0\times(1-\text{CR})\text{CR}^3+I_0\times(1-\text{CR})\text{CR}^2+I_0\times(1-\text{CR})\text{CR}^2$	$I_0\times(1-\text{CR})$

当 $n=0$ 时，$f_r(1)=m_0/(200I_0)$，当 $n\rightarrow\infty$ 时，$f_r(\infty)=f_r(1)/(1-\text{CR})$，分别与前面的定义一致。

当 CR≥1 时，$C(n)$ 发散，表明燃料可以得到充分利用。以采用闭式燃料循环的快中子增殖堆为例，反应堆只有在初始循环时需要添加易裂变燃料，以后只需投入转换原料（贫化铀或者钍）就可源源不断地产生核能。衡量快堆增殖能力最直观的参数是燃料倍增时间 T_D，它的定义是增殖堆生产出足以启动另一座同样反应堆的投料量 M(kg)所需的时间。需要注意的是，这个投料量不仅包括新堆的初装燃料，而且包括燃料循环等环节（燃料组件制造，卸出组件的冷却、运输和后处理）的周转量。记 $G=\text{CR}-1$ 为增殖增

益,$F(\mathrm{kg})$ 为增殖堆每天消耗的裂变燃料,则倍增时间 $T_{\mathrm{D}}(\mathrm{d})$ 可表示为

$$T_{\mathrm{D}} = M/(F \cdot G) \qquad (2-9)$$

已知 1.07g 的 ^{239}Pu 完全裂变可释放出 $1\mathrm{MW \cdot d}$ 的热能。因此可将每天消耗的裂变燃料近似为 $F = 1.07P(1+\alpha)/(1000\varepsilon)$,其中 P 为反应堆热功率(MW),α 为裂变燃料的俘获裂变比,ε 为转换原料的快中子裂变因数。

令 X 表示燃料循环过程总投料量与堆内投料量之比,P_{m} 为反应堆单位质量裂变燃烧释放的功率(kW/kg),则投料量 $M = 1000P/P_{\mathrm{m}}$(kg)。取 $\alpha = 0.05$,$\varepsilon = 1.2$,将天数换算为年,记 LF 为电厂的负荷因子,则可得增殖堆生产出足以启动另一座同样堆燃料投料所需的时间(以年为单位)[2]:

$$T_{\mathrm{Y}} \approx \frac{3000X}{P_{\mathrm{m}} \cdot G \cdot \mathrm{LF}} \qquad (2-10)$$

由式(2-10)可知,影响燃料倍增时间的因素包括增殖增益 G、比功率 P_{m}、表征反应堆燃料周转量的 X,以及电厂负荷因子 LF。X 近似等于燃料循环总时间与燃料在堆内停留时间之比,估计在 1.5~2.0 之间。现在估计大型氧化物燃料快中子增殖堆的燃料倍增时间有望达到 15~20 年。为缩短燃料倍增时间,除了提高增殖比和比功率外,减少燃料在堆外滞留时间也是很重要的。金属燃料快堆配合简便干法后处理有可能实现较短的燃料倍增时间。

下面给出几种核能系统的燃料利用率的估算结果。

(1)假设某压水堆初装量 75t,含易裂变燃料 2.5t(相当于 500t 天然铀),每年卸出 25t 乏燃料,再装入 25t 新料(相当于 167t 天然铀)。如果采用"一次通过"式,则 60 年内燃料利用率约为 $60/(500+167\times59) \approx 1/167 = 0.6\%$。为分析方便,我们可以认为采用"一次通过"式每年需要天然铀的量为 167t。经过 1 次和 2 次后处理,燃料利用率理论上分别提高到 0.86% 和 1%。

(2)假设某快堆钚的初装量为 3t(相当于 600t 天然铀),贫化铀装量 20t,每 1 年换 1/3 燃料,则前 3 年的燃料利用率约为 $3/600 = 0.5\%$,燃耗深度约为 $3/23 = 13\%$。假设 CR = 1,经过后处理的燃料可多次复用,每年只需补充 1t 贫化铀。这里需要指出,补充的贫化铀实际上来自天然铀,因此也可近似认为每年需要补充 1t 天然铀,由此可以估计 60 年累计燃料利用率约为 $60/(600+59) = 9.1\%$。假设 CR > 1,燃料倍增时间为 20 年。考虑到燃料增殖,20~40 年间将有 2 个堆运行,40~60 年间将有 4 个堆在运行。60 年内该系统将消耗 20(t/堆)×(1+2+4)堆 = 140t 裂变材料,发电量比 CR = 1 时增加 $20\times(1+2+4)/60 = 2.33$ 倍,燃料利用率将提高到 $140/(600+140) = 18.9\%$。显然,缩短燃料倍增时间可在较短时间内大幅提高快堆的燃料利用率。如果燃料倍增时间为 10 年,则 60 年内发电量比 CR = 1 时增加 $10\times(1+2+4+8+16+32)/60 = 10.5$ 倍,燃料利用率达到 $630/(600+630) = 51.2\%$。

(3)假设某行波堆燃料初装量 400t,含易裂变燃料装量 10t(相当于 2000t 天然铀)。如果该堆寿命周期为 60 年,则燃料利用率约为 $60/2400 = 2.5\%$,燃耗深度约为 $60/400 = 15\%$。可见,行波堆要想大幅提高燃料利用率,必须大幅减少易裂变燃料初装量。

2.3 核裂变能的发展现状

按照目前的共识,裂变核反应堆的发展可分为四代。第一代核能系统为二十世纪五六十年代前期世界上建造的原型反应堆,如希平港核电站的压水堆、德累斯顿核电站的沸水堆、Magnox 的石墨气冷堆等。第二代核能系统为 20 世纪 60 年代后期至 90 年代前期世界上大规模建造的标准型商用核电站反应堆,主要是压水堆、沸水堆、加拿大的重水堆等。目前世界上在运的核电机组主要是二代及二代改进型。20 世纪 90 年代,美国出台了《先进轻水堆用户要求》文件,即 URD 文件,用一系列定量指标来规范核电厂的安全性和经济性。随后,欧洲出台的欧洲用户对轻水堆核电厂的要求,即 EUR 文件,也表达了与 URD 文件相同或近似的看法。国际上通常把满足 URD 文件或 EUR 文件的核电机组称为第三代核电机组。第三代是在第二代技术的基础上进行的改进,安全性有较大改善,包括 ABWR、ESBWR、AES92、AES2006、AP1000、EPR、APR1400、"华龙一号"、CAP1400 等设计型号。第三代核电目前正处于推广阶段,国内外在建的 AP1000、EPR 等堆型都有不同程度的延期("华龙一号"进展顺利),首堆经济性普遍较差。第三代核电的开发和建设,使核电的安全性达到了一个新的高度,安全性和经济性的平衡将是第三代核电取得成功的关键。

第三代核电属于热中子堆,铀资源利用率不到 1%,还存在放射性废物处置难题。为了推动核能的可持续发展,以美国为首的一些工业发达国家 2000 年成立了第四代核能系统国际论坛(GIF)[3-5],推动了第四代核能系统的研发。国际原子能机构(IAEA)也于 2000 年发起了反应堆与燃料循环创新国际计划(International Project on Innovative Nuclear Reactors and Fuel Cycles, INPRO)[6]。该计划的目的在于号召核电技术的拥有者与使用者们团结起来,在保证核安全、最小化风险以及尽可能不影响环境的前提下,共同开发更具竞争力的新型反应堆和燃料循环系统。

福岛核泄漏事故后,国际上提出"从设计上实际消除大量放射性释放",实现在任何情况下,确保环境和公众的安全。这一理念的提出必将对第三代和第四代反应堆的研发产生重大影响。

截至 2019 年 4 月,全球共有 30 个国家运营核电机组,在运核电机组 450 台(含 3 台快堆),总装机容量 396.85GW。另外,还有在建核电机组 55 台,总装机容量 56.6GW[7]。在运机组中有 298 台压水堆、73 台沸水堆、49 台重水堆、3 台快堆。在建机组中有 45 台压水堆、4 台沸水堆、4 台重水堆、1 台快堆、1 台高温气冷堆。压水堆占绝大多数,这种领先趋势还会继续扩大。沸水堆和重水堆占比仅次于压水堆,未来仍将有一定发展空间。英国的气冷反应堆和俄罗斯的石墨慢化轻水冷却反应堆即将退役并退出历史舞台。快堆和高温气冷堆未来会逐步发展。实践证明,压水堆有良好的安全性和经济性,是绝大多数国家核电开发的首要选择。我国核电发展确定了压水堆的技术路线,运行核电站全部是压水堆,在建反应堆除 1 台高温气冷堆(示范堆)和 1 台快堆外,也都是压水堆。压水堆仍将在相当长时间内占主导地位,2030 年前后,第四代反应堆等先进核能系统会逐步进入市场。

2.4 第四代核能系统

美国 2000 年发起 GIF,希望能更好地解决核能发展中的可持续性(铀资源利用与废物管理)、经济性、安全与可靠性、防核扩散与实体保护等问题。第四代核能系统包括反应堆、能量转化系统以及相应的燃料循环。GIF 推荐了 6 种堆型[8-9],分别是钠冷快堆、铅冷快堆、气冷快堆、超临界水堆、超高温气冷堆和熔盐堆。行波堆和加速器驱动的次临界系统(ADS)也可以满足第四代反应堆的要求。上述 8 种堆型处在不同的发展阶段,详见表 2-2,其中钠冷快堆和高温气冷堆的投入多,基础较好。除超高温气冷堆和行波堆适宜采用"一次通过"式,其他几种堆型都适宜采用闭式燃料循环。目前,GIF 有 13 个成员,中国 2006 年加入 GIF,先后参加了超高温气冷堆、钠冷快堆、超临界水堆 3 个系统安排,成为铅冷快堆工作组观察员。

表 2-2　第四代反应堆的发展现状

堆　型	作　用	技术发展阶段
钠冷快堆	闭式燃料循环	商业示范堆 BN800 建成
铅冷快堆	小型化多用途	关键工艺技术研究
气冷快堆	闭式燃料循环	目前有关键技术难于克服
超临界水堆	现有压水堆的基础上提高经济性与安全性	关键技术和可行性研究
超高温气冷堆	核能的高温利用	高温气冷堆示范工程开工
熔盐堆	钍资源利用	关键技术和可行性研究
行波堆	提高铀的利用率	关键工艺技术研究
ADS	嬗变	关键工艺技术研究

GIF 对第四代核能系统在可持续性、经济性、安全与可靠性、防核扩散与实体保护等4 个领域提出了 8 项技术目标[5],详见表 2-3。

表 2-3　GIF 的 8 项技术目标

可持续性	1	可持续提供清洁能源,提高燃料利用率,长期为全球提供稳定能源
	2	核废物最小化及安全管理,显著降低长期管理负担,改善对公众健康和环境的保护
经济性	1	全寿命周期经济性明显优于其他种类能源
	2	财务风险水平与其他能源项目相当
安全与可靠性	1	系统运行的安全性与可靠性突出
	2	堆芯损坏的可能性和程度极低
	3	消除场外应急需求
防核扩散与实体保护		确保极不可能从第四代核能系统转移或盗窃武器用材料,增强实体防护应对恐怖主义行为

为实现上述目标,通常采取一系列措施,具体措施如下:

(1)可持续性。需要开发铀钚或者钍铀闭合燃料循环,提高铀、钍燃料资源的利用率和高放废物(高水平放射性废物)最小化,解决核燃料长期持续供应和改善环境问题。

(2)经济性。选择正确的技术路线,施行标准化、系列化政策,采用先进的技术,以降低比投资成本、全寿命周期运行成本、燃料成本以及高放废物处置和环境保护方面的成本。

(3)安全与可靠性。采取"纵深防御"原则,强调采用固有安全概念,包括自然的安全性、非能动的安全性、后备安全性。堆的熔化概率须低于 10^{-6} 堆年,技术上消除场外应急需求,事故条件下无放射性物质释放到厂外,周围公众不必撤离。

(4)防核扩散与实体保护。可使核反应在燃料平衡点处运行,深燃耗一次通过,不做后处理或简化后处理;或者使堆内燃料处于高放射性,不易取出,不易分离,不可能被盗取用于制造核武器。

福岛核事故凸显了必须保持余热排出系统长期可靠工作,以及消除严重事故下场外放射性大规模释放的重要性。第四代核能系统不同于压水堆,需要特别考虑如下安全问题:大多数第四代反应堆不是采用水冷方式,缺乏运行经验;运行温度更高;反应堆功率密度更高(除高温气冷堆(High Temperature Gas cooled Reactor,HTGR)外);某些第四代核能系统燃料循环或者化学处理设施与反应堆采用了一体化设计或者距离电厂很近,需要加强放射性安全管理。第四代核能系统在运行前必须首先解决相关安全问题。

GIF 于 2002 年公布了首个路线图,2014 年发布了更新后的路线图[5],对 6 种堆型的发展前景做了技术评估。下面对 6 种典型反应堆(行波堆和 ADS 分别作为钠冷快堆和铅冷快堆的特例出现)及乏燃料后处理做简要介绍。

2.4.1 钠冷快堆

钠冷快堆(Sodium Cooled Fast Reactor,SFR)采用液态金属钠作为冷却剂,一般采用混合氧化物燃料(Mixed Oxide,MOX)或者金属燃料,配合先进湿法后处理或者简便干法冶金后处理,形成闭式燃料循环[5]。

钠对中子的慢化能力弱,有利于反应堆设计成快中子谱。钠的热物理性质优良:熔点仅为 98℃,可在常压下液态运行;沸点可达到 883℃,具有高气化热、高热容、高热导率的优点;可采用池式设计,一回路具有很高的热惰性,通过设计可以控制钠池最高温度低于沸腾温度且留有较大裕量,对安全极为有利。

钠遇水或者空气会发生剧烈的化学反应,因此一回路必须保持良好的密封性。考虑到钠水反应,SFR 增加了一个中间换热回路,避免蒸汽发生器管道破裂对一回路造成影响。未来需要进一步开发被动安全措施,并验证其有效性。

世界上曾建成 20 余座钠冷快堆,积累了约 350 堆年的实践经验。目前有 3 座钠冷快堆运行,包括 2016 年实现满功率运行的俄罗斯 BN800 商业示范堆。中国实验快堆于 2011 年实现并网发电,目前是重要的钠冷快堆开发实验平台。

SFR 的固有安全特征包括:具有负的功率反应性系数,可限制反应性引入事故时的功率增长;冷却剂压力低,可以在钠池主容器外增加一个保护容器,保证冷却剂液面始终淹没堆芯和中间热交换器;堆芯有很大的热惰性,即使在二次侧冷却系统不工作的失热阱事故工况下,也可以形成自然对流,导出停堆余热;采用多道安全屏障,确保不让大量放射性物质释放到环境。

GIF 正在考虑 3 种功率规模的 SFR 系统研究计划,出口温度控制在 500~550℃,这样就可以直接使用以前快堆开发项目中已经证实可以使用的材料。这 3 种计划[8,10]包括：

（1）大型（电功率600~1500MW）回路式反应堆，采用铀钚混合 MOX 燃料，也可能采用含次锕系核素(MA)燃料。设想建立一个先进湿法燃料后处理设施，集中为附近的若干个反应堆提供燃料服务。典型设计方案如图 2-2 所示的日本设计的回路式 MOX 燃料钠冷快堆（JSFR）。

（2）中等以上规模（电功率 300~1500MW）池式反应堆，采用氧化物或金属燃料。典型设计方案如图 2-3 所示的欧洲原子能共同体的池式氧化物燃料钠冷快堆（ESFR），图 2-4 所示为韩国池式金属燃料钠冷快堆（KALIMER）。

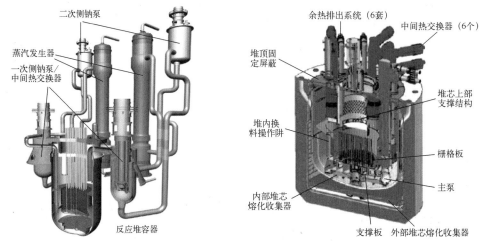

图 2-2　日本回路式 MOX 燃料钠冷快堆　　图 2-3　欧洲原子能共同体的池式氧化物燃料钠冷快堆

（3）小型（电功率 50~150MW）模块式 U-Pu-MA-Zr 合金燃料反应堆，在厂区内为每个反应堆配备一个小型干法冶金后处理设施。典型设计方案如图 2-5 所示的美国小型模块式金属燃料钠冷反应堆（AFR-100）。

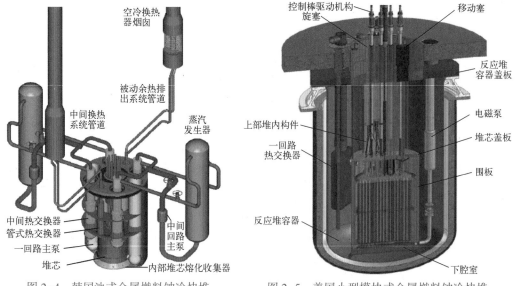

图 2-4　韩国池式金属燃料钠冷快堆　　　　图 2-5　美国小型模块式金属燃料钠冷快堆

闭式燃料循环是 SFR 实现 GIF 目标的关键环节,可选的技术路线包括先进湿法后处理和干法冶金后处理,前者主要针对 MOX 燃料,后者主要针对合金燃料。GIF 希望借鉴以往的成功经验,开发出具有更高安全性和经济性的先进钠冷快堆。SFR 比其他快堆技术都更为成熟,可以在 2030 年前后部署用于锕系核素管理。

行波堆是一种特殊设计的快中子堆,采用"一次通过"式达到深度燃耗,有望显著提高铀资源利用率(3%~10%)。行波堆要想实现工程应用,需要首先研发出能长期耐高能中子辐照的燃料与结构材料。

2.4.2 超高温气冷堆

超高温气冷堆(Very High Temperature Reactor, VHTR)是在高温气冷堆(High Temperature Reactor, HTR)的基础上提出来的。HTR 经历了实验堆(英国 Dragon、美国 Peach Botton、德国 AVR)、示范堆(美国 FSV、德国 THTR)、模块式高温气冷堆(日本 HTTR、中国 HTR-10)3 个阶段[11]。模块式高温气冷堆由于其小型化和具有固有安全特性以及潜在的经济性,成为 HTR 的主要方向。GIF 推动的 VHTR[5,10],其结构及安全特征和模块式 HTR 类似,但出口温度更高。VHTR 采用全陶瓷包覆颗粒燃料、石墨慢化、氦气冷却等技术,是一种低功率密度的热中子堆型,具有良好的固有安全特征。VHTR 堆芯出口温度为 700~950℃,将来有提高到 1000℃以上的潜力,可用于发电或者工艺供热。结构上可以采用棱柱式设计或者球床式设计。用于发电,可采用氦气轮机直接循环或者采用常规的蒸汽间接循环。用于供热,反应堆和用户方通过中间热交换器耦合起来。供热的潜在领域包括炼油、石油化工、冶金、制氢等。由于 VHTR 优良的安全性能,可以抵近大型工业设施建设,通过热电联供方式为其提供热源,或者产氢来替代部分化石能源。

图 2-6 所示为高温气冷堆不同出口温度对应的潜在工业应用范围。

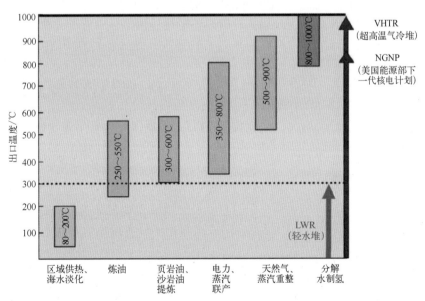

图 2-6 高温气冷堆的潜在工业应用范围

VHTR 的固有安全特征主要体现在以下三方面。第一,反应性瞬变的固有安全性。模块式高温气冷堆具有负反应性温度系数,反应性补偿能力大于各类正反应性事故引入的最大反应性当量,事故情况下可实现自动停堆。第二,非能动的余热排出系统。模块式高温气冷堆的功率密度仅几兆瓦每立方米,同时堆芯热容量大,即使在冷却剂流失的情况下,堆芯余热也可依靠热传导、热辐射和自然对流排出,燃料元件的最高温度低于 1600℃ 的设计限值。第三,采用全陶瓷包覆颗粒燃料,元件可在高温下保持完整。颗粒燃料弥散在石墨基体中,颗粒燃料直径约为 0.8 ~ 0.9mm,中心是直径约为 0.2 ~ 0.5mm 的 UO_2 核芯,外面有 2 ~ 4 层厚度、密度各不相同的热解碳和碳化硅包覆层。实验表明,在 2200℃ 的高温下,包覆颗粒燃料仍能保持其完整性,破损率在 10^{-6} 以下。④采用全陶瓷堆芯结构材料。模块式高温气冷堆采用石墨作为慢化剂,堆芯结构材料由石墨和碳块组成,堆芯热惰性大。石墨和碳块的熔点都在 3000℃ 以上,堆芯熔毁可能性极低。⑤采用氦气作冷却剂。氦气是一种惰性气体,与反应堆的结构材料相容性好,氦气的中子吸收截面小,在正常运行时,氦气的放射性水平很低,工作人员承受的放射性辐照剂量也低。⑥采用纵深防御原则,设计了包覆颗粒燃料、球形燃料元件、一回路压力边界,安全壳等 4 道屏障,防止放射性物质释放到环境中。

HTR 运行中有几个问题需要加以注意:HTR 采用预应力混凝土容器,开孔很多,在高温、高导热氦气的作用下,容器内壁的隔热很重要。堆芯的石墨表面温度高达 500 ~ 1000℃,很容易与氧和水蒸气发生反应,生成破坏金属氧化膜的 CO 和 H_2,所以要严格防止水蒸气从蒸汽发生器中泄漏出来。要设置氦气净化系统,运行中 H_2、CO、CO_2 以及水蒸气和石墨粉尘不能超过限定值。氦气净化系统还起着清除裂变气体、氮气和甲烷的作用。鉴于要防止空气或水蒸气侵入回路的重要性,特别要求氦气风机连续不停地运转。

GIF 成立初期希望 VHTR 出口温度达到 950℃ 以上,因为早在 1974 年,德国的 AVR 曾成功将出口温度提高到 950℃。由于目前热交换器长期运行过程中高温合金的最高工作温度无法突破 950℃,另外市场评估表明 700 ~ 850℃ 的高温就有很大应用前景,因此 VHTR 不再一味追求超高温度,而是更加务实。我国的模块式球床高温气冷实验堆 HRT-10(电功率 2MW)于 2000 年临界;2012 年电功率为 20MW 的高温气冷堆示范工程开工,原计划 2018 年发电,目前进度有所滞后;之后将按由易到难的原则,逐步发展电功率为 60MW 的高温气冷堆、高温气冷堆超临界机组、高温气冷堆氦气透平机组,以及高温工业应用。如果要求出口温度超过 950℃,那么必须成功研发新的耐高温材料和燃料。

2.4.3 铅冷快堆

铅冷快堆(Lead cooled Fast Reactor,LFR)是用铅或铅铋液态金属作冷却剂,采用金属或氮化物燃料的快中子谱反应堆,结合闭式燃料循环可实现高效利用铀资源和次锕系核素嬗变。

铅或者铅铋的化学性质相对不活泼,热工特性优良,有利于增强反应堆安全:铅遇到水或空气不会产生放热反应,冷却系统采用一回路设计(比钠冷快堆的二回路设计简化);沸点高达 1743℃,消除了冷却剂沸腾带来的空泡风险;具有高的热容量和气化热,在失去热阱的情况下具有优良的热惰性,堆芯熔化风险小;慢化能力较弱,利于采用较高的栅格比设计,因而堆芯压力降小,不易发生流动阻塞,可采用自然循环带走停堆余热;铅的密度高,万一发生堆芯熔化,燃料会弥散到冷却剂中,杜绝重返临界;可有效屏蔽 γ 射线,且在 600℃ 以内可将碘和铯等易挥发的放射性产物吸附,减少释放到环境中的裂变产物源项。

铅作为冷却剂也有几个缺点需要克服:控制冷却剂中的氧含量,防止高温和高速流动时铅对结构材料的冲刷和腐蚀以及振动问题;铅不透明且熔点高(327℃),堆内部件视察和监视以及燃料操作面临挑战,主冷却系统必须保持在高温,避免低功率时一回路凝固。铅铋冷却反应堆在俄罗斯潜艇上曾有成功应用的先例,但这些反应堆功率小、负荷因子低、采用超热中子谱设计、运行温度也远低于第四代铅冷快堆的要求,无法将设计经验直接外推到 LFR 上。另外,铅铋在辐照后会产生毒性和放射性强的 Po 等放射性元素,需要特别注意。

GIF 确认的 LFR 概念有 3 个,涵盖了小型(电功率 100MW)、中型(电功率 300MW)、大型(电功率 600MW)3 种功率范围。美国提出的 SSTAR 概念,电功率 10~100MW,强调超常寿命(15~30 年)、安全(一次侧完全采用自然循环冷却)、可移动、无人值守运行,堆芯出口温度 567℃,拟采用超临界 CO_2 布雷敦循环,热电转换效率可达 44%。俄罗斯 BREST 项目,电功率 300MW,堆芯出口温度 540℃,采用过热蒸汽循环,热电转换效率 42%。BREST-300 示范机组已经开始修建,预计 2021 年投入运行。此外,俄罗斯基于核潜艇反应堆基础,正在建造 SVBR-100 铅铋冷却反应堆。欧洲原子能共同体计划开发 ELFR 商用堆,电功率 600MW,堆芯出口温度 480℃,热电转换效率 42%,在此之前首先开展热功率 300MW 的 ALFRED 示范堆概念设计。图 2-7、图 2-8、图 2-9 所示分别为 SSTAR、BREST-300、ELFR 的堆芯结构示意图。除了上述概念,日本、韩国、中国等国家的研究机构也都提出了自己铅冷快堆发展计划。

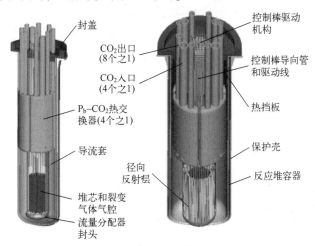

图 2-7　美国 SSTAR 堆芯结构示意图

铅冷快堆固有安全性好,可以实现闭式燃料循环,技术上很有吸引力。铅冷快堆未来的研发重点集中在材料研究、铅的腐蚀、革新型燃料开发、创新的系统和部件设计等几方面。在铅冷快堆系统安全方面,需要开展更多的工程规模的集成演示,以充分证明铅

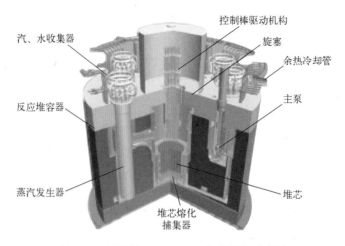

图 2-8　俄罗斯 BREST-300 堆芯结构示意图

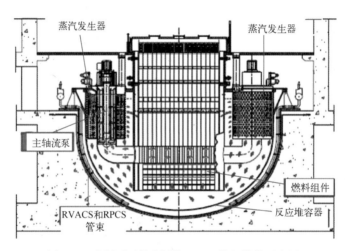

图 2-9　欧洲原子能共同体 ELFR 堆芯结构示意图

冷快堆的各项优点是可以实现的,面临的挑战是可以克服的。

　　铅冷快堆技术还可用于 ADS 系统的次临界包层。ADS 系统具有更高的嬗变效率与安全性,但经济性可能较差。需要重点解决加速器驱动核废料嬗变技术难题和配套的燃料循环技术难题。

2.4.4　超临界水堆

　　超临界水堆(Super Critical Water Reactor,SCWR)用高温高压的轻水作冷却剂,运行在水的临界点(374℃,22.1MPa)以上。SCWR 可以设计成快中子谱,也可以设计成热中子谱或者快热混合谱。

　　与目前主流的水冷堆不同,SCWR 有几个独特优势:热效率可高达 44%,而轻水堆只有 34%～36%;反应堆冷却剂主泵不是必须的,正常运行情况下驱动冷却剂的泵只有给水泵和冷凝水泵;采用直接循环,主系统有较大简化:与压水堆相比取消了蒸汽发生器,与沸水堆相比取消了蒸汽分离器、干燥器;配合抑压水池、应急冷却系统、余热排出系统,安全壳体积相比轻水堆显著减小;蒸汽高比焓,相应的汽轮机系统规模可减小,常规岛的投资成本降低。这些特点使得 SCWR 的经济性比轻水堆可能更好。

SCWR 研发面临几项技术挑战,特别需要指出的是:需要验证描述超临界水降压过程的瞬态传热模型;材料性能鉴定,主要指先进的不锈钢等包壳材料;被动安全系统演示。如果采用快中子谱设计,由于必须保证堆内任何位置空泡反应性是负值,故会限制反应堆增殖能力,实际增殖比将小于 1。热中子谱 SCWR 研发面临的技术挑战相对较少。

GIF 计划发展两类 SCWR 概念,包括压力容器式设计和压力管式设计。欧洲的 HPLWR 属于压力容器式设计,电功率 1000MW,堆芯出口温度 500℃,热电转换效率 43.5%,堆芯设计采用冷却剂三步加热方案,图 2-10 所示为 HPLWR 概念设计图。加拿大提出了压力管式设计方案:重水慢化,超临界水冷却,堆芯出口温度 625℃。中国提出了 CSR1000 概念设计:压力容器式设计,堆芯出口温度 500℃,热电转换效率 43.5%。

图 2-10 HPLWR 概念设计图

SCWR 运行于超高压力、高温度和强中子辐照环境。堆内流道复杂、流体物性变化剧烈、热流密度高,这些极端条件叠加在一起会引发一系列新的流动传热、核热耦合、水化学、材料科学等问题。

超临界水堆技术继承性好,能量利用效率高,是水堆技术进一步发展的方向之一。未来需要加强堆内材料使役行为理论、流动传热机理以及先进中子物理学分析等基础研究,稳步推进 SCWR 研发。

2.4.5 熔盐堆

熔盐堆(Molten Salt Reactor, MSR)可分为两类:一类裂变燃料溶解在氟化物熔盐中;另一类采用类似超高温气冷堆用的固体颗粒燃料,熔盐只起冷却剂的作用,通常也称为氟化盐冷却的高温堆(Fluoride salt-cooled High temperature Reactor, FHR)。熔盐的主要优点是沸点高(约 1700℃),可在低压下运行,而且光学透明。

传统上认为 MSR 适合发展成采用石墨慢化的热中子谱反应堆。2005 年以后,研发重点转向了快中子谱熔盐堆(Molten Salt Fast Reactor, MSFR)概念,它结合了快堆和熔盐堆的优点[5]。与固体燃料快堆相比,MSFR 具有比较大的负温度反应性系数和空泡反应性系数,易裂变材料装量小,剩余反应性小,燃料没有辐照损伤限制,反应堆固有安全性好,因而被认为具有替代固体燃料快堆的潜力。然而,熔盐堆在技术上非常有挑战性,需要开展长期国际合作集智攻关,具体包括:研究熔盐和超铀元素的化学和热力学性质;开发高效的裂变气体提取技术;开发先进的中子学和热工水力耦合模型;严重事故下熔盐与水或者空气的相互作用分析;各种事故分析;熔盐后处理过程中镧系和锕系核素的提取等。

GIF 合作研究的第一类熔盐堆概念,包括法国的 MSFR 和俄罗斯的 MOSART。MSFR 瞄准钍铀循环开发,电功率 1300MW,熔盐最高温度 750℃,热电转换效率 43%,增殖比 1.1。图 2-11 所示为 MSFR 堆芯示意图,冷却系统采用二回路设计。MOSART 主要定位嬗变超铀元素,燃料中可以不含^{238}U 或^{232}Th 等可转换材料(有利于提高嬗变效率,但必须发展在线加料技术),电功率 1100MW,燃料入口温度 600℃,出口温度 710℃,热电转换效率 45%。

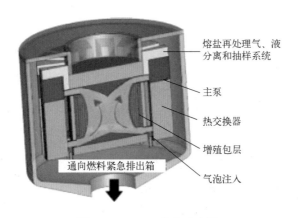

熔盐再处理气、液分离和抽样系统

主泵

热交换器

增殖包层

气泡注入

通向燃料紧急排出箱

图 2-11　MSFR 堆芯示意图

FHR 具有被动安全性,可用于高温工业供热或者高效率发电。FHR 除了要面临与 MSFR 相同的技术问题,还需在 FHR 部署之前完成下述开发任务:连续纤维陶瓷复合材料;FHR 专用燃料元件和组件,阻氚释放技术,氧化还原控制技术。

目前,主要是美国和中国正在研究 FHR 概念,美国提出了 FHR 示范堆(FHR-Demo Reactor,FHR-DR)概念设计。中国科学院制定了发展液态和固态钍基熔盐堆的计划。

熔盐堆还处于可行性研究阶段,目前正在开展一些数值模拟和概念设计活动,希望尽快证明快谱熔盐堆可以满足第四代反应堆关于可持续性(闭式燃料循环,增殖系统)、防扩散(一体化燃料循环,锕系多次循环)、安全性(无剩余反应性,强的负反应性反馈)、废物管理(锕系焚烧能力)等方面的要求。

2.4.6　气冷快堆

气冷快堆(Gas cooled Fast Reactor,GFR)是采用氦气冷却的快中子能谱反应堆,可实现闭式燃料循环。GFR 结合了快中子谱和高温系统(类似超高温气冷堆)的优点,可持续性好(提高铀资源利用率,放射性废物最小化),热效率高,可开拓高温工业供热应用领域。

氦气具有化学惰性(高温运行不会腐蚀结构材料,冷却剂不会产生放射性毒性),不会发生相变(消除了沸腾效应),慢化能力弱(空泡反应性小)。

GFR 和高温气冷堆最大的不同是堆内没有石墨。由于堆内热惰性小,在失去强迫循环冷却的情况下,堆芯会迅速升温。由于功率密度高,无法像高温气冷堆那样采用热传导冷却的方式排出衰变热。另外,气体密度太低,无法建立自然循环冷却堆芯。最后,由于缺少堆内慢化,必须特别关注快中子对压力容器的辐照问题。由于这些问题目前还没有解决方案,GFR 还处于可行性研究阶段。

GIF 最近提出了热功率为 2400MW、增殖比为 1 的 GFR 参考设计概念。之前主张的热功率 600MW 的模块化反应堆仍作为一种备选方案,但降低了对增殖比的要求。目前,GFR 工作组正在开展小型实验堆 ALLEGRO 的设计研究,未来将根据 ALLEGRO 的进展来决定如何推动热功率为 2400MW 的参考设计概念。图 2-12 所示为 ALLEGRO 的系统示意图[5]。

余热排出
回路

压力容器

主热交换器

应急冷却剂

图 2-12　ALLEGRO 系统示意图

2.4.7　乏燃料后处理

乏燃料后处理指从乏燃料中分离提取铀、钚及其他有价值核素的过程,是实现闭式核燃料循环的关键环节。乏燃料中约含 1% 的超铀元素,4% 的裂变产物,95% 的铀,后处理可以极大地减少需要地质处置的高放废物体积,降低长期处置风险。截至 2015 年,全球累计卸出的乏燃料总量约为 38 万 t,已经后处理的约 10 万 t,尚有约 28 万 t 储存在堆内或离堆场址设施[12]。

按目前的科学认识,乏燃料如果不做后处理,最好的办法是长期冷却后进行地质处置。地质处置库的空间利用率受乏燃料的发热量、放射性和生物毒性限制。发热量决定了乏燃料摆放的密集程度;放射性物质的迁移会对环境产生长期影响。通过后处理减少核废料地质处置空间,减少监管时间,是管理乏燃料的有效手段。

图 2-13 给出了燃耗深度为 60000MW·d/t U 的乏燃料中主要核素的衰变热[13]。衰变

热贡献最大的是 Pu,其次是裂变产物 Cs 和 Sr,然后是次锕系核素 Am 和 Cm。虽然乏燃料的主要成分是 U,但 U 的发热量很小。图 2-14 给出了乏燃料衰变热随时间的变化,单位是W/t U,按初装重金属质量归一。曲线(1)表示乏燃料直接处置的总衰变热。曲线(2)表明从乏燃料中提取出 U 和 Pu 后衰变热下降。衰变热减少主要是取出了 Pu,而取出 U 则大幅减小了乏燃料的体积,U 和 Pu 均是战略资源。曲线(3)是从乏燃料中再提取出 Cs 和 Sr 后的衰变热。Cs 和 Sr 的半衰期只有 30 年,取出它们对降低早期衰变热有利。曲线(4)是从乏燃料中再提取出次锕系核素 Np、Am、Cm 后的衰变热。次锕系核素分离后,乏燃料衰变热显著降低。Pu 和次锕系核素的取出对减小储存库的长期剂量也是非常重要的。

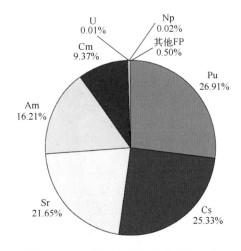

图 2-13　乏燃料中主要核素的衰变热

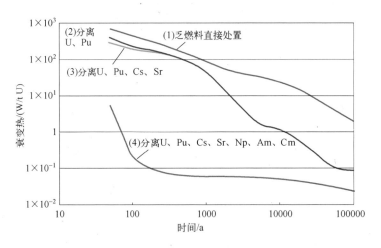

图 2-14　乏燃料衰变热随时间的变化

　　Pu、Cs、Sr、Np、Am、Cm 的回收处理可将乏废料的衰变热减小至 1/100,并大大减小需要的储存库容量。

　　文献[14-15]给出了几种不同成分高放废物的密实化因子(可理解为储存体积的相

对减少量）。假设 UO_2 乏燃料密实化因子为 1，则 UO_2 乏燃料去除 99.9%的 Pu 后剩余物质的密实化因子为 4；如果再去除 99.9%的 Am，则密实化因子为 5；再将 99.9%的 Cm、Cs、Sr 去除，则密实化因子为 225；作为比较，MOX 乏燃料的密实化因子为 0.15（MOX 乏燃料衰变热和放射性更强，所需存储体积需增大 6~7 倍）。

后处理产生的超铀元素（TRU）可以在快中子能谱下有效嬗变，转化为短寿命的裂变碎片。坚持后处理、走核燃料闭合循环是我国的国策。如果采取"一次通过"式，则铀资源的利用率只有约 0.6%，需地质处置的高放废物量达到 $2m^3/t\ U$。通过第二代后处理技术提取铀和钚进入压水堆复用，铀资源利用率可接近 1%，需地质处置的高放废物量约 $0.5m^3/t\ U$。而通过第三代后处理技术提取出铀和超铀进入快堆循环，则可以多次循环，铀资源利用率达到 60%以上并有效嬗变超铀元素，需地质处置的高放废物量小于 $0.05m^3/t\ U$，且地质处置库放射性衰减到天然铀水平的时间将由"一次通过"式的几十万年降低至千年以内。

后处理技术的发展大致可分为四代，如图 2-15 所示。

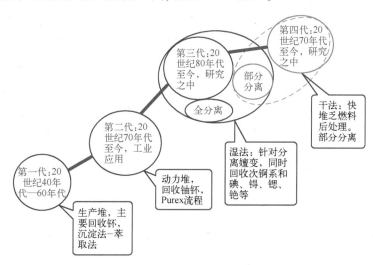

图 2-15　后处理技术的发展示意图

第一代以提取军用钚为目的，最早采用的是沉淀法（载带沉淀钚），20 世纪 50 年代发展了以 TBP（磷酸三丁酯）为萃取剂的 Purex 流程。

第二代指将早期的 Purex 流程加以改进，既回收钚也回收铀（产品分别是 PuO_2 和 UO_3），用于核电站乏燃料后处理，被商业后处理厂普遍采用。

第三代又称先进湿法后处理技术，主要针对氧化物燃料，可分为全分离和部分分离两类，目前正在研究中。全分离即将 U、Pu、Np、Am、Cm、Tc、I 甚至 Sr、Cs（含高释热核素 [137]Cs 和 [90]Sr）逐一分离出来，分别得到上述有用元素的单个产品，这种分离技术适用于非均匀嬗变体系。部分分离指分别得到铀、铀/钚或铀/超铀产品以及裂变产物元素，首端采取高温加热处理，则从工艺尾气中可以分离出 Cs、I、Tc。部分分离不主张铀钚分离，有利于防核扩散。但从工程适应性、快堆嬗变需要多次循环的衔接角度分析，全分离流程更好。图 2-16 所示为我国正在研发的先进湿法后处理流程。这是一个全分离流程，可以分为两个部分:第一部分(红色虚框部分)是改进的后处理主工艺部分,使用 30% TBP/煤油为萃取剂,回收了 99.7% 以上的 U、Pu 和大部分 Np、Tc;第二部分是后续废液分离流程。

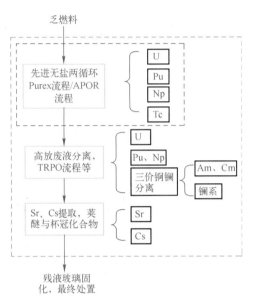

图 2-16　我国正在研发的先进湿法后处理流程

第四代又称干法后处理,主要针对金属燃料,也可以将氧化物燃料还原后进行干法后处理。干法后处理只能部分分离,但是有成本低、处理快速的潜在优点,配合金属燃料快堆有利于实现高增殖的目的。

法国、英国、俄罗斯、日本、印度等国都建成了民用乏燃料后处理设施,我国坚持闭式燃料循环技术路线,建成了后处理中试厂,正在筹建大型商业后处理厂。美国目前采取"观望"的态度,认为后处理经济性差,存在核扩散风险,主张将乏燃料暂存,最后送入乏燃料处置场。但由于当地居民的反对,尤卡山乏燃料处置场的建设目前已经暂缓。美国也一直在积极推动第四代核能系统的研发,待时机成熟后再判断是否采用闭式循环。

2.5　"一次通过"式核能系统的燃料利用问题

核能系统采用"一次通过"式可以避免后处理的麻烦,防核扩散性能好。为提高系统的经济性,采用"一次通过"式的核能系统都在努力提高全堆平均卸料燃耗深度。燃耗深度主要取决于堆内反应性水平和燃料包壳的耐辐照水平。压水堆转化比小于 1,如果要加深燃耗、延长换料周期,一般需要以增加燃料富集度、提高初始反应性为代价,但这样做无法提高燃料利用率;如果包壳耐辐照水平提高,燃料成分保持不变,燃料利用率的提高也很有限。

文献[16]采用输运燃耗耦合程序对几种典型的"一次通过"式核能系统进行了中子学分析,对比了燃料利用率,详见表 2-4。下面对这几种核能系统燃料利用特点做一简介。

表 2-4 "一次通过"式核能系统的燃料利用率

特征参数	堆型							
	PWR-50	PWR-100	CANDLE	SSFR	FMSR	ULFR	EM2	TWR
热功率/MW	3000	3000	3000	3000	3000	3000	500	3000
初始堆芯平均铀富集度/%	4.21	8.5	1.2	6.2/0.25[①]	3.8/0.25[①]	4.1	6.1	2.5
尾料富集度/%	0.25	0.25	0.25	0.25	0.25	0.25	0.35	0.30
每批换料量/t	29.7	29.7	823.7	5.22	5.6	319.6	42.5	399.2
易裂变燃料装量/t	3.75	7.57	9.88	11.01	7.27	12.5	2.59	10
循环长度/a	1.5	3.0	200	1.5	1.5	54	37	38
堆芯装量/t HM	89	89	823.7	177.6	191.4	319.6	42.5	399.2
换料批次	3	3	1	34	34	1	1	1
堆芯寿命周期/a	60	60	200	51	51	54	37	38
燃耗深度/%	5.2	10.2	24.6	29.4	27.2	17.6	13.9	9.8
达到平衡循环的时间/a	—	—	—	90	82.5			
每年天然铀需要量/t	166.1	173.0	7.10	0.0	0.0	40.2	75.9[②]	48.3
每年裂变量/t	1.03	1.04	1.03	1.02	1.02	1.04	0.16	1.03
转化比	0.6	0.6	1.2	1.26	1.29	1.12	1.1	—
天然铀利用率/%	0.6	0.6	12.1	3.8/<29[①]	5.7/<27[①]	2.2	0.9	1.9

① SSFR 和 FMSR 需要经过很长的过渡循环才能达到平衡循环,这期间需要经过多次换料,逐步由贫化铀组件替换卸料组件。这里,第 1 个数代表过渡循环,第 2 个数代表平衡循环。
② 这里将 EM² 功率折算为 3000MW

PWR-50 和 PWR-100 分别是中度和深度燃耗压水堆,燃耗深度(百分燃耗)分别为 5.2% 和 10.2%,燃料利用率均为 0.6%。

CANDLE[17] 是东京技术研究所提出的一种轴向传播的行波堆概念,初始堆芯采用富集度为 10.3% 的浓缩铀驱动反应堆,增殖区采用贫化铀,易裂变燃料装量 9.88t,行波可沿着轴向从底部到顶部传播 200 年,燃料利用率达到 12.1%。

FMSR 和 SSFR 是两种钠冷快堆,堆芯同样分驱动区和增殖区。与行波堆不同的是,这两种堆采取 34 批换料,每批循环长度 1.5 年,换料过程中只在增殖区补充新的贫铀组件,驱动区不会补充贫铀组件。经过 14 个循环后,增殖区的燃料组件中易裂变核素含量上升,可以换入驱动区,驱动区燃耗深度最大的组件被卸出,同时给增殖区补充一个贫铀组件。经过约 90 年的时间,FMSR 和 SSFR 达到平衡循环,此后每次换料反应性波动很小。过渡循环内,FMSR 和 SSFR 的燃料利用率分别为 3.5% 和 3.4%。文献[16]认为:FMSR 和 SSFR 进入平衡循环后,可以只添加贫化铀就能实现自持燃烧,因而理想的燃料利用率就等于燃耗深度。这实际上要假定每隔 51 年,就要对乏燃料做一次后处理,重新制作燃料,因而已经不是"一次通过"式核能系统了。

ULFR[16,18] 是 Kim 提出的超长寿命(54 年)钠冷快堆概念,采用"一次通过"式核能系统,寿命周期内不换料也不倒料。图 2-17 是 ULFR 堆芯径向示意图。全堆含 342 个驱动组件,144 个中心区贫铀增殖组件,177 个外围贫铀增殖组件。驱动组件布置在中心区增殖组件外面,沿径向分三区布置:第一区 42 个,富集度 9%;第二区 54 个,富集度 11%;第三区 246 个,富集度 13%。驱动区装入 103t 燃料,含易裂变燃料装量 12.5t,平均卸料燃耗深度约 30%,燃料利用率达到 2.2%。

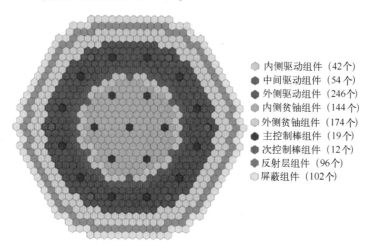

内侧驱动组件 (42个)
中间驱动组件 (54个)
外侧驱动组件 (246个)
内侧贫铀组件 (144个)
外侧贫铀组件 (174个)
主控制棒组件 (19个)
次控制棒组件 (12个)
反射层组件 (96个)
屏蔽组件 (102个)

图 2-17　ULFR 堆芯径向示意图

EM^2 是 GA 公司提出的一种超长寿命(30 年)陶瓷燃料氦冷快堆概念[16,19],采用"一次通过"式核能系统,热功率为 500MW。EM^2 易裂变燃料装量 2.59t,30 年燃耗深度为 13.9%,燃料利用率为 0.9%。GA 公司设想未来可以将 EM^2 卸出的乏燃料重整化后送入新的 EM^2 堆使用,这同样不再是"一次通过"的概念。

TWR[20] 是泰拉能源公司提出的驻波堆概念,是一种特殊的金属燃料钠冷快堆。TWR 寿命周期 38 年,不换料但采用径向倒料方式,实现堆内功率分布形状相对稳定。TWR 燃料装量 400t,含易裂变燃料装量 10t,燃耗深度为 9.8%,燃料利用率为 1.9%。泰拉公司设想可以采用简化后处理对 TWR 的卸料进行重整化处理,逐步将燃耗深度提高到 50%,从而进一步提高燃料利用率。同样地,这也偏离了"一次通过"的概念,但不失为比较现实的选择。

国内也开展了径向/轴向倒料式驻波堆的研究[21-23],燃料利用特性与表 2-4 类似,这里不再详述。

快中子谱"一次通过"式系统的主要问题是材料辐照损伤问题严重,在新的耐辐照材料开发出来之前只能停留在概念阶段。另外还需要关注随着燃耗加深堆内缓发中子份额下降,空泡反应性恶化等问题。

2.6　核裂变能面临的主要挑战

第三代核能系统正处于规模化推广阶段,安全性和经济性的优化是其面临的主要挑战。第四代核能系统是核能可持续发展的关键,2030 年前后,将有部分成熟四代堆型逐渐推向市场。快堆及第四代反应堆的定位目前还有争论,将主要取决于工业界对燃料增殖或者超铀元素嬗变紧迫性的认识。如果非常规铀开发,比如海水提铀技术取得突破,或者铀资源价格长期保持低位,那么快堆能源供应的需求会弱化,嬗变超铀元素和长寿命裂变产物的需求会强化,反之亦然。但是,即使快堆的定位从增殖转向嬗变,发展规模相应减少,快堆燃料循环的发展仍是必需的,因为它可以大大降低乏燃料长期地质处置风险。考虑到快堆燃料循环的建立需要数十年的时间,应该及早开展相关研究工作,加强技术储备。行波堆等"一次通过"式深燃耗快中子谱核能系统面临的主要挑战是材料的快中子辐照问题。

📖 参考文献

[1]   SÜMER S, HÜSEYIN Y, SAHIN N. Neutronic performance of proliferation hardened thorium fusion breeders[J]. Fusion Engineering and Design, 2001, 54(1): 63-77.

[2]   连培生. 原子能工业[M]. 北京: 原子能出版社, 2002.

[3]   LEVY S, TODREAS N E, BENNETT R, et al. Technology goal for generation IV nuclear power system[J]. Trans Am Nucl Soc, 2001, 85: 58-59.

[4]   OECD NEA. A technology roadmap for generation IV nuclear power systems[R/OL]. [2017-04-10]. https://www.gen-4.org/gif/upload/docs/application/pdf/2013-09/genivroadmap2002.pdf.

[5]   OECD NEA. A technology roadmap update for generation IV nuclear energy systems[R/OL]. [2017-04-10]. https://www.gen-4.org/gif/upload/docs/application/pdf/2014-03/gif-tru2014.pdf.

[6]   IAEA. International Project on Innovative Nuclear Reactors and Fuel Cycles[EB/OL]. [2017-04-10]. https://www.iaea.org/INPRO.

[7]   IAEA. Power reactor informationsystem[EB/OL]. [2019-04-10]. https://pris.iaea.org/PRIS.

[8]   OECD NEA. 2015 gif annual report[R/OL]. [2017-04-10] https://www.gen-4.org/gif/jcms/c_84833/gif-2015-annual-report-final-e-book-v2-sept2016.

[9]   周志伟. 新型核能技术[M]. 北京: 化学工业出版社, 2010.

[10] OECD NEA. 2016 gif annual report[R/OL]. [2017-04-10]. https://www.gen-4.org/gif/upload/docs/application/pdf/2017-07/gifannual_report_2016_final12july.pdf.

[11] 朱继洲, 单建强, 张斌, 等. 核反应堆安全分析[M]. 西安: 西安交通大学出版社, 2007.

[12] IAEA. Nuclear technology review 2016[R/OL]. [2017-4-10]. https://www.iaea.org/sites/default/files/16/08/ntr2016.pdf.

[13] CIPITI B B, CLEARY V D, COOK J T, et al. Fusion transmutation of waste: design and analysis of the in-zinerator concept[R]. California: Sandia National Laboratory, 2006.

[14] WIGELAND R A. Interrelationship of spent fuel processing, actinide recycle, and geological repository[C]. Proceedings of International Symposium: Rethinking the Nuclear Fuel Cycle, 30-31, October 2006, Cambridge, M A, USA, Massachusetts: MIT, 2006.

[15] KAZIMI M, MONIZ E J, FORSBERG C W, et al. MIT study on the future of nuclear fuel cycle[R]. Massachusetts: MIT, 2006.

[16] KIM T K, TAIWO T A. Fuel cycle analysis of once-through nuclear systems[R]. Illinois: ANL, 2010.

[17] SEKIMOTO H, RYU K. Introduction of MOTTO cycle to CANDLE fast reactor[C/OL]//Proceedings of PHYSOR 2010-Advances in Reactor Physics to Power the Nuclear Renaissance, 9-14 May 2010, Pittsburgh, Pennsylvania, USA. http://www.crines.titech.ac.jp/projects/docs/c_1_5_2.pdf.

[18] TAK T, LEE D, KIM T K, etal. Optimization study of Ultra-long Cycle Fast Reactor core concept[J]. Annals of Nu-

clear Energy,2014,73,145-161.

[19] Schleicher R,Choi H,Baxter A,et al. Improved utilization of US. Nuclear Energy Resources without Reprocessing[C]// ANS Winter 2009 Meeting. Washton D C:ANS,2009.

[20] Ellis T,Petroski R,Hejzlar P,et al. Traveling-wave reactors:a truly sustainable and full-scale resource for global energy needs[C/OL]// International Congress on Advances in Nuclear Power Plants 2010,June 13-17,2010,San Diego,CA, USA. https://www. researchgate. net/publication/286948588_Traveling-Wave_Reactors_A_Truly_Sustainable_and_ Full-Scale_Resource_for_Global_Energy_Needs.

[21] 陈其昌,赵金坤,司胜义 . 一体化增殖燃烧堆双向递推式倒料方案研究[J]. 核科学与工程,2015,35(01): 56-63.

[22] 张大林,郑广银,田文喜,等 . 径向步进倒料行波堆的数值研究[J]. 原子能科学技术,2015,49(4):694-699.

[23] 郑友琦,吴宏春 . 基于一次通过式和闭式燃料循环的快堆堆芯概念设计研究[J]. 核动力工程,2014,35(S2): 41-43.

第3章 核聚变科学技术的发展

3.1 引 言

聚变能是由氢同位素氘、氚等在高温状态下,通过聚变核反应产生的。轻核聚变释放能量已在太阳能的产生和氢弹爆炸中得到了验证。1kg 海水中含 0.034g 氘,若这些氘全部聚变可产生 $1.18×10^{11}$ J 能量,相当于 270kg 石油的热值。据估计,地球上的海水中氘含量约为 230000 亿 t,可供人类能源需求数十亿年。因此开发氘氘聚变能源理论上可为人类提供无穷无尽的能源。但氘氘聚变反应堆离实现还很遥远,或者说在地球条件下几乎难以实现,比较现实的是氘氚聚变反应。锂(主要是 ^6Li)是产氚的材料,锂在地球上的基础储量约为 1300 万 t[1](中国基础储量也有 100 万 t),^6Li 蕴含能量约 8000TW 年,与地球上化石能源蕴含能量相当[2],可供人类使用数百年。

近半个世纪以来,人类在实验室内不断探索和平利用聚变能的可能性。目前,已研究的聚变技术途径大致可分为磁约束聚变和惯性约束聚变两类。磁约束聚变按照磁场位形的不同,可分为托卡马克、仿星器、磁镜、反向场箍缩(Reversed Field Pinch,RFP)、场反向位形(Field Reversed Configuration,FRC)、球马克等。惯性约束聚变按照驱动源的不同,可分为激光驱动惯性约束聚变、电子束和轻离子束驱动的惯性约束聚变、Z 箍缩驱动惯性约束聚变等。

3.2 聚变的基本概念

聚变是两个轻原子核结合形成一个较重原子核、发生质量亏损并释放出结合能的反应。由于原子核都带正电荷,要发生核聚变反应,首先必须克服静电斥力互相靠近。原子核携带的电荷越多,斥力就越大,要靠近并发生聚变反应,就要求它必须具有较大的动能。一般来说,这种动能需由外部提供。因此,只有最轻的几种原子核才有可能通过人工方式来实现大规模的聚变反应。

3.2.1 轻核聚变反应

根据化学元素单位核子结合能与质量数的关系曲线,轻元素的结合能与质量数之比小于中等质量元素。因此轻元素(轻核)容易通过聚变反应形成结合能较重的元素,并释放出能量。

表 3-1 给出了几种轻核聚变反应[3]方程式和每次聚变反应释放的能量。

表 3-1　几种轻核聚变反应式和反应释放的能量

反应代号	反应式	聚变放能/MeV
1	$D+D \longrightarrow T+p$	4.04
2	$D+D \longrightarrow {}^3He+n$	3.27
3	$T+D \longrightarrow {}^4He+n$	17.58
4	${}^3He+D \longrightarrow {}^4He+p$	18.34
5	$T+T \longrightarrow {}^4He+2n$	11.32
6	$T+{}^3He \longrightarrow {}^4He+D$	14.31
7	$T+{}^3He \longrightarrow {}^4He+p+n$	12.08
8	$T+{}^3He \longrightarrow {}^5He+p$	11.85
9	${}^3He+{}^3He \longrightarrow {}^4He+2p$	12.8

3.2.2　主要轻核反应截面

轻核之间要发生聚变反应,首先需要克服原子核间的相互作用势。原子核相互作用势能曲线[4]如图 3-1 所示。

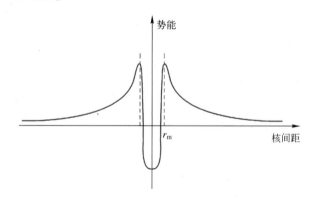

图 3-1　原子核相互作用势能曲线

两带电粒子相互靠近,其库仑势垒的高度为

$$E_{ku} = \frac{Z_1 Z_2}{r_0} \frac{e^2}{4\pi\varepsilon_0} \qquad (3-1)$$

式中:Z_1、Z_2 分别为相互作用原子核的电荷;ε_0 为真空介电常数;r_0 为核吸引力变得重要时原子核中心之间的距离。

对于轻原子核,r_0 可近似取为原子核的半径,即 5×10^{-13} cm,代入式(3-1),可近似求得势垒高度(以 MeV 为单位):

$$E_{ku} = 0.288 Z_1 Z_2 \qquad (3-2)$$

即使取 $Z_1 = Z_2 = 1$,E_{ku} 仍有 0.288MeV。

当取热核反应等离子体的温度为 10keV 时,其离子的平均能量也只有 15keV。绝大多数情况下,入射粒子的动能都小于核的库仑势垒高度。因此,核反应截面 $\sigma(E)$ 将强烈依赖于入射核穿透库仑势垒的概率,近似地服从Gamow理论公式:

$$\sigma(E) = \frac{A}{E}\mathrm{e}^{-\frac{B}{\sqrt{E}}} \tag{3-3}$$

式中:A 为常数,对不同的核反应 A 值不同;$E = \frac{1}{2}\mu u^2$ 为相对能量,即为质心坐标系中的能量,其中 $\mu = \dfrac{m_1 m_2}{m_1 + m_2}$ 为两核的折合质量;$B = \dfrac{1}{2}\pi\alpha\sqrt{\mu c^2}\, Z_1 Z_2$ 为位于指数函数的指数部分的常数,与入射核和靶核的电荷数之积成正比,其中 $\alpha = \dfrac{e^2}{\hbar c} = \dfrac{1}{137}$ 为精细结构常数。

实验测得的截面数据大多在 $E \geqslant 10\mathrm{keV}$ 的能量范围内,10keV 以下的数据就得靠 Gamow 理论公式来外推。

另外,两个原子核碰撞时,更多的是弹性散射。当入射粒子的能量小于 100keV 时,弹性散射主要由库仑力引起,其有效截面约为

$$\sigma_s \approx 10^6 \times \frac{(Z_1 Z_2)^2}{E^2} \tag{3-4}$$

式中:σ_s 为弹性散射截面(b),$1\mathrm{b} = 10^{-28}\mathrm{m}^2$;$E$ 为入射粒子能量(keV)。

对 $Z = 1$ 的氢同位素核的碰撞,当 E 取 100keV 时,$\sigma_s \approx 100\mathrm{b}$,这比 $E = 107\mathrm{keV}$ 时氘氚反应截面(5b)要大近 20 倍。

实验测得的各种轻核反应截面与表 3-1 中的 9 个反应道对应[5],如图 3-2 所示。

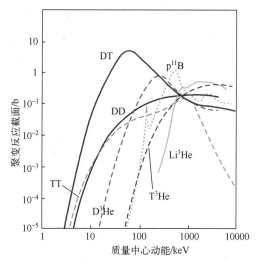

图 3-2　轻核聚变反应截面与质量中心动能的关系

3.2.3　热核反应速率

两种原子核 i 和 j 以相对运动速度 v 相碰时,若其碰撞截面为 σ_{ij},两种核单位体积内的核数分别为 n_i 和 n_j,则单位时间、单位体积内发生该种碰撞反应的次数为 $n_i n_j \sigma_{ij} v$。

考虑到速度分布,单位时间、单位体积内热核反应发生的次数 R_{ij} 可由下式计算[3]:

$$R_{ij} = \frac{1}{1+\delta_{ij}} \iint n_i(\boldsymbol{v}_i) n_j(\boldsymbol{v}_j) |\boldsymbol{v}_i - \boldsymbol{v}_j| \sigma(\boldsymbol{v}_i - \boldsymbol{v}_j) \mathrm{d}\boldsymbol{v}_i \mathrm{d}\boldsymbol{v}_j \qquad (3\text{-}5)$$

式中:$n_i(\boldsymbol{v}_i)$、$n_j(\boldsymbol{v}_j)$ 分别为 i、j 两种核的速度分布函数;$\boldsymbol{v}_i$ 和 $\boldsymbol{v}_j$ 为两种核的速度矢量;当 $i=j$ 时,$\delta_{ij}=1$,当 $i \neq j$ 时,$\delta_{ij}=0$;$\sigma(\boldsymbol{v}_i-\boldsymbol{v}_j)$ 为热核反应截面,是两种核相对运动速度的函数。

式(3-5)可简写为

$$R_{ij} = \frac{1}{1+\delta_{ij}} n_i n_j \langle \sigma v \rangle_{ij} \qquad (3\text{-}6)$$

式中:$\langle \sigma v \rangle_{ij}$ 为平均反应率。

如果系统达到热动平衡,则分布函数可取以热动平衡温度 T 为参数的麦克斯韦分布,即

$$n_i(v_i) = n_i \left(\frac{m_i}{2\pi k T_i} \right)^{3/2} \exp\left(-\frac{m_i v_i^2}{2k T_i} \right) \qquad (3\text{-}7)$$

将麦克斯韦分布和相应原子核碰撞截面代入式(3-5)和式(3-6)中,便可求得图 3-3 所示的 $\langle \sigma v \rangle_{ij}$ 随温度变化的曲线[5]。

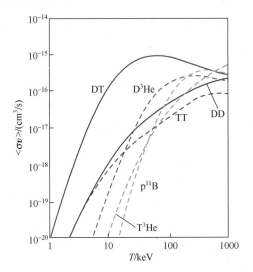

图 3-3　主要轻核麦克斯韦平均反应率与温度的关系

历史上有许多科学家计算过轻核的 $\langle \sigma v \rangle$ 曲线,结果差别都不大。这里,为了读者使用方便,列出苏联科学家科兹洛夫得到的几种平均反应率[3]:

$$\langle \sigma v \rangle_{\mathrm{DT}} = 1.34715 \times 10^{-17} \frac{1+3.69427 \times 10^{-2} T^{3/4}}{(1+3.26833 \times 10^{-3} T^{13/4})^{1/2}} T^{-2/3} \exp\left(-\frac{45.2346}{T^{1/3}} \right) \qquad (3\text{-}8)$$

$$\langle \sigma v \rangle_{\mathrm{DDp}} = 0.691929 \times 10^{-19} (1+0.52775 \times 10^{-2} T^{3/4}) T^{-2/3} \exp\left(-\frac{42.5757}{T^{1/3}} \right) \qquad (3\text{-}9)$$

$$\langle \sigma v \rangle_{\mathrm{DDn}} = 0.641422 \times 10^{-19} (1+0.79162 \times 10^{-2} T^{3/4}) T^{-2/3} \exp\left(-\frac{42.5767}{T^{1/3}} \right) \qquad (3\text{-}10)$$

$$\langle \sigma v \rangle_{\mathrm{D^3He}} = 0.95105 \times 10^{-17} \frac{1+1.58324 \times 10^{-2} T^{3/4}}{(1+5.4022 \times 10^{-10} T^{13/4})^{1/2}} T^{-2/3} \exp\left(-\frac{71.8039}{T^{1/3}} \right) \qquad (3\text{-}11)$$

这里,我们也列出几种重要轻核反应的$\langle \sigma v \rangle$的数值,如表 3-2 所列。

表 3-2　几种重要轻核聚变的平均反应率

温度/keV	$\langle \sigma v \rangle_{DD}/(cm^3/s)$	$\langle \sigma v \rangle_{DT}/(cm^3/s)$	$\langle \sigma v \rangle_{D^3He}/(cm^3/s)$
1	2×10^{-22}	7×10^{-21}	6×10^{-26}
2	5×10^{-21}	3×10^{-19}	2×10^{-23}
5	1.5×10^{-19}	1.4×10^{-17}	1×10^{-20}
10	8.6×10^{-19}	1.1×10^{-16}	2.4×10^{-19}
20	3.6×10^{-18}	4.3×10^{-16}	3.2×10^{-18}
60	1.6×10^{-17}	8.7×10^{-16}	7.0×10^{-17}
100	3.0×10^{-17}	8.1×10^{-16}	1.7×10^{-16}

一般实验室(包括氢弹爆炸)中,能够创造的等离子体燃烧温度为 3 ~ 30keV,从表 3-2 数据可看出,在 3 ~ 30keV 温度范围内$\langle \sigma v \rangle_{DT}$要比$\langle \sigma v \rangle_{DD}$和$\langle \sigma v \rangle_{D^3He}$高约两个量级,因此选取 D、T 作为热核燃料是实现大规模聚变的基础。

3.2.4　实现大规模核聚变的条件

要使聚变发生,理论上有两种方法。第一种是用加速器加速某种轻原子核,使其获得足够的能量,然后射向选定的靶核,自然会有一部分发生聚变反应。但这种方法基本不能实现能量增益。因为入射粒子和靶的核反应中,绝大部分是弹性散射,真正发生聚变的概率非常小。考虑到加速器的效率,往往聚变所获得的能量会远低于所消耗的能量。同样的道理,用两束加速后的轻核对撞的方法也无法实现大规模聚变。第二种是设法加热核燃料,使之达到足够高的温度,如数百万摄氏度以上(大部分情况下要至数千万摄氏度),形成高温等离子体。这时,等离子体中原子核的运动速度服从麦克斯韦分布,麦克斯韦分布尾巴中的许多原子核会具有很高的能量,能够引起大规模的聚变反应。这种反应,我们称为热核聚变反应。氢弹就是利用热核聚变反应来实现大规模放能的,未来的聚变能源系统也希望通过热核聚变来实现。

为使受控聚变得以实现,必须使聚变燃料形成的等离子体温度 T 足够高,使原子核具有足够的动能;必须使等离子体中的核密度 n 足够大,以提高聚变反应的概率。但是n、T 太大会使等离子体压强太高而迅速膨胀、熄火。因此还必须设法使等离子体约束在特定空间内的时间足够长,从而使聚变释放的能量大于损失的能量。等离子体内热能平衡方程为[3]

$$\frac{dw}{dt} = p_h + p_{fh} - p_b - \frac{w}{\tau_E} \qquad (3-12)$$

式中:w 为等离子体热能, $w = \int \frac{3}{2} n(T_i + T_e) dV$,其中,T_i 和 T_e 分别为离子温度和电子温度,V 为体积;τ_E 为等离子体的能量约束时间,是表征等离子体能量衰减率的参量;$\frac{w}{\tau_E}$ 为扩散、热传导、电荷交换带走的热功率;p_h 为加热等离子体的有效热功率;p_{fh} 为聚变反应留在等离子体内的功率,对氘/氚反应系统,在 $n_D = n_T = \frac{1}{2}n$ 的情况下,p_{fh} 就是 α

粒子功率 $p_\alpha = \frac{1}{4}n^2 \langle \sigma v \rangle E_\alpha$,其中 E_α 为聚变反应释放 α 粒子的能量;p_b 为轫致辐射功率,采用 Bethe-Heitler 公式的非相对论近似,在麦克斯韦分布的等离子体中,单位体积的轫致辐射功率为

$$p_b \approx 1.6 \times 10^{-27} Z^2 n_i n_e T^{1/2} \tag{3-13}$$

3.2.5 能量得失相当

对于 DT 聚变,由式(3-12)可知,等离子体零维稳态功率平衡关系为

$$p_\alpha + p_h = p_b + \frac{w}{\tau_E} \tag{3-14}$$

聚变放出的能量包括 α 粒子能量 p_α 和中子沉积在包层的能量 p_n,对于 DT 聚变有 $p_n = 4p_\alpha$。定义聚变物理增益因子 Q,即聚变总功率与等离子体加热功率的比值:

$$Q = \frac{p_\alpha + p_n}{p_h} = \frac{5p_\alpha}{p_h} \tag{3-15}$$

当 $Q = 1$ 时,即有能量得失相当条件:

$$p_n + p_\alpha = p_h = 5p_\alpha \tag{3-16}$$

Q 值的定义中,分子项是以热能的形式出现的,分母项是以等离子体吸收能量的形式出现的,二者的能量品质是不一样的。实际上常采用工程增益因子 Q_E[6],它考虑了适当的功率转换系数,将各种功率转换成电功率,其定义如下:

$$Q_E = \frac{净电功率输出}{电功率输入} = \frac{总电功率输出 - 电功率输入}{电功率输入} = \frac{P_{out}^E - P_{in}^E}{P_{in}^E} \tag{3-17}$$

假设热电转换效率为 η_t,电能转换成等离子体加热源(如微波、中性束等)的效率为 η_e,加热源被等离子体吸收的效率为 η_a。首先容易知道,等离子体吸收 p_h 的能量需要输入的实际电能为

$$P_{in}^E = \frac{p_h}{\eta_e \eta_a} \tag{3-18}$$

下面考虑进入聚变堆包层的热能 P_{out}。P_{out} 应该包括 p_n、p_b、$\frac{w}{\tau_E}$,还应该包括 ^{6}Li 产氚反应能量 p_{Li}(每次产氚反应放能 4.8MeV),以及等离子体反射后进入包层的能量 $(1-\eta_a)\eta_e P_{in}^E$。因此,总的电功率输出为

$$P_{out}^E = \eta_t P_{out} = \eta_t \left[p_n + p_{Li} + p_b + \frac{w}{\tau_E} + (1-\eta_a)\eta_e p_h \right] \tag{3-19}$$

注意到,$p_n + p_{Li} = [(E_n + E_{Li})/E_\alpha]p_\alpha = 5.4p_\alpha$,$p_b + \frac{w}{\tau_E} = p_\alpha + p_h$,并带入式(3-19),则有

$$P_{out}^E = \eta_t \left[6.4p_\alpha + \frac{p_h}{\eta_a} \right] \tag{3-20}$$

将式(3-18)和式(3-20)代入式(3-17)可得

$$Q_{\mathrm{E}} = \eta_{\mathrm{t}} \eta_{\mathrm{e}} \eta_{\mathrm{a}} \left(6.4 \frac{p_\alpha}{p_{\mathrm{h}}} + \frac{1}{\eta_{\mathrm{a}}} \right) - 1 \tag{3-21}$$

根据式(3-15)可得到 Q_{E} 和 Q 的关系式：

$$Q = \frac{5}{6.4} \frac{Q_{\mathrm{E}} + 1 - \eta_{\mathrm{t}} \eta_{\mathrm{e}}}{\eta_{\mathrm{t}} \eta_{\mathrm{e}} \eta_{\mathrm{a}}} \tag{3-22}$$

如果取 $\eta_{\mathrm{t}} = 1/3, \eta_{\mathrm{a}} = 0.7, \eta_{\mathrm{e}} = 0.7$，则有

$$Q = 4.78(Q_{\mathrm{E}} + 0.77) \tag{3-23}$$

可见 $Q = 10$ 和 $Q = 30$ 仅相当于 $Q_{\mathrm{E}} = 1.3$ 和 $Q_{\mathrm{E}} = 5.5$；若聚变堆输出电功率为 1000MW，则由式(3-18)可知，需要输入的电功率分别为 435MW 和 153MW，占了输出电功率的相当比例。

3.2.6　点火温度

考虑式(3-15)，如果单位时间内热核反应沉积在等离子体燃料中的能量等于通过辐射、扩散等过程单位时间损失的能量，即 $p_\alpha = \frac{1}{4} n^2 \langle \sigma v \rangle E_\alpha = p_{\mathrm{b}} + \frac{w}{\tau_{\mathrm{E}}}$，则称系统达到了点火条件，此时无需外部加热即可维持聚变反应。如果点火条件中忽略了热传导损失项 $\frac{w}{\tau_{\mathrm{E}}}$，则为理想点火条件。等离子体温度越高，聚变放能速率越快，能量损失速率也越快，如图 3-4 所示。当图中两条曲线相交时，即达到点火条件，对应的温度称为点火温度。

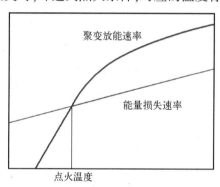

图 3-4　确定点火温度的示意图

假定等离子体是稀薄等离子体，密度较低，尺寸较小，能量损失主要是轫致辐射。那么，对氘氘等离子体，点火温度约为 32keV；对氘氚各半的等离子体，点火温度约为 5keV。显然，使用氘氚混合燃料更容易实现热核聚变放能。

3.3　磁约束聚变与国际热核聚变实验堆(ITER)

3.3.1　磁约束聚变基本原理

磁约束聚变就是利用磁场将高温等离子体约束在一定的区域内，使之在逃逸出反应

容器之前能有更多机会发生聚变反应。处于高温下的等离子体,在高的动力压强作用下,会迅速膨胀。要发生大规模的聚变反应,就要将具有一定温度和密度的等离子体在反应容器内约束足够长的时间。受控热核聚变要解决的主要问题之一就是等离子体约束。用磁场约束等离子体是一种现实可行的约束方法。

带电粒子在磁场中趋于沿磁力线运动,磁力线的方向就是磁场的方向,磁力线的密疏代表磁场的强弱。带电粒子在垂直于磁场的方向上被约束,但可沿磁力线方向自由运动。带电粒子在磁场中的运动轨迹是沿磁场的一种螺旋线,见图3-5[4]。螺旋轨道的横向半径称为拉莫尔半径(也称为回旋半径),用符号ρ表示。半径的大小与粒子所带的电荷、粒子的质量、运动的速度和磁场强度有关。电子的拉莫尔半径(单位为m)为

$$\rho_e = 1.07 \times 10^{-4} T_e^{0.5}/B \tag{3-24}$$

式中:T_e为电子温度(keV);B为磁场(T)。

电荷数为Z,质量数为A的离子的拉莫尔半径为

$$\rho_i = 4.57 \times 10^{-3} (A^{0.5}/Z)(T_i^{0.5}/B) \tag{3-25}$$

若取$T_e = T_i = 10\text{keV}$,$B = 5\text{T}$,则电子拉莫尔半径$\rho_e \approx 0.068\text{mm}$,约为氚粒子拉莫尔半径$\rho_i \approx 4.08\text{mm}$的1/60。特别是对核反应刚产生的$^4\text{He}$粒子,拉莫尔半径约为5.4cm,由于它在低密度等离子体中沉积能量的射程远大于等离子体的尺度,故它逃逸出等离子体区的概率是很大的。

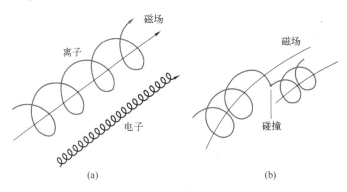

图3-5 电子、离子在磁场中的运动轨迹

在混合气体中,气体的总压强是各气体成分分压强之和。等离子体也一样,热等离子体有一个向外膨胀的压强p,它是电子和离子的动力学压强之和。因此有$p = n_e k T_e + n_i k T_i$,这里,$k = 1.38 \times 10^{-23}\text{J/K}$为玻尔兹曼常数,$n_e$、$n_i$分别为单位体积等离子体中电子和离子的数密度,$T_e$、$T_i$分别为等离子体中电子和离子的温度。在磁约束等离子体中,记等离子体压强p与磁场压强$p_B = B^2/2\mu_0$之间的比值为比压$\beta = p/p_B$。这里B以T为单位,$\mu_0 = 4\pi \times 10^{-7}\text{H/m}$为自由空间的导磁率。$\beta$越高说明磁场约束效率越高,经济性越好。但在有希望实现聚变的磁约束位形(如托卡马克)中,β的取值一般小于0.1。由于要获得很高的稳定磁场,工程上存在一定的困难,一般B的取值小于10T。而要发生聚变,等离子体的温度应大于10^8K,故可以推断,在磁约束聚变中,等离子体的密度一般只能在10^{20}m^{-3}(或10^{14}cm^{-3})的水平。

3.3.2　磁约束聚变的劳森判据

英国科学家劳森1957年首次提出通过核聚变获得能量增益的最低条件。由于实现点火的最低温度是一定值,他从等离子体的核密度 n 与能量约束时间 τ_E 乘积需满足的条件来考虑如何实现核聚变。文献中一般把 $n\tau_E$ 称作劳森参数,把 $n\tau_E T$ 称作聚变三重积,这二者都是衡量磁约束聚变水平的重要参数。需要指出的是,这里的 n,τ_E,T 均指离子参数。劳森假设等离子体输出能量(包含等离子体热能、韧致辐射损失和聚变放能)以一定的效率 η 转换为输入等离子体的能量(包含等离子体热能、韧致辐射损失),从而近似获得能量增益的必要条件[7]。该分析简化了聚变系统能量转换过程,由此对应的聚变水平介于聚变增益因子 $Q=1$ 和工程增益因子 $Q_E=1$ 之间。这里采用文献[5]的做法,从等离子体稳态功率平衡关系式(3–14)出发,利用聚变增益 Q 的表达式,把等离子体加热功率 p_h 用聚变总功率 $p_\alpha+p_n$ 联系起来,这样就可以把 $n\tau_E$ 表示成 T 和 Q 的函数,对于 DT 聚变,有

$$n\tau_E = \frac{3k_B T}{\frac{1}{4}(1/Q+1/5)Q_{DT}\langle\sigma v\rangle - C_b T^{1/2}} \tag{3-26}$$

式中:$C_b=5.34\times10^{-31}$,$Q_{DT}=2.86\times10^{-12}\text{J}$,$k_B=1.602\times10^{-16}\text{J/keV}$。

式(3–26)的形式和原始的劳森判据是一致的。取 $Q=2.5$,就可以得到原始的劳森判据,此时系统尚不能输出净能量;取 $Q=\infty$,就可以得到点火条件。

综合考虑等离子体的 $n\tau_E T$ 条件,实现受控聚变对等离子体参数的要求[4]可见表3–3。对于氘氚反应 $n\tau_E$ 应大于 10^{14}(对应温度 10keV),对于氘氘反应 $n\tau_E$ 应大于 10^{16}(对应温度 50keV)。

表 3-3　实现受控聚变对等离子体参数的主要要求

反应类型	离子最低温度 T/K	离子密度 n/cm^{-3}	离子能量约束时间 τ_E/s	$n\tau_E/(\text{s/cm}^3)$
氘氚反应	10^8	$10^{14}\sim10^{16}$	$0.01\sim1$	10^{14}
氘氘反应	5×10^8	$0.2\times10^{14}\sim0.2\times10^{16}$	$5\sim500$	10^{16}

图 3–6 给出了点火($Q=\infty$)和以较低 Q 值($Q=5$)运行时所需的劳森参数曲线。由图 3–6 可知,点火条件对应的 $n\tau_E$ 极小值约为 $2\times10^{14}\text{s/cm}^3$,相应的点火温度约为 20keV。

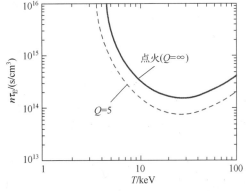

图 3–6　DT 聚变点火和以 $Q=5$ 稳态运行时,劳森参数随温度的变化

以上分析是在理想条件下得到的判据。磁约束聚变要成为能源,必须发展不同的科学技术手段,以实现聚变能源的工程可行性、经济可行性,这是人类非常重要但也是极富挑战性的任务。

3.3.3　托卡马克装置和 ITER

"托卡马克"是俄文"环形真空磁笼"的缩写。托卡马克具有很强的环向磁场和非常大的环向电流,形成一种轴对称的磁场位形。多年来,总体性能最好的位形一直是托卡马克。托卡马克装置已经实现了在接近反应堆水平的等离子体密度、约束时间和温度条件下的稳定运行。

托卡马克装置由以下部分组成:

(1)约束等离子体的磁场系统,主要由环向场线圈和极向场线圈构成。等离子体被约束在环形真空室中。

(2)燃料循环系统,环形真空室中的等离子体聚变燃料,在聚变过程中要不断加料,不断清除杂质,以保持燃料的高纯度和聚变反应自持。

(3)等离子体加热系统,包括欧姆加热、微波加热或中性粒子加热。

(4)等离子体诊断系统,真空系统,超导线圈的制冷系统等。

托卡马克装置的原理结构示意图如图 3-7 所示。

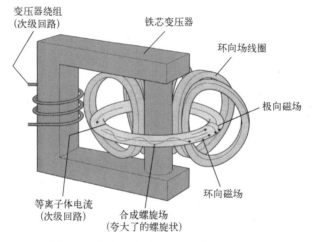

图 3-7　托卡马克装置的原理结构示意图

托卡马克装置的设计思想是苏联科学家于 1968 年在新西伯利亚召开的国际聚变能会议上公布的。当证实该装置的实验结果可信之后,世界上很快建立了一系列的中、大型托卡马克实验装置,最著名的大型装置有:欧洲的 JET、美国的 TFTR 和日本的 JT-60U。JET 及 TFTR 的结构如图 3-8 和图 3-9 所示,三大装置的规模如图 3-10 所示。

在这些装置上的实验,已证明了磁约束聚变的科学可行性,实现了在秒量级的时间内聚变功率超过 10MW,参见图 3-11。

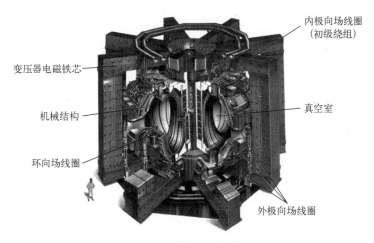

图 3-8　欧洲的 JET 装置

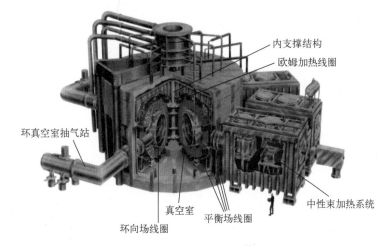

图 3-9　美国的 TFTR 装置

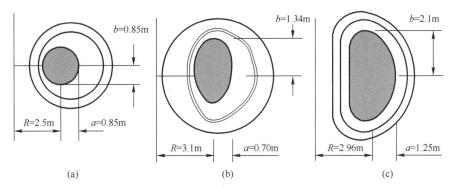

图 3-10　三个大型托卡马克实验装置规模比较

（a）美国普林斯顿的 TFTR；（b）日本那珂的 JT-60U；（c）英国卡拉姆的 JET（欧共体）。

　　但这些装置离能源应用还甚远。经各装置获得的实验数据的定性定量分析，得出了约束时间的定标率 $n\tau_{\mathrm{E}}T \propto a^2 B^3$。其中，$a$ 为托卡马克装置小圆半径（即等离子体半径的大小),B 为磁场强度。此关系式直观上是容易理解的,a 越大,离子逃离等离子体区的概率就越小,B 越大,磁压也就越大,允许等离子体有更高的密度和温度,这些都对增加约束时间,实现热核聚变有利。而磁场强度受工程条件限制,不可能太高,故能够改变的就是加大 a,即进一步把装置做大。约束时间定标率与主要聚变装置实验结果的符合情况如图 3-12 所示。

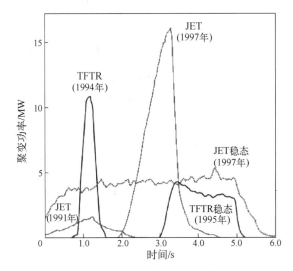

图 3-11 TFTR 和 JET 氘氚燃料产生核聚变功率的比较

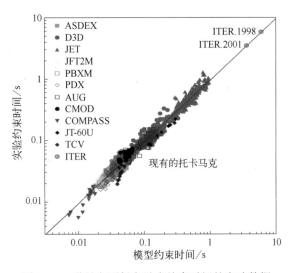

图 3-12 世界主要托卡马克约束时间的实验数据

目前建成的各聚变装置都还不能实现长时间持续聚变,但是在此基础上将定标率外推就有希望验证聚变技术可行性,ITER 计划就是在这样的背景下产生的。

经过长时间的谈判,日本、欧盟、俄罗斯、美国,中国、韩国、印度七方于 2006 年正式签订了建造 ITER 的协议。ITER 要实现的主要目标如下[8]:

(1) 在感应电流驱动方式下,实现氘氚等离子体 $Q \geqslant 10$(Q 为聚变功率与输入到等离子体的功率之比),进行氘氚燃烧,持续时间 300~500s。

（2）在非感应电流驱动方式下,实现 $Q \geqslant 5$,演示稳态运行。

（3）展示关键聚变工艺的综合性、有效性。

（4）检验商用聚变堆的部件,开展增殖氚的包层模块实验。

ITER 的结构如图 3-13 所示。

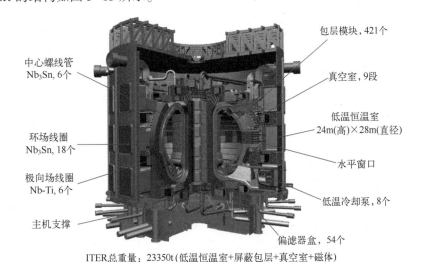

图 3-13　ITER 的结构示意图

ITER 设计的主要参数如表 3-4 所列。

表 3-4　ITER 设计的主要参数

总聚变率/MW	500(700)[①]
Q(聚变功率/加热功率)	5~10[②]
平均中子壁负荷/MW	0.57(0.8)[①]
等离子体感应燃烧时间/s	≥400
等离子体大半径/m	6.2
等离子体小半径/m	2.0
等离子体电流/MA	15(17)[③]
垂直拉长比@95%磁面/分支点	1.7/1.85
三角变形@95%磁面/分支点	0.33/0.49
安全因子@95%磁面	3.0
纵场强度@6.2m 处/T	5.3
等离子体体积/m³	837
等离子体表面积/m²	678
辅助功率/MW	73(110)[①]

① 第 1 个数表示运行初期,第 2 个数表示运行后期;
② 稳态运行 $Q=5$;
③ 在上述参数下,短时间内等离子体中电流可达 17MA

以上设计参数距能源应用还有相当一段距离,但如果在此基础上设计混合堆,通过裂变包层将能量倍增 6 倍左右,即可输出热功率 3000MW,电功率 1GW。

3.3.4　磁约束纯聚变能源的竞争力分析

我们主要从堆的建造成本、能量生产效率、技术瓶颈和资源可持续性几方面做初步分析。

3.3.4.1　建造成本估计

ITER 第一版设计,即 ITER.1998,可作为商用聚变堆的基本参考点。该装置的目标是试验和演示聚变电站的关键技术,包括超导磁体和氚增殖以及探索点火等离子体的新物理问题。当时估计建造经费为 60 亿美元,建造周期 10 年。因此我们估计建一个纯聚变的 100 万 kW 电站,总经费应在 100 亿美元左右。一个同等规模的压水堆电站耗资约 15~20 亿美元,快堆电站耗资约 60 亿美元,因此纯聚变电站在建造成本上没有竞争力。

3.3.4.2　能量生产效率估计

在温度低于 100keV 的范围内,聚变等离子体都是一个正反馈系统,聚变反应截面随着温度的上升而增加($\langle \sigma v \rangle_{\mathrm{DT}} \propto T^n, n \approx 3$)。如果系统工作在自持燃烧状态,一旦有温度的正扰动,如加料或磁场强度升高等,系统的温度就会迅速升高,很可能导致等离子体腔壁烧毁或爆炸事故。因此,系统应该工作在亚自持状态,一般可选能量增益因子 $Q = 20 \sim 30$。下面我们假定 $Q = 25$,即加热能量为释放能量的 4%,大致估算一下电站的能量生产效率(输出的电与所产生的电的比值)。

加热的方式主要有微波加热和中性粒子束加热两种。电能转换成微波的效率约 60%,电能转换成中性粒子束的效率约 30%。未来的聚变堆运行主要依靠中性粒子束加热。目前,典型的中性粒子束,粒子束能量 120keV,中性化是由正粒子俘获电子而来,中性化效率只有 30%。将来要求粒子的能量要达到 MeV 级,中性化效率会非常低,故寄希望于新的负离子加速器的开发。这样矛盾又转到负离子源的效率上。再考虑到微波和中性粒子束的加热效率(波、束能量转化为等离子体的能量)以及加热装置本身的冷却系统(一般而言冷却系统消耗的电功率大约与加热装置消耗的电功率相当),则加热消耗的功率将非常可观。

我们假定 $Q = 25$,整个加热系统平均的电能转化为等离子体热能的效率为 25%,电站的热能转化为电能的效率为 40%。容易算出,为维持等离子体自持燃烧,加热将耗费电站发电量的 40%。如果再加上低温超导系统和氚循环系统消耗的能量及电站建造、建材生产、运行控制等消耗的能量,其自身消耗的能量很可能要占到发电量的 50% 左右。可见,纯聚变电站能量生产的效率是很低的,这无疑也大大增加了电站的运行成本。如果考虑到等离子体非均匀燃烧引起局部 α 粒子加热超出自持需要的问题,可能会导致安全运行的 Q 值更低,能量生产效率也更低。

3.3.4.3　技术瓶颈分析

磁约束纯聚变堆目前还需面对的关键技术包括:燃烧等离子体的有效控制(如不发生或少发生等离子体破裂事故,特别是大破裂事故),长期可靠、稳定运行(包括加热系统特别是中性粒子束系统的可靠运行),结构材料的抗辐照、热、力学等性能能满足商业化运行要求等。等离子体大破裂会在装置内激发大的电磁力。大型托卡马克装置发生大破裂时测得的电磁力有几百吨,一个聚变电站所承受的力至少还要高一个数量级。这会对电站工作的安全性带来较大的影响,也对堆的结构强度提出了很高的要求。有关材料问题,单以 14MeV 高能中子引起的材料损伤来看,未来商业运行的电站要求材料有承受高于 200dpa(dpa 是 displacements per atom 的缩写,即平均每个原子离开晶格位置的次数)的辐照损伤的能力。现在绝大多数材料只能够承受低于 30dpa 的辐照,要达到 200dpa 决非是件轻而易举的事。

此外,对于纯聚变电站,若聚变功率为 3000MW,加热的中性粒子束的功率估计应在 100MW 左右(考虑到加热效率),若假定每台加速器输出束流功率为 10MW(粒子能量 1MV,负离子束流要达到 10A(达到 10A 负离子电流,技术上有极大的难度),这样的加速器规模已经相当巨大了,要在托卡马克周围布置 10 台或更多(因为单台电流很可能做不上去)的中性粒子束装置,这在空间布局上也是非常困难的事情。

3.3.4.4 资源可持续性分析

我们现在研究讨论的问题都是以氘氚聚变为前提的。海水中有足够的氘,可以说是取之不尽,用之不竭的。但氚是不稳定核,半衰期 12.3 年。大量氚的获得,只能通过中子辐照 ^{6}Li 来产生,其反应方程式如下:

$$n+^6Li \longrightarrow T+^4He+4.8MeV$$

因此,以氘氚为燃料的聚变可持续问题,就归结为 ^{6}Li 的资源储量的问题。

从表 3-3 的数据可看出,实现氘氘聚变的条件,要比氘氚聚变高得多。氘氘聚变温度约为氘氚聚变的 5 倍,这意味着等离子体的轫致辐射能耗要增大 2.236 倍。氘氘聚变也要求更高的等离子体密度和更长的约束时间。这会对堆的规模(燃烧等离子体的半径要更大)、约束磁场强度(约束更高密度的等离子体)、加热系统的能力(维持更高的等离子体的温度,但这样的系统 Q 值会更小)提出更高的要求,也会对建造堆特别是第一壁材料的导热能力提出更高的要求。另外,氘氘系统对材料耐中子辐照损伤的要求与氘氚系统基本相当。这是因为氘氘反应要产生氚,氘氚反应释放的能量约占总聚变能的 70%,而每次氘氚聚变会释放一个 14MeV 中子;氘氘直接反应释放的能量只占总聚变能的 30%,每次氘氘聚变会释放一个 2.45MeV 的中子。更重要的是,氘氘系统基本没有净能量输出。所以,以目前的能力,人类还不可能在实验室实现大规模氘氘聚变,更没有能力发展氘氘聚变能源,即使是未来,前景也不容乐观。

综上所述,目前看来,商用磁约束纯聚变能源在经济性、可持续性方面,都不如裂变能源,而且在技术可行性方面尚有许多不确定性。虽有长寿命核废料相对较少的优点,但总体上将严重缺少竞争力。

3.4　惯性约束聚变

3.4.1　惯性约束聚变的基本原理

惯性约束聚变是靠等离子体自身的惯性质量,对自身进行约束的核聚变。由于热核反应只有在很高的温度下才能进行,显然这种约束机制的约束时间非常有限。从物理上看,一种核反应的反应代时间 τ(燃耗达到 63% 所需的时间)为 $1/(n\langle\sigma v\rangle)$,$n$ 为单位体积中的核子数,反应率 $\langle\sigma v\rangle$ 为温度的幂函数。例如,取氘氚各半的固态氘氚冰,密度约 0.25g/cm^3,氘核数密度为 $0.3\times10^{23}/\text{cm}^3$,当燃烧温度为 1keV 时,$\langle\sigma v\rangle_{\text{DT}}\approx7\times10^{-21}\text{cm}^3/\text{s}$,容易算出 $\tau\approx4.7\times10^{-3}\text{s}$。对于一个毫米量级的热核系统,要在这么长的时间内保持其温度和密度是十分困难的。因为该系统将按声速的速度量级膨胀,这时等温声速约为 $2.8\times10^7\text{cm/s}$,飞散的时间 Δt 约为 $3\times10^{-9}\text{s}$ 量级,这远远小于反应代时间,能够达到的燃耗将小于 10^{-6} 量级。若取温度为 10keV 时,$\langle\sigma v\rangle_{\text{DT}}\approx1.1\times10^{-16}\text{cm}^3/\text{s}$,可算出 $\tau\approx3\times10^{-7}\text{s}$。此时等温声速约为 $9\times10^7\text{cm/s}$,飞散时间 Δt 约为 10^{-9}s,仍比反应代时间小近两个量级。但如果我们能把氘氚的密度提高 1000 倍,则有可能使氘氚热核系统获得较深的燃耗。从这些讨论中可以看到,要实现大规模惯性约束聚变,必须设法创造条件使热核燃料能达到非常高的温度和密度。在氢弹中,这种条件是利用原子弹爆炸提供的巨大能量来实现的。为了在未来的能源系统中实现惯性约束聚变,科学家提出了几种有可能的技术途径,包括激光器提供的能量、Z 箍缩电磁内爆提供的能量以及用加速器加速带电粒子获得的能量等。

3.4.2　惯性约束聚变靶丸

惯性约束聚变靶丸装载的氘氚量为亚毫克至数十毫克的量级。为了获得尽可能高的压缩度,一般多选择球形结构,希望实现球对称压缩。因此,在靶的设计中,都希望把能量变成 X 射线,利用 X 射线在低密度介质中(也称为黑腔,即在该区中辐射场射线能谱基本服从普朗克分布)易于输运、易于形成球对称分布和球对称聚心压缩的特点,以获得高温高密度的燃烧等离子体。由于黑腔中物质密度很低,总压强并不高,故不可能进行有效的压缩,达不到所需的温度和密度。加之氘氚燃料辐射自由程很长,X 射线很容易进入燃料区,使其在未被压缩前就加热至较高的温度(也称预热)。另外,高温物质是很难被压紧的,因此,必须在黑腔和聚变燃料之间加上一层增压隔热区。该区密度要高(与黑腔区物质密度相比),X 射线也易于进入,当其与黑腔温度达到平衡时,压强可高达数亿大气压。当然要很好地进行控制(选择适当的材料和厚度),使得在整个过程中辐射都不会进入燃料区。一般,该区介质都选择低 Z 介质金属铍或 CH 有机材料。多数聚变靶都会由下述几部分组成:转换能量区(把驱动器提供的能量,如激光能、电磁内爆动能、粒子束能等,在该区转换为 X 射线)、黑腔区、增压隔热区、核燃料区,还可能有外壳体区等。当然还有其他能量利用方式,如直接驱动的激光聚变,即用许多束激光,让其从不同方向尽可能均匀地照射到靶丸上,靶丸吸收激光能量后,形成高温高压区,然后向内聚爆,压缩燃料区。激光驱动聚变靶丸如图 3-14 所示。

3.4.3　惯性约束聚变的劳森判据

我们来研究一个球形氘氚靶丸,氘氚核子数比为 1:1,半径为 R,密度为 ρ。其间主要发生的热核反应是氘氚反应,即

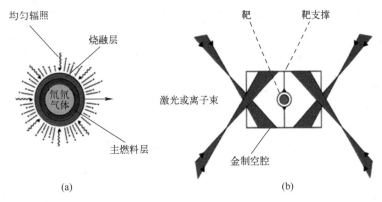

图 3-14　激光驱动聚变靶丸示意图

(a) 直接驱动;(b) 间接驱动。

$$D+T \longrightarrow {}^4He+n+17.6MeV \tag{3-27}$$

式中:α 粒子携带的能量为 3.5MeV;中子携带的能量为 14.1MeV。

　　一般情况下,靶丸的尺寸很小,远小于一个中子自由程,故中子基本不与靶丸内的粒子发生碰撞,也不会发生能量沉积。如果靶丸的尺寸远远大于 α 粒子在系统中的射程,则可认为它的能量会完全沉积在靶丸内,使系统升温,维持热核反应继续进行。如果靶丸外有惰层,则靶丸的主要能耗方式是对外作功。只有当系统热核反应提供的能量大于或等于能耗时,热核反应才能持续进行下去。于是劳森判据[9]也即点火条件可表示为

$$\frac{4\pi}{3}R^3\rho^2 n_D n_T \langle \sigma v \rangle_{DT} Q_\alpha \geqslant 4\pi R^2 pu \approx 4\pi R^2 pc_s \tag{3-28}$$

式中:n_D、n_T 分别为单位质量中氘核、氚核的数密度;Q_α 为 α 粒子所带的能量;p 为系统的压强;u 为靶丸外界面膨胀的速度;c_s 为声速。

　　$p=\Gamma\rho T$,而热核反应的时间也即约束时间,大致与稀疏波到达中心的时间相当。故粗略地定义惯性约束时间 τ 为

$$\tau = \frac{R}{c_s} \tag{3-29}$$

　　$n_D = n_T = 0.12 \times 10^{24} g^{-1}$,单位体积中核子数 $N=\rho n$,将其和式(3-29)代入式(3-28)中,得

$$N\tau \geqslant \frac{3\Gamma T}{n \langle \sigma v \rangle_{DT} Q_\alpha} \tag{3-30}$$

　　在我们感兴趣的温度范围内(惯性约束聚变习惯以 10^6K 为温度单位),如 20×10^6K≤$T \leqslant 100 \times 10^6$K,$\langle \sigma v \rangle_{DT}$ 有如下近似表示式:

$$\langle \sigma v \rangle_{DT} = 0.143 \times 10^{-18} (T/20)^{3.9} (cm^3/s) \tag{3-31}$$

　　如果取 $T=100 \times 10^6$K,将式(3-31)和核子数密度 n 的数据代入式(3-30),得

$$N\tau \geqslant 3.9 \times 10^{14} (s/cm^3) \tag{3-32}$$

　　在惯性约束聚变中,为了突出对密度的要求,常用劳森判据的另一种形式来表达。因为声速

$$c_s = (\partial p / \partial \rho)^{1/2} = (\Gamma T)^{1/2} \tag{3-33}$$

将式(3-33)代入式(3-28),可得

$$\rho R \geqslant \frac{3(\Gamma T)^{3/2}}{n^2 \langle \sigma v \rangle_{DT} Q_\alpha} \tag{3-34}$$

从式(3-31)可以看出,由于$\langle \sigma v \rangle_{DT} \propto T^{3.9}$,故$\rho R \propto T^{-2.4}$,对温度变化颇为敏感。

代入相应的数据,我们便可求得在不同的温度条件下,点火所要求的ρR下限值,如表 3-5 所列。

表 3-5　在不同的温度条件下点火要求的ρR下限值

$T/\times 10^6 K$	20	30	50	70	100
$\rho R/(g/cm^2)$	12.6	4.76	1.40	0.623	0.265

如果我们选定聚变燃料的质量,例如,1mg,并初步确定点火温度为$50 \times 10^6 K$,则按照要求的$\rho R \geqslant 1.4$,可算出$\rho \geqslant 105 g/cm^3$(氘氚冰的密度约为$0.25 g/cm^3$,需要压缩将其密度增加至原来的 400 倍)。若使氘氚燃料温度达到$50 \times 10^6 K$,需要提供的能量则为 0.5MJ,这也是一个非常可观的能量值。故在惯性约束聚变中,首先必须把热核燃料压缩至很高的密度,同时在压缩的过程中,把它加热至很高温度。如果点火温度为$30 \times 10^6 K$,则按照要求的$\rho R \geqslant 4.76$,可算出$\rho \geqslant 322 g/cm^3$,即点火温度低,要求等离子体的密度有较大的提高。$\rho R$在惯性约束聚变的研究中十分重要,在许多分析讨论中常常用到。从公式的推导中可以看到,在式(3-28)中,忽略了辐射能的损失,而且用等离子体中的等温声速来代替界面膨胀的速度,实际是这两者都与界面的具体情况有关。故用式(3-34)来讨论点火问题只是个粗略的参考。

3.4.4　惯性约束聚变可能的驱动方式

目前,国际上提出并主要研究的惯性约束聚变驱动途径有:激光、Z 箍缩(Z-Pinch)和重离子束。从物理角度看,重离子束实现聚变的难度更大些。这主要是因为驱动器在 10ns 级的时间内注入到靶上的能量必须要达到 10MJ 级。以现有的 ADS 装置来看,每个脉冲离子束的能量仅数十千焦量级,与实际要求有数百倍之遥,而且这样的加速器造价已达到 10 亿美元以上的水平,故在这里不再过多讨论,而重点只讨论激光驱动和 Z 箍缩驱动的聚变。

3.5　激光驱动惯性约束聚变

3.5.1　激光聚变基本原理

激光器在 20 世纪 60 年代初问世以后,就有物理学家提出可用它创造聚变条件。1963 年,苏联科学家尼古拉·巴索夫和中国科学家王淦昌几乎同时提出用激光器驱动聚变的想法。此后,世界各国纷纷研制大型激光器,并对激光驱动聚变的物理问题进行了

理论和实验研究。比较著名的激光器有:美国劳伦斯利费莫尔国家实验室(Lawrence Livermore National Laboratory,LLNL)的 Nova、海军实验室的Omega 和近期建成的 NIF,日本大阪大学的 Gekko-Ⅶ,中国的"神光Ⅰ""神光Ⅱ"和即将建成的"神光Ⅲ"。部分装置示意图参见图 3-15~图 3-19。

图 3-15　Nova 装置

图 3-16　Omega 装置

图 3-17　"神光Ⅰ"装置

图 3-18　"神光Ⅱ"装置

图 3-19　"神光Ⅲ"原型装置

激光惯性约束聚变就是将氘、氚聚变燃料做成微型小球(半径约为 1mm),用几兆焦激光能量(直接驱动)或激光产生的 X 射线(间接驱动),在 2~20ns 的时间内,沿球对称的几个方向入射到靶球的表面或靶壳体之内。直接驱动是靶球吸收能量后,在其表面形成高温等离子体。高温等离子体在向外喷射的同时,产生反冲力,使靶丸中心氘、氚燃料受到内爆聚心高压,达到聚变所需的高温、高密度,等离子体靠自身的惯性,在未来得及飞散之前,实现一定程度的聚变反应,释放能量和高能中子。间接驱动是激光进入靶球壳的洞口后,照射至黑腔壳体上,并通过与等离子体的相互作用,转变为 X 射线,X 射线在黑腔内实现一定的均匀化,并逐渐被燃料区外的 Be 或 CH 吸收,内爆压缩燃料,以提高它的密度和温度,最后实现聚变。

3.5.2　美国的国家点火装置和点火攻关计划

美国签署全面禁止核试验条约后,在核武器研究的强烈需求下,于 1993 年启动了国家点火装置(National Ignition Facility,NIF)的建设计划[10-11]。NIF 建设的初衷,一方面为核武器研究服务,另一方面就是追求实现实验室聚变点火。NIF 有 192 路激光,原计划三倍频激光输出能量 1.8MJ。在聚变靶设计方面,决定采用间接驱动、中心点火的技术路线[12],图 3-20、图 3-21 是点火靶和打靶示意图,图 3-22 所示为 NIF。2005 年,在 NIF 即将建成,且点火靶设计、实验、诊断、制靶等都取得重大进展的情况下,国会又批准实施国家点火攻关计划(National Ignition Campaign,NIC)[13-15]。理论预计,初步可达到的聚变能量增益 G(聚变能与驱动激光能之比)为 10 左右,以此演示点火和聚变能量增益,是激光惯性约束聚变研究的革命性的一步,受到了全世界核能界的关注。

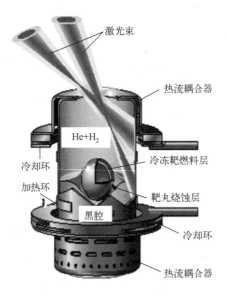

图 3-20　美国 LLNL 设计的中心点火靶

NIF 于 2010 年研制成功,花费经费约 35 亿美元。激光器实现的指标优于设计指标,192 路光束,输出基频光能量约 4.3MJ,三倍频激光能量大于 1.8MJ。尽管如此,用中心点火模型进行多次实验,至今仍未实现点火。此事一方面说明要在实验室实现聚变是多么的不容易,另一方面也说明中心点火模型的技术路线不甚合理。

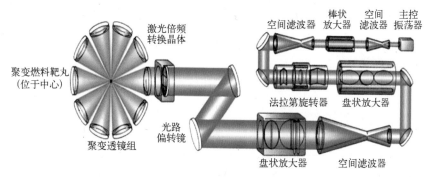

图 3-21 激光器及打靶示意图

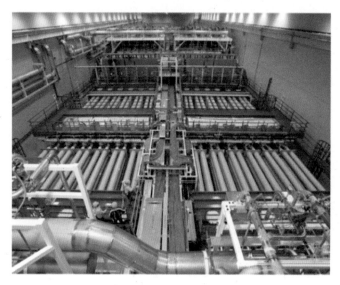

图 3-22 NIF 装置

从物理角度看,实现聚变点火的条件是点火区点火温度高,整体密度高和维持高温、高密度的时间较长。目前的中心点火模型,由于受激光能量的限制(向心内爆的速度不可能太高),因此点火区的尺寸较小,只有 $10\mu m$ 量级,故要求球面内爆的对称性极高(球面能量分布差 1% 左右),这对一个收缩比很大(30~40)的系统是很难实现的。其次,为了实现核燃料在点火时刻有很高的整体密度,必须有很好的等熵压缩,即要求燃料区的后界面不断得到加速,这就要求激光注入黑腔的功率在较长时间内不断增加。长时间的注入,增加了激光与等离子体作用的不确定性,也增加了靶上注入孔的尺寸,这对控制内爆对称性和激光能量的损失(包括激光背反和黑腔内 X 射线漏失)是不利的。

LLNL 公布的点火靶的实验数据如下:点火靶外壳为 Au,圆柱形,圆柱直径 5.44mm,高约 11mm,柱腔总面积约 2.35cm²;两端开激光注入孔,孔直径约 3.15mm,总面积约

0.156cm^2,占圆柱表面积的 5.7%;点火靶丸半径约 1.1mm,推进层为 CH,厚约 0.195mm,质量约 2.47mg,在 THD 冰与 CH 之间置有 Si 沉积层,THD 层厚约 0.07mm;如果 THD 层改为密度为 0.25g/cm^3 的 DT 冰,质量约 0.17mg,如果 DT 燃烧时燃耗取 30%,则释放的能量约 17MJ,能量增益为 10 倍左右。

LLNL 展示了在上述模型之上的理论计算能量分配情况:注入激光能量 1.6MJ(1.42MJ+10%背反),转换为 X 射线能量约 1.2MJ,壁吸收能量约 0.64MJ,靶丸吸收能量约 150kJ,腔口漏失能量约 0.44MJ,燃料动能 12kJ,热斑区能量 3kJ。

由上面的数据我们可算出:激光能变为靶丸吸收能量(应是靶丸内爆动能)的比例为 9.4%(为 X 射线能量的 13.6%),激光能转化为燃料动能的比例仅为 0.75%。可见,这种靶型能量利用效率是非常低的,其原因分析如下。

(1) 激光注入孔开得很大,占腔壁面积 5%以上。孔开得大,自然激光从孔漏出的比例就大。猜想孔要开大的原因主要是整个激光注入的过程很长(约 18ns),特别是后期注入的能量是主要的能量,是为保证主燃料区的高压缩比所必需的,一定不能因为堵口而影响这些能量的注入,所以孔要开得大些。

另外,孔开得大,X 射线从孔漏出的比例自然也就大。我们近似估算一下 X 射线漏失的能量。假定在激光注入的前一阶段 $\Delta t_1 = 15\text{ns}$ 中,黑腔中的平均温度 $T_1 = 2\times10^6\text{K}$,后一阶段 $\Delta t_2 = 3\text{ns}$ 中,温度 $T_2 = 3\times10^6\text{K}$。取开孔面积为 0.156cm^2,按黑体辐射公式计算,漏失能量为 $E_s = \sigma T_1^4 \times S \times \Delta t_1 + \sigma T_2^4 \times S \times \Delta t_2 = 0.42\text{MJ}$,其中,$\sigma = 5.67\times10^{-8}\text{W}\cdot\text{m}^{-2}\cdot\text{K}^{-2}$。

显然,这是一个很大的量(这里未考虑缩孔影响)。尽管方法粗糙,但量级不会有大错,并与 NIC 给出的数据基本一致。

(2) 在现在的模型中,激光转换为 X 射线主要是在腔壁上进行的。由于激光转换为 X 射线时,X 射线频谱较硬(硬于 $2\times10^6 \sim 3\times10^6\text{K}$ 的黑体谱),如果产生的 X 射线是各向同性的,则会有一半的 X 射线留在腔壁内而很难进入黑腔中。另外,激光打在腔壁上,将会在腔壁表面形成低密度等离子体区。该区对激光转换为 X 射线的效率是有利的,但该区厚度越大,产生 X 射线的地点就越深,X 射线穿出该区而进入黑腔的概率就越小。目前的情况,对最后阶段注入的主能激光而言,前面十几纳秒的照射,已经形成了较厚的低密度重金属等离子体区,它所转化的 X 射线将有很大比例在该区热能化,因此 X 射线沉积在腔壁内的比例大(占总 X 射线能量的 1/2)。这些 X 射线难以对黑腔温度场做贡献。

(3) 从列出的数据看出,靶丸的表面积与腔壁面积之比小于 7%,CH 层质量很小,即使全部烧蚀,并令动能与内能相当,也只能吸收 0.12~0.15MJ 的能量。这也就限制了靶丸吸收能量的效率。

总之,靶丸获得能量的效率低是中心点火靶本身的物理要求(对称性、等熵压缩等)所造成的。

通过对激光-X 射线转换过程的分析可知,整个过程现象非常复杂,等离子体状态和 X 射线能谱的精确把握非常不易,这对中心点火这类要求精确控制辐射场参数的高敏感模型来说,实现起来的困难是可想而知的。

另外,中心点火模型还对辐射场的干净程度提出了较高的要求,即为了避免超热电子对燃料区的预热,采用了三倍频激光来驱动。这除了大大损失激光的能量之外(损失约 1/2),还增加了激光器的研制难度(包括光束质量控制和三倍频晶体的易损性)。

综上所述,中心点火模型技术路线即使点火成功,也不能应用于未来的能源之中。

3.5.3 一种新的点火靶设计思想

我们通过探索研究认为,未来完全有可能设计出利用基频光的能源靶。利用约 2MJ 的基频光,在约 3ns 的时间内,从多孔注入黑腔,打在园锥形反射转换靶上(园锥形靶的主要作用是反射激光,使之进入黑腔之内,并阻止激光束对内部区域的破坏),实现近球对称间接驱动(图 3-23)。

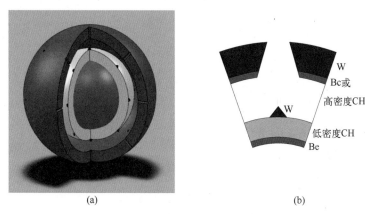

图 3-23　新型激光驱动 ICF 靶示意图
(a) 整体图;(b) 切面图。

这种靶型由于不怕超热电子预热,故可用基频光;由于不追求激光一次碰撞转换为 X 射线的转换效率,而是希望用多次散射来实现激光-X 射线的转换,以建立相对均匀的黑腔辐射场,故黑腔壁两边可用轻介质,因而产生的 X 射线和超热电子绝大部分会沉积在低密度的轻介质内。我们只需确定这种能量沉积的时间远远小于激光注入的时间就可以。而所沉积的能量也会由于辐射在低密度介质中的输运而很快均匀化。因此,可以预见,其内爆的球对称性会非常好。同时,这种靶还具有对压缩不对称性很强的适应能力,具有对激光能量在较大范围内变化的皮实性。初步计算表明,2MJ 的基频光注入可以释放的聚变能能达到 140MJ 以上,能量增益超过 70 倍。这类靶如果入射基频光的能量达到 6MJ,那么释放的聚变能可以达到 1500MJ。将该技术路线应用于激光聚变点火和未来能源具有较大的可能性。所以,激光惯性约束聚变,靶设计的技术路线至关重要。

3.5.4 激光聚变能源的前景

总的来看,激光惯性约束聚变要想成为能源特别是纯聚变能源,尚有许多困难,其中最主要的原因是激光器。目前,NIF 类大型激光器均采用钕玻璃、氙灯的技术路线,电能转换为激光的效率只有 1% 左右,即使聚变靶的能量增益达到 100 倍以上,仍不足以维持系统的能量平衡。而且激光器重复运行时间间隔为小时级,能够产生的热功率也很小。

因此,这样的激光器不可能作能源。未来,激光聚变的驱动器只能寄希望于二极管泵浦固体激光器。这类激光器重复频率没问题,可以 1s 内动作数千次,能量效率也可以,电转换为光的效率可达 10% 或更大,唯一的难题是每个脉冲产生的激光能量太小。对于激光聚变能源,要求在数纳秒内注入靶内的激光能量达到数兆焦,因此必须把极大量的二级管并联起来。以目前的情况看,建造一台这样 MJ 级能量的驱动器,成本恐怕在 100 亿美元以上。除非二极管造价有成量级的下降,否则,激光聚变能源尤其是纯聚变能源(纯聚变能源要求激光能量成倍增加,且要求靶的能量增益要大于 100)便没有竞争力。

3.6 Z 箍缩驱动惯性约束聚变

3.6.1 Z 箍缩基本原理

Z 箍缩就是等离子体在轴向(Z 方向)强大电流产生的洛伦兹力的作用下,在径向(R 方向)形成的自箍缩效应。1997 年,美国圣地亚国家实验室(Sandia National Laboratories, SNL)利用改造成功的 Z 装置开展了一系列 Z 箍缩实验。他们用钨丝阵作负载,当电流达到 20MA 左右时,获得了极强的 X 射线输出,总能量约 2MJ,瞬时辐射功率可达 290TW[16]。这给从事聚变研究的物理学家以极大的鼓舞,因为当时还在设想中的 NIF 也只能获得这个量级的 X 射线。SNL 在 Z 箍缩研究中所取得的里程碑式的成就,激起了世界许多国家研究的热潮,中国工程物理研究院的 Z 箍缩研究就是从 2000 年开始的[17-19]。当然,这项研究最重要的目标是聚变能源。

3.6.1.1 洛伦兹力和磁场压力

当电流 I 通过一根导体(或导线)时,在导体的周围要产生磁场,如图 3-24 所示。由麦克斯韦电磁方程,可得磁场强度 H 为

$$\nabla \times H = J \qquad (3-35)$$

式中:J 为电流密度。

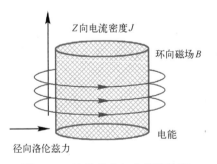

图 3-24　洛伦兹力与自箍缩作用

沿离导线中心 r 处的圆环积分,可得

$$H = \frac{I}{2\pi r} \qquad (3-36)$$

磁感应强度为 $\boldsymbol{B}=\mu\boldsymbol{H}$，在真空中，$\mu=\mu_0=4\pi\times10^{-7}$ 称为真空磁导率。若导线是金属导体，电流将从导体表面很薄的一层内流过，则导体内部无磁场，磁场只分布在表面一层和导体外的空间，而运动的电荷将受洛伦兹力的作用，即

$$\boldsymbol{F}=e\boldsymbol{v}\times\boldsymbol{B} \tag{3-37}$$

式中：e 为电荷所带电量；v 为电荷运动速度。

由图 3-24 可见，电荷将产生沿导线径向向心的加速度。其结果是引起电荷束流的自箍缩效应。当电流足够强时，这种箍缩效应将产生巨大的等离子体聚心压缩效应（电子裹胁着离子），并可能在导体的轴线附近形成高温高密度区。20 世纪中叶，早期的可控热核研究就试图用这种方法来实现热核反应。

经过一番变换之后，在磁流体力学中把洛伦兹力变成了磁压形式，即

$$P_{\mathrm{m}}=\frac{1}{2}HB=\frac{B^2}{2\mu}=\frac{1}{2}\mu H^2 \tag{3-38}$$

数十兆安电流可以产生数百万大气压的向心推力，使负载迅速获得 $10^7\mathrm{cm/s}$ 以上的高速，电磁场能转化为物质动能。高速运动的负载在对称中心 Z 轴上止滞（stagnation），物质动能转化为物质内能和辐射能，形成高温高密度等离子体并辐射出大量 X 射线。此过程又称 Z 箍缩等离子体电磁内爆（Implosion Plasma）[20]。Z 箍缩大体分为两类，即重负载的慢过程和轻负载的快过程。慢过程的电流脉宽一般为 3~5μs 量级，其每厘米长度上的负载质量可重达几克至数十克（liner 套筒），主要应用于冲击波物理、界面不稳定性、高压状态方程等研究中；快过程电流脉宽约 100ns，每厘米长度的介质质量只能为毫克量级或更低。主要目的是产生兆焦和几十兆焦量级强 X 射线辐射源，进行惯性约束聚变、辐射输运物理及效应、聚变点火和能源等研究。

3.6.1.2 一种典型的实验

在阳极和阴极之间放置一负载靶（金属套筒或金属丝阵围成的套筒），套筒的外半径为 r，长度为 L，流经套筒的电流为 I（是时间函数）。实验结构如图 3-25 所示。

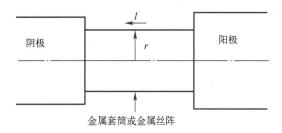

图 3-25 Z 箍缩实验结构示意图

1. 金属套筒或丝阵外表面的磁场压力

金属套筒的外边界 r 处的磁压 P_{m} 由式（3-36）式（3-38）给出，可表示为

$$P_{\mathrm{m}}=\frac{1}{2}\mu_0 H^2=\frac{1}{2}\mu_0\left(\frac{I}{2\pi r}\right)^2=\frac{10^{-7}}{2\pi}\frac{I^2}{r^2} \tag{3-39}$$

当 I 不变时，套筒表面的压力随其半径 r 的减小而增大，如 r 由 1cm 变为 0.5cm，压力要增大 4 倍。当 r 不变，I 增加 1 倍时，套筒表面的压力随其电流 I 的增大而增大，压力也

要增大 4 倍。若取 $I = 20\text{MA}$，$r = 1\text{cm}$，代入式（3-39）得 $P_\text{m} \approx 63.7\text{GPa}$，可见其压力非常巨大。

2. 丝阵套筒在 Z 箍缩过程中从磁场获得的能量

我们用半定性半定量的方法观察磁压对套筒所做的功。假设磁场在整个套筒的表面是均匀的，套筒整体向内运动，在运动过程中 I 不随时间变化，因此当套筒表面由初始半径 r_0 运动至 r_1 时，单位长度套筒获得的功 $W(r_0, r_1)$ 为

$$W(r_0, r_1) = \int 2\pi r P_\text{m}\text{d}r = \frac{1}{4\pi}\mu_0 I^2 \ln\left(\frac{r_0}{r_1}\right) \tag{3-40}$$

若取 $I = 20\text{MA}$，$r_0 = 1\text{cm}$，$r_1 = 0.1\text{cm}$，那么 $L = 2\text{cm}$ 的套筒从磁场做功而获得的能量约为 1.82MJ。

3. 丝阵套筒从电路中获得的能量

套筒从电路中获得能量主要是以焦耳热的方式体现。而这些能量又主要用在套筒早期等离子体的建立和随后的温度升高上。令 E_e 表示套筒从电路中获得的焦耳热，则有

$$E_e = \int_{t_0}^{t_1} VI\text{d}t \approx \bar{V} \times \bar{I}(t_1 - t_0) \tag{3-41}$$

式中：$\bar{V}$ 为加在套筒两端的电压；$\bar{I}$ 为套筒上的电流；t_1 为套筒表面到达 r_1 处的时刻；t_0 为套筒开始运动的时刻。

从式（3-41）可以看出，$E_e \propto I$，加在套筒两端的电压与整个电路的情况有关，且随套筒本身的电阻、电感的变化而变化。若取 $\bar{I} = 10\text{MA}$，$\bar{V} = 0.2\text{MV}$，$t_1 - t_0 = 100\text{ns}$，则 $E_e = 0.2\text{MJ}$。综上所述，对长为 2cm，半径为 1cm 的套筒而言，当流经的平均电流为 20MA 时，套筒获得的能量约为 2MJ，这与 SNL 在 Z 装置上的实验结果基本一致。同时，我们看到，$W \propto I^2$，$E_e \propto I$，故 $W/E_e \propto I$，只有当电流足够大时，磁场做功项才起重要作用，这与我们的常识是一致的。

3.6.2 负载靶的设计[17-19]

Z 箍缩的主要应用场景：①提供高强度 X 射线源；②提供做高能密度物理研究的极端环境；③为聚变点火创造条件。这些都要求负载靶具有很高的将电磁能转化成 X 射线的效率。因此，除了要求靶有很好的内爆压缩对称性外，更重要的是要求靶的质量较小（特别是对电流较小的驱动器），以使内爆物质有很高的内爆速度。当碰到中心轴或靶内物质时，动能转变成内能，因而内爆物质将有很高的平均温度，能够把能量很容易地以热辐射（或 X 射线）形式辐射出去。金属套筒很难做到既薄（微米量级）又均匀，所以俄罗斯科学家 20 世纪 80 年代中期提出了以金属丝阵代替金属套筒的方法。实验证明，这样做是可行的，对提高压缩均匀性、降低内爆质量、克服 Z 箍缩过程 RT 不稳定性等具有重要意义（不稳定性的发展与时间长短有关）。特别是钨丝阵，可以获得很高的 X 射线发射功率和产额。

当然，丝阵负载从实验和理论模拟的角度来看，也不是很完美，如丝较细，丝和丝之间的距离较大（受负载制备工艺所限），整个内爆过程是三维的（电流最初分别从每根丝

流过,丝由于焦耳热膨胀,磁场也围绕着每根丝),内爆等离子体密度低,先驱等离子体的影响较大,内爆等离子体运动图像复杂,实验结果的重复性较差。这些一方面使精确的数值模拟变得困难,另一方面也大大增加了对获得实验结果规律性认识的难度。特别是对未来的聚变研究,需要把内爆等离子体的能量以较高的效率传递给靶丸,这时要求内爆等离子体有较高的密度,否则,碰靶后热辐射将使转换的能量有较大的份额流出系统。为解决此问题,我们提出了"带阵"的设想,即把数微米直径的"丝",改为毫米级宽、厚数微米的"带";为减少先驱等离子体的质量,让"带"和"带"之间的距离降至十微米级;为减小"带阵"的质量,可考虑使用镁铝合金。丝阵负载照片和带阵负载示意图分别如图 3-26、图 3-27 所示。

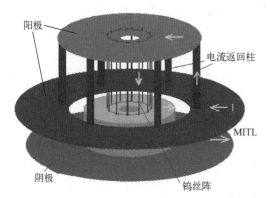

图 3-26　丝阵负载照片

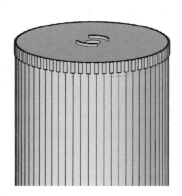

图 3-27　带阵负载示意图

Z 箍缩产生的 X 射线辐射能量 E_X 与驱动电流 I(实为最大电流)有以下定标关系:

$$E_X \propto I^2 \tag{3-42}$$

这个关系在衡定电流和负载阻抗不变的情况下是正确的。实际情况是,电流与输出 X 射线的上述定标关系当 $I = 1 \sim 20\text{MA}$ 时已被实验验证,定标关系基本可信,参见图 3-28。

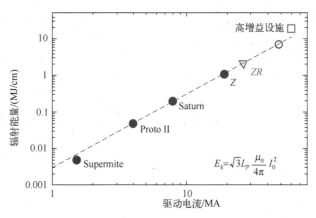

图 3-28　Z 箍缩 X 射线辐射能量与驱动电流的定标关系

这个定标关系,对推断 Z 箍缩驱动应用于能源的可能性很重要。正如前面提到的,为实现惯性约束聚变,需要在 10ns 左右的时间内把 10MJ 量级的能量送进靶丸。在 SNL

Z 装置的实验中,负载高 2cm,电流 20MA,内爆至中心轴上,获得了约 2MJ 的 X 射线能量,即单位高度负载上获得的 X 射线能量为 1MJ/cm。如果我们把负载高度选为 3cm,电流 60MA,按定标率,内爆至中心轴上时,可获得 X 射线能量约 27MJ。假定将来内爆至靶丸上的能量为内爆至中心轴上时的能量的 1/2(理论计算表明比例关系基本合理),则靶丸可获得的能量超过 10MJ。因此,原则上 60MA 电流可以驱动聚变。

3.6.3 Z 箍缩驱动器[20-24]

用于上述应用场景的 Z 箍缩研究的驱动器,应是快上升前沿的大电流加速器,事实上这只需通过简单的计算就可看出来。一般来说,要求加速器电流上升前沿最好在 100ns 量级(这主要是早期在驱动器电流较小的情况下,为了获得较大的 X 射线输出强度而提出的,实际取决于负载的具体情况,如在能源靶负载的应用中,上升前沿可加大至 200~300ns,这仍然属于快上升前沿),故人们称其为快 Z 箍缩。初步理论估计,作为聚变点火研究,加速器的输出电流接近 40MA,而要用作能源,电流预计需大于 60MA。

按目前技术,单台加速器的输出电流估计约为 1MA,通常的做法是把多台加速器并联组合。因此,发展经济型快上升前沿的大电流加速器是 Z 箍缩聚变点火研究和能源应用的重要前提。用于聚变点火研究的加速器,由于没有重复运行频率的严格要求,原则上可以用传统技术路线来设计,即"Marx+水介质脉冲形成线+磁绝缘传输汇流",这就是 SNL 的 Z 装置及 ZR 装置的基本技术,ZR 装置的电流已达 26MA,估计做到 40MA 以上不会有不可逾越的技术障碍。按此技术路线研制的加速器还有俄罗斯的 Angara-5 和将要建成的 Bekal。图 3-29~图 3-33 所示为几个传统的加速器。

图 3-29 SATURN 放电照片　　　　　图 3-30 Z 装置放电照片
（最大电流 7~8MA）　　　　　　　（最大电流 18~20MA）

但这类传统技术路线的驱动器运行频率很低,不可能作为能源来应用。我们知道,一个吉瓦级电站,每秒输出的电能是 1GJ,需要的热能约 3GJ,若每个聚变靶丸释放 3GJ 的能量,则需要每秒爆炸一个靶丸。如果驱动器的运行频率是 30s 一次,则需 30 台驱动器同时运行。若能做到 10s 一次,则驱动器可减至 10~12 台。即使如此,对一个电站,驱动器的建造费用也非常高。因此,驱动器的运行重复频率,对能源应用至关重要。

图 3-31 ZR 装置结构示意图
（最大电流约 26~30MA）

图 3-32 Angara-5 装置照片
（最大电流 3~5MA）

俄罗斯托姆斯克大电流所提出了线性变压器驱动器（Linier Transformer Driver，LTD）方案，该方案是许多电容器放电电路通过并联、串联组合来输出大电流的，并有可能解决驱动器的重复频率运行问题。他们与 SNL 合作，已研制出 LTD 模块，重复频率可达0.1Hz，如图 3-34 所示。该驱动器方案由于省去了脉冲形成线及油箱等，体积比传统技术路线缩小很多，且运行便利，造价可能更加便宜，这些对能源应用极为有利。其主要缺点是触发开关非常多，对长期稳定运行可能会带来不利影响。

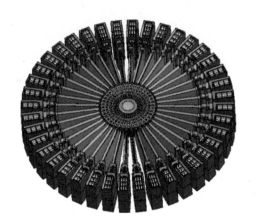

图 3-33 Bekal 装置示意图
（最大电流约 50MA）

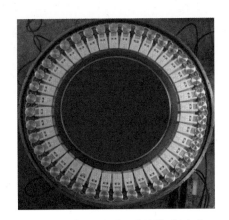

图 3-34 SNL 与俄罗斯托姆斯克大
电流所合作研制的 LTD 模块

3.6.4　Z 箍缩惯性约束聚变研究的发展现状[25-28]

Z 箍缩用于等离子体与惯性约束聚变研究，由于高的能量转换效率（从电能转换成 X射线的效率达到 15% 或更高），可以实现低成本、高产额、高效费比的效果。2004 财年，SNL 在 Z 箍缩装置研制过程中每焦耳 X 射线能量的造价已经做到了 30 美元。

由于 Z 箍缩等离子体研究军民两用性质，加之未来能源应用前景，目前主要有美国、俄罗斯、中国、法国和英国五个有核国家从事研究。还有欧洲、南美、远东(日本、韩国)等地区及少数发展中国家,也开展了不同规模的研究工作。

美国从事这项研究的主要单位有:美国圣地亚国家实验室(Sandia National Laboratories,SNL)、洛斯阿拉莫斯国家实验室(Los Alamos National Lab,LANL)、劳伦斯利弗莫尔国家实验室(Lawrence Livermore National Laboratory,LLNL)、罗切斯特大学(University of Rochester)、海军研究实验室(Naval Research Laboratory,NRL)、劳伦斯伯克利国家实验室(Lawrence Berkeley National Laboratory,LBNL)等。俄罗斯从事这项研究的单位则主要有:库尔恰托夫研究所(Kurchatov Institute)、新能源所(Tvoitsk Institute of Innovation and Fusion Research,TRINITI)、俄罗斯大电流所(Institute of High Current Electronics,IHCE)、全俄技术物理研究所(VNIITF)、全俄实验物理研究所(VNIIEF)等。

3.6.4.1　Z 箍缩等离子体物理实验研究的进展

1997 年以来,SNL 在 PBFA-Z 装置上,采用电流为 $18\sim20\text{MA}$,$200\sim400$ 根微米级钨丝阵、双丝阵嵌套式负载,获得输出 X 射线辐射功率达到 290TW,总能量大于等于 1.9MJ,脉宽 4ns,黑体温度 230eV,是目前国际上实验室内创造的最高功率的脉冲低能 X 射线源。X 射线功率 P_X 约为 $250\sim300\text{TW}$,电能转换为 X 射线的能量转换效率 $\eta_X \approx 15\%$。

Z 箍缩驱动的内爆聚变出中子的实验,是一个很重要的里程碑。2003 年 2 月,SNL 在 Z 装置上的物理实验取得了重大突破,采用动态黑腔实验证实产生了热核中子,获得黑腔芯部电子温度约 1keV,测量的 DD 中子产额为 $(2.6\pm1.3)\times10^{10}$,与一维模拟结果符合较好。2005 年 1 月,Z 装置上的喷 D_2 气实验,在负载电流 17.6MA 条件下,测量获得 N_{DD} 约 6.34×10^{13} DD 中子。理论计算预言,ZR 装置上若电流 I 约 29.5MA,DD 质量为 4.5mg,N_{DD} 可达 2×10^{15} DD 中子;若加 DT 混合气体(D∶T=1∶1),则 N_{DT} 将达 6×10^{16} 中子/脉冲。

1999 年 1 月,SNL 进行了 Z 箍缩驱动产生的 X 射线由初级黑腔向次级黑腔输运的实验,测得有近 60% 以上的 X 射线注入了次级黑腔。同年 8 月,SNL 完成了验证左右两端进入次级腔 X 辐射的同时性和重复性实验,发现左右同步内爆时间差小于 1ns。2002 年至 2004 年间,SNL 用钨丝阵做了大量的实验,获得了许多物理结果,其中用双层箍缩靶获得小囊压缩前后的收缩比为 $14\sim21$,为增加辐射压缩均匀性、对称性,采用两边"填片"技术,获压缩均匀性达 $1\%\sim2\%$。同时用 Beamlet 作 X 射线源进行 X 照相,获得了小囊对称压缩的清晰图像。

在 Z 装置上也进行了材料在极高压力下状态方程的实验研究:在高 Z 材料中,创造了冲击波速度约 33km/s,压力大于 20Mb 的实验条件;在液态氘的状态方程测量实验中,获得压力大于等于 1.4Mb 的较准确的状态方程实测数据。

近十年来,美、俄等国的科学家在辐射流体内爆动力学、辐射输运、小囊压缩对称性和均匀性、出中子及快点火实验等方面取得的物理进展引人注目[21-26],对未来聚变堆(IFE)的研究也在加紧进行,如总体构想、再生区的防中子辐射材料选择、壁的防护、耐强辐射和屏蔽材料的理论研究和实验等。

3.6.4.2 SNL 的 Z 箍缩驱动聚变能源研究

由于在研究中发现有 X 射线能量产额 $E_X \propto I^2$ 的定标关系,于是在 1998 年 3 月,SNL 正式向能源部提出把 PBFA-Ⅱ(简称 Z 装置)改进成 X-1 装置($I \geqslant 60\text{MA}$)的设想建议。

据估算,X-1 装置能在一个约 5cm^3 的黑腔体积内,产生一个辐射场温度大于 300eV、脉宽从几纳秒到几十纳秒内变化的辐射环境(按定标律估计,电流为 60MA 时,X 射线产额可达 16MJ 左右),而这样的辐射环境将有可能实现高产额的 ICF(从 X 射线能量和黑腔空间体积来看,这比 NIF 提供的辐射环境更优越)。从经济角度看,估计 X-1 的造价约 4 亿美元,这比当初 NIF 的预算 12 亿美元(后来实际约 35 亿美元)要便宜得多。因此,用 Z 箍缩实现聚变点火具有十分诱人的前景。

2000 年前后,美国政府组织了 Jonson 评估小组,对 SNL 建议进行了评估。评估在肯定 Z 箍缩在强 X 射线源、高能密度物理、聚变能等研究方面具有重要前景的同时,建议 X-1 装置缓建。我们猜测,其主要原因是以 Z 箍缩方式驱动聚变的前景尚不明确。当时,美国已经批准了 NIF 的建造计划,而 NIF 计划的点火靶设计走的是中心点火的技术路线。这条路线对辐射场的品质有严格的要求,在激光驱动中能否实现这些要求尚不确定,而 Z 箍缩驱动也决定用中心点火模型,Z 箍缩产生的辐射场肯定难以达到预想的要求。因此,只有等 NIF 实现聚变点火后才能确定 Z 箍缩下一步的走法。

SNL 一直对 Z 箍缩驱动聚变能源抱有浓厚的兴趣和信心。他们决定对 Z 装置进行改造升级,以期获得更大的电流输出。2007 年升级完成,最大电流达到 26MA 以上,并于同年 9 月进行了升级后的首次实验。在聚变靶研究方面,他们与 LLNL 和 LANL 的科学家一起,走的仍是中心点火技术路线,其典型计算结果如图 3-35 所示。应当指出的是,我们认为,这里所列出的计算结果应是在一维理想条件下(类似于激光的能源曲线)所得到的。在 Z 箍缩真实的条件下,中心点火模型是难以成功的。此外,SNL 还提出了能源堆的基本设想。在利用 LTD 类驱动器的条件下,聚变靶丸爆炸可 10s 进行一次。假

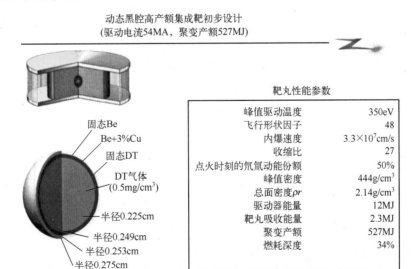

图 3-35 SNL 聚变靶计算结果

定每次爆炸释放 3GJ 的能量,则需至少 10 台驱动器轮流运行。爆炸室设计也必须很小心,必须解决爆炸靶的安放、轮换问题,驱动器、爆炸室的抗爆炸冲击问题,氚循环问题和放射性安全问题等。图 3-36 和图 3-37 所示分别为 Z 箍缩驱动聚变电站示意图和爆炸室设计示意图。

图 3-36　Z 箍缩驱动聚变电站示意图

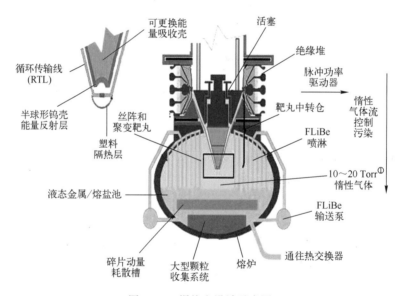

图 3-37　爆炸室设计示意图

2009 年,SNL 又提出了磁化靶设计,并称之为磁套筒惯性聚变(Magnettized Liner Inertial Fusion,MagLIF)[27-28],基本设想是采用柱对称压缩。为了降低点火燃烧对压缩度的要求,提高点火温度,预先由激光加热等离子体至数百电子伏;为了增加约束等离子体,特别是氘氚反应后产生的 α 粒子,事先将等离子体磁化至数十特斯拉,然后在 Z 箍缩驱动下,使等离子体密度提高数百倍,温度上升至数千电子伏,以达到实现点火燃烧的目的。在 Z 装置上磁化靶部分的设计参数和动作过程分别见表 3-6 和图 3-38。

———————————

① 1Torr≈133.322Pa。

表 3-6　磁化靶部分设计参数

铍套筒初始半径/mm	2.7	初始磁场强度/T	30
套筒长度/mm	5.0	最终磁场强度/T	13500
纵横比	6	峰值电流/MA	27
初始燃料密度/(g/cm^3)	0.003	一维产额/kJ	500
最终燃料密度/(g/cm^3)	0.5	收缩比	23
预热温度/eV	250	峰值压力/Pa	$3×10^{15}$
中心平均粒子温度峰值/keV	8		

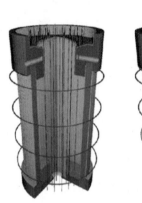

图 3-38　磁化靶部分动作过程示意图

(a) 磁场对套筒中的燃料进行磁化;(b) 激光对燃料进行预热;(c) Z 箍缩驱动套筒内爆。

首先,用外部激励线圈缓慢地产生 10~50T 的轴向磁场,对套筒中的燃料进行磁化,磁化时间超过 1ms,确保磁场扩散到套筒中。其次,用激光在约 10ns 内加热燃料,使之温度达到数百电子伏。最后,Z 箍缩驱动套筒内爆,对燃料和磁场进行柱对称压缩,燃料获得数百倍的压缩度,磁场强度达到 10000T 以上。

经过多年的努力,2013 年 11 月—12 月,SNL 成功地进行了 MagLIF 首次实验。实验采用了 10T 的轴向磁场,用 2.5kJ、1TW 的两倍频激光加热,套筒为金属 Be,内直径 4.65mm,内部充 D_2 气,驱动器最大电流 19MA,电流上升前沿 100ns。实验套筒结构和测量的实验曲线如图 3-39 所示。

实验测量出套筒阻滞时刻在轴线附近区形成了直径约 150μm、高度约 6mm、形状扭曲的高温等离子体,离子温度约 3keV($Ti≈Te$),维持时间约 2ns,产生的 DD 中子数约 $2×10^{12}$,DT 中子数大于 10^{10}。

从磁化靶的设计参数来看(当然是理想条件下一维理论计算的结果),靶内 DT 气装量约 0.344mg,在 27MA 电流驱动下,获得的聚变能约 500kJ,氘的燃耗只有 0.43%。即使用 60MA 电流来驱动,因系统的压缩度不可能大幅上升,燃耗也不会提得很高。加之,若要做能源,靶一次要释放约 3000MJ 能量,即使以燃耗 10% 计算(一般说来,在 MagLIF 中,DT 燃料的燃耗不可能达到 10%,这是由这条技术路线物理上固有的不合理处造成的:柱对称压缩、压缩热等离子体、激光预热(DT 气初始密度必须低),致使燃烧时 DT 等离子体密度一定很低），DT 装量需达到近 90mg，为现在设计的 260 倍，靶需要做多大，激光器（秒级重复频率的二极管泵浦固体激光器）需要提供多少预热能量？加热效率如何？压缩效果又会怎样？工程上、经济上是否承受得了？这些都是非常大的问题。我们认为，光激光器一项，MagLIF 就难以应用于能源系统。

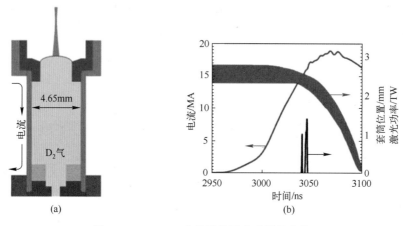

图 3-39　MagLIF 套筒结构及实验测量曲线

（a）套筒结构示意图;（b）实验过程中套筒半径、Z 箍缩电流及激光功率随时间变化的曲线[28]。

　　总的来看，SNL 虽然在 Z 箍缩驱动聚变能源方面做了很多工作，但在一些最关键的问题上未能取得突破。一是聚变靶的设计，如何设计一种靶，既能保证在压缩对称性不是非常好的条件下实现点火，并能放出足够的聚变能（例如吉焦级以上）；二是如何减少运行的驱动器台数，因为每台驱动器造价不是小数，估计需 $5×10^8 \sim 1×10^9$ 美元，且每台驱动器使用的电容器、开关数量很大，建造成本和运行维护都是问题。也就是说，他们并未真正解决这类能源的科学技术可行性问题和竞争力问题。

3.7　惯性约束聚变能源中烧氘的可能性

　　这里讨论只用氘能否实现惯性约束聚变能源（非核爆炸型，详见第 9 章）的问题。讨论基于基本的物理常识和目前的认识。

　　关于 DD 聚变的一些基本物理常识如下：

　　（1）温度在 3~30keV 的范围内，DD 聚变的反应速率要比 DT 聚变小两个数量级。

　　（2）由于 DD 系统的反应很慢，反应放能又少，故在 DD 系统内难以达到非平衡燃烧状态，即系统内离子、电子，甚至辐射场（非放光系统）都处在几乎相同的温度，这意味着烧氘系统的离子温度远低于氘氚系统，其燃烧速度将比氘氚系统慢 200~300 倍。

　　（3）要达到差不多相同的燃耗，其 $n<\sigma v>\tau$ 三乘积应基本相等。此处 n 为单位体积中核子数密度，$<\sigma v>$ 为反应速率，τ 为系统维持高温高密度的时间。

　　（4）对惯性约束聚变，实现 DD 和 DT 聚变的压缩方式相同，压缩度也相差不大，因此两种系统的 n 基本相同。

（5）DD 系统为了获得与 DT 系统基本相同的三乘积，只有大幅加大 τ，即大幅增加燃料的质量（体积），增加的倍数超过 10（燃耗相同）。因此，驱动器需要提供的能量将远超 10 倍。

对目前最好，最理想的 Z 箍缩靶设计，10MJ 击靶能量可释放出 2000MJ 聚变能，驱动器储能在 100MJ 左右，取热电转换效率的 1/3，则整个能源系统的增益 $Q \approx 7$（这里尚未考虑维持系统运行所需消耗的其他能量）。显然，若是烧氘系统，Q 值将肯定小于 1。

因此，我们可以肯定地说，烧氘型惯性约束聚变系统，没有作为能源应用的价值。过去，许多物理教科书所说的"聚变是取之不尽、用之不竭的终极能源"也只能是人类一个不能实现的美丽理想。

参考文献

[1] Us Geological Survey. Mineral Commdity Summaries[R/OL]. [2017-04-10]. https://minerals. usgs. gov/minerals/pubs/mcs/2008/mcs2008. pdf.

[2] HOFFERT M I, CALDEIRA K, BENFORD G, et al. Advanced technology paths to global climate stability: energy for a greenhouse planet[J]. Science, 2002, 298(1):981-987.

[3] 卢鹤绂, 周同庆, 许国保, 等. 受控热核反应[M]. 上海: 上海科学技术出版社, 1962.

[4] 加里·麦克拉肯, 彼得·斯托特. 宇宙能源——聚变[M]. 核工业西南物理研究院翻译组, 译. 北京: 原子能出版社, 2008.

[5] STEFANO ATZENI, JURGEN MEYER-TER-VEHN. 惯性聚变物理[M]. 沈百飞, 译. 北京: 科学出版社, 2008.

[6] JEFFREY FREIDBERG. 等离子体物理与聚变能[M]. 王文浩, 等译. 北京: 科学出版社, 2010.

[7] 朱士尧. 核聚变原理[M]: 合肥: 中国科学技术大学出版社, 1992.

[8] SHIMADAL M, CAMPBELL D J, MUKHOVATOV V, et al. Progress in the ITER physics basis, overivw and summary[J]. Nucl. Fusion, 2007, 47(6):S1-S17.

[9] 常铁强. 激光等离子体相互作用与激光聚变[M]. 湖南: 湖南科学技术出版社, 1991.

[10] MILLER G H, MOSES E I, WUEST C R. The National Ignition Facility: enabling fusion ignition for the 21st century[J]. Nuclear Fusion, 2004, 44(12):S228-S238.

[11] MOSES E I, BOYD R N, REMINGTON B A, et al. The National Ignition Facility: ushering in a new age for high energy density science[J]. Physics of Plasmas, 2009, 16(4):041006. https://doi. org/10. 1063/1. 3116505.

[12] LINDL J D, AMENDT P, BERGER R L, et al. The physics basis for ignition using indirect-drive targets on the National Ignition Facility[J]. Physics of Plasmas, 2004, 11(2):339-491.

[13] STEVE KOONIN. Third review of national ignition campaign[R/OL]. [2016-10-10]http://fire. pppl. gov/NIF_NIC_rev3_Koonin_2011. pdf.

[14] STEVE KOONIN. Forth review of national ignition campaign[R/OL]. http://fire. pppl. gov/NIF_NIC_rev4_Koonin_2011. pdf.

[15] CALLAHAN D A. The National Ignition Facility and the Ignition Campaign[C]//American Association for the Advancement of Science. 2013.

[16] SPIELMAN R B, DEENEY C, CHANDLER G A, et al. Tungsten wire-array Z-pinch experiments at 200TW and 3MJ[J]. Physics of Plasmas, 1998, 5(5):2105-2111.

[17] PENG XIANJUE, HUA XINSHENG. Fast Z-pinch, a new approach for promising fusion energy[J]. Engineering Sciences, 2007, 5(4):60.

[18] PENG XIANJUE, HUA XINSHENG, LI ZHENGHONG, et al. Physical studies on fast Z-pinch implosion of the multi-wire liners in CAEP[C]//15th Conf. High Power Particle Beams, Petersburg, Russia, 2004.

［19］ 华欣生,彭先觉,李正宏,等. 快 Z 箍缩钨丝阵内爆物理研究[J]. 强激光与粒子束,2006,18(9):1475-1479.

［20］ VELIKOVICH A L,DEENEY C,RUDAKOV L I,et al. Thermonuclear and beam fusion in D2 Z-pinch implosions theory and modeling[C]//Proc of 6th Conference Dense Z-pinch,2005.

［21］ BAILEY J E,CHANDLER G A,SLUTZ S A,et al. X-Ray Imaging Measurements of Capsule Implosions Driven by a Z-Pinch Dynamic Hohlraum[J]. Phys. Rev. Lett,2002,89(9):095004.

［22］ Matzen M K. Pulsed-power driven HEDP and inertial confinement fusion research[R]. Sandia savannah:SNL,2004.

［23］ KNUDSON M D,HANSON D L,BAILEY J E,et al. Principal Hugoniot,reverberating wave,and mechanical reshock measurements of liquid deuterium to 400GPa using plate impact techniques[J]. Proposed for Publication in Physical Review B,2004,69(14):1124-1133.

［24］ MEHLHORN T A,BAILEY J E,BENNETT G,et al. Recent experimental results on ICF target implosions by Z-pinch radiation sources and their relevance to ICF ignition studies[J]. Plasma Physics and Controlled Fusion,2003,45(12A):A325.

［25］ HANSON D L. Diagnostics development plan for ZR[R]. Sandia:SNL,2003.

［26］ MAENCHEN J,et al. Pulsed power technology development for ZR[C]. 17th Beam's. England:Oxford,2006.

［27］ CUNEO M E,HERRMANN M C,SINARS D B,et al. Magnetically driven implosions for inertial confinement fusion at Sandia National Laboratories[J]. IEEE Transactions on Plasma Science,2012,40(12):3222-3245.

［28］ HAHN K D,CHANDLER G A,RUIZ C L,et al. Fusion-neutron measurements for magnetized liner inertial fusion experiments on the Z accelerator [J]. Journal of Physics:Conference Series,2016,717(1):012020.

第4章 次临界能源堆包层的基本概念

4.1 引 言

本章回顾了裂变能和聚变能规模化发展面临的主要问题,重点从如何在较短时间内大幅扩大能源规模的角度来探讨核能发展问题,提出以能源供应为主要目的的聚变裂变混合堆概念,简称能源堆。本章把能源堆除聚变堆芯外的部分称为次临界能源堆,主要介绍磁约束聚变驱动的次临界能源堆包层的基本概念。

4.1.1 裂变能大规模、可持续发展面临的主要问题

目前商业运行的反应堆基本上都是热中子堆,其转换比只有 $0.6 \sim 0.8$。考虑到铀、钚的循环利用,热中子堆最多也只能利用 1% 左右的铀资源。在"一次通过"使用核燃料的情况下,每座电功率为 1GW 的轻水堆 60 年寿命周期内需消耗约 1 万 t 的天然铀[1],其资源利用率只有 0.6%。现在全世界每年消耗能源折合约 180 亿 t 标准煤,若这些能量完全由热堆提供,陆地可采铀资源(约 3000 万 t)也仅能供"一次通过"式使用 30 多年,即使是热堆循环利用也不过百年。因此,热堆不可能长久支持人类需求。从长远来看,提高铀资源的利用率是裂变能源可持续发展的根本途径。

快堆原则上可将铀资源的利用率提高到 60%,能大大延长裂变能的供能时间(为热堆的近 100 倍)。但快堆要成为能源的主力,问题有三个。一是核燃料难获得。以通常的铀钚循环为例,1 座电功率为 1GW 的快堆建堆约需 $3 \sim 5t$ 初装钚,这需要从约 $330 \sim 550t$ 热堆乏燃料中提取(每吨乏燃料中约含 9.1‰ 的钚),相当于热功率为 1GW 的热堆 $12 \sim 20$ 年的换料量(每年卸出 27t),需要一个大型后处理厂工作半年。二是快堆虽然可以增殖核燃料,但燃料倍增时间较长,例如,氧化物燃料快堆的倍增时间为 $10 \sim 20$ 年左右。从技术观点上看,金属燃料的快堆最有希望实现高增殖比,结合干法后处理,可能会实现较短的燃料倍增时间[2]。然而,追求高增殖比,对快堆安全性会带来不利影响。现在的许多快堆设计方案[3-5]都不再追求燃料的增殖,而是倾向于发展增殖比接近于 1 的增殖堆,或者嬗变快堆。如果快堆不走高增殖的道路,则很难快速扩大裂变能源发展规模。三是核燃料循环实现难度大,运行成本高。首先,核燃料循环必须进行后处理,要进行铀钚分离,比较可行的办法是"湿法",完全用"干法"很难达到铀钚的有效分离,也会带来钚的明显损耗。其次,要在高放射性条件下进行核燃料元件的精密制造。这些都大大提高了快堆运行的成本,因而也削弱了快堆作为主力能源的竞争力。最后,快堆的燃料循环涉及铀的浓缩和铀钚的化学分离,这两个过程都有潜在的核材料扩散危险。虽然

采用闭式燃料循环可以降低核扩散的风险,但仍存在分离出的易裂变材料失窃而不易察觉的可能,因为现在的国际安全保障体系和核材料衡算系统还不能控制吨级钚后处理过程中千克级钚的流失。

4.1.2　聚变能源面临的挑战

聚变能源比裂变能源更加安全和清洁,因为聚变反应不会产生大量长寿命放射性产物。最容易实现的聚变反应是氘-氚聚变,氚需要通过中子和 ^6Li 反应获得,陆地上的锂资源约 1300 万 t[6],其中 ^6Li 蕴含的能量可供全人类使用数百年。但目前来看,无论采取哪种聚变路线,纯聚变能源都是非常昂贵的。

以 ITER[7] 为代表的磁约束聚变有望实现工程上能量得失相当($Q_E = 1$,参见式(3-21),考虑了电能转化为等离子体加热源的效率、加热源能量被等离子体吸收的效率、热电转换效率)。ITER 预计于 2025 年底获得首次等离子体,2035 年开始 DT 运行。如果 ITER 实现预期目标,磁约束聚变的科学可行性和初步的工程可行性将得到证实。但 ITER 的参数指标距纯聚变能源的商用还有相当的距离。例如,ITER 的第一壁所受的辐射损伤只有 5dpa,而商用聚变堆在寿命周期内需能耐受 100~500dpa 的辐射损伤[8];聚变能量增益因子 Q 需在 20 以上,且需稳态运行;为了获得更多的聚变能量,未来的聚变堆的体积要做得更大。

以 NIF[9] 为代表的激光惯性约束聚变,现在设计的点火激光能量为 1.8MJ,靶丸的增益 $G^①$ 为 10 左右。原来预计 NIF 在 2010 年点火实验成功,但后来遇到了很大的挫折。目前,实现的最好结果是单发中子产额接近 10^{15} ,聚变放能等于激光加载到氘氚点火热斑的能量(约 3kJ),即"热斑点火",这离真正的能量得失还有相当的距离。激光惯性约束聚变作为商用能源还有很长的路要走。

Z 箍缩驱动的 ICF 进展也非常值得关注,但要作为纯聚变能源,从经济性方面讲也缺乏竞争力(详见第 6 章)。

4.1.3　聚变裂变混合堆

在聚变技术取得显著进展,但聚变能商用仍面临巨大挑战的情况下,聚变裂变混合堆(简称混合堆)重新受到关注。

混合堆对聚变堆芯参数(主要是聚变功率和聚变增益)要求较低,同时可降低对第一壁材料的耐辐照损伤、首炉氚供应能力的要求,改善系统能量平衡和氚自持,促进聚变能提前应用。混合堆包层首炉燃料可用天然铀,每次换料后只要加入适量的贫化铀,利用包层良好的燃料增殖能力实现铀资源的充分利用。这样,混合堆的发展规模将不受热堆发展规模的限制,可以大幅提高核能在能源中的比例。

混合堆研究早在 20 世纪 50 年代就开始了,大致可分为增殖堆与嬗变堆两个阶段。

氘氚聚变产生能量为 14.1MeV 的高能中子,高能中子可以引起 ^{238}U 等可裂变材料的裂变、(n,2n)、(n,3n)等反应。因此,科学家首先想到的是在包层内放置大量天然铀、钍

---

① 聚变增益在惯性约束聚变中一般用 G 表示,在磁约束聚变中一般用 Q 表示。

或者贫化铀,实现放能和中子增殖,生产易裂变材料。这种类型的混合堆简称增殖堆(因其能谱较硬,生产燃料能力强)。增殖堆的研究在 20 世纪 80 年代非常活跃。

增殖堆按照能谱的不同又可分为快裂变[10]与抑制裂变[11]两种。综合文献[12-14]来看,寿命周期初时快裂变包层中子能量放大倍数 M_n(不同于后面的能量放大倍数 M,$M = 1.25 M_n$)在 5~10 倍之间,抑制裂变的放大倍数 M_n 在 1~3 倍之间。按单位聚变功率生产易裂变燃料的能力来看:快裂变增殖能力强,但燃料平均浓度低,每年需后处理几百吨至千吨乏燃料,将其中的钚分离后供裂变堆使用;抑制裂变燃料平均浓度高,可直接供热堆使用,但增殖能力较弱,对聚变功率要求高(大于 1000MW),每年换料量在百吨左右。国内外增殖堆研究的结论都是把增殖的钚或者 ^{233}U 送到裂变堆去烧,组成聚变-裂变的共生系统[15-17]。关于混合堆的增殖能力,Moir[18]在 1982 年做了很好的总结,但给出的增殖能力评估值偏高。他给出了每兆瓦聚变功率每年造钚率的典型参考值:快裂变是 6.6kg/a,抑制裂变是 3.1kg/a,M_n 分别为 8.7 和 1.3。显然,在包层核功率一定的情况下,M_n 越小,聚变功率越大,造钚量也越大。也许是出于对聚变前景的过于乐观,Moir 做出了一个混合堆可支持 5 个甚至 20 个同等功率裂变堆的论断。国内外许多研究中都引用了这条结论,而没有说明高支持比所对应的聚变功率是短期内无法实现的。考虑到聚变是制约混合堆的主要因素,用单位聚变功率(而不是包层核功率)的造钚能力来衡量增殖性能更加合理。另外,文献[19]中支持比的定义是和转换比相关的,只考虑裂变堆每年净消耗的裂变材料。换句话说,其支持比定义为:增殖堆每年生产的易裂变燃料量除以同等功率裂变堆每年净消耗的易裂变燃料量。当转换比为 1 时,支持比可以是无穷大。实际上,堆内易裂变燃料总装量要远大于年净消耗量。严格来说,只有生产出足够启动一个同等功率裂变堆所需的易裂变燃料才能算"支持"一个裂变堆(参见 2.2.3.2 节燃料倍增时间)。

快裂变增殖堆的主要特点是:功率波动较大;燃料增殖快,换料比较频繁,后处理量大。抑制裂变增殖堆的主要特点是:对聚变功率要求高,铀被放在远离等离子体的地方,^{238}U 的快裂变被抑制,要使用大量的铍倍增中子实现氚的自持。由于钚的生产在国际上非常敏感,20 世纪 80 年代后期,美国出于不扩散的考虑停止了增殖堆的研究。我国在"863"计划的支持下开展了 20 多年的增殖堆研究,参见文献[20-26],由于种种原因也于 2000 年终止了。

20 世纪 90 年代开始,美国的混合堆研究开始转向乏燃料的处理。之后,国内外混合堆研究纷纷转向嬗变研究,具体参见文献[27-32],至今嬗变仍是研究热点。热堆的乏燃料如果不加以利用就会成为核废物。从中子学的观点来看,乏燃料中的 ^{239}Pu、^{241}Pu 是很好的易裂变材料,Np、Am、Cm 等元素在高能区也都可以发生直接裂变。因此,利用高能中子进行嬗变超铀元素是很有吸引力的。SNL 的 In-Zinerator[33]、乔治亚理工学院提出的 SABR[34]以及中国科学院等离子体物理研究所设计的 FDS[35]系列混合堆都属于嬗变堆。由于包层内放了大量超铀元素,这种包层的能量放大倍数在几十以上,其能量主要是裂变放出的,要求的聚变功率只有几十兆瓦。可是它有一个特点就是超铀元素(乏燃料中原子序数大于 92 的元素,主要成分是钚)的装量在 40t 左右,所需的钚比快堆还多 10 倍左右,相当于电功率约 1GW 压水堆 150 堆年的超铀元素积累量。从技术上说,如果用 40t 钚建成 10 座快堆,其嬗变能力不见得比混合堆差,发电量也高 10 倍,而在工程实现上要容易得多。核材料短缺是制约我国核能发展规模的重要因素,因此发展这种堆型的现实意义不大。

4.1.4 次临界能源堆概念的提出

正如前面所述,混合堆具有解决人类千年能源问题的潜力,但传统的混合堆研究面临的挑战也是巨大的。增殖堆可使用天然铀为裂变燃料,但快裂变增殖堆需要频繁的后处理分离钚,存在核扩散风险;抑制裂变增殖堆无需分离钚但对聚变功率要求过高(大于1000MW)且须频繁换料和燃料生产。嬗变堆则需提前分离出数十吨超铀元素,且易裂变燃料利用效率太低。针对这些困难,混合堆发展应该有新的思路。我们认为混合堆应该优先考虑供应能源问题,并把以能源供应为主要目的的混合堆简称能源堆,以区别于传统的增殖堆和嬗变堆。本章的研究重点是能源堆与裂变相关的部分,也称为次临界能源堆。次临界能源堆的研究要充分利用聚变和裂变的研究基础,降低实现难度。

将聚变和裂变结合起来,利用聚变堆芯内氘氚聚变反应产生的大量高能中子,驱动一个以天然铀为裂变燃料的次临界包层,把聚变能量再放大 10 倍左右,将是一种可能的技术途径。特别是,如果设计得当,既可以大大降低对聚变技术要求,又可避免目前裂变堆技术难解的困境(主要是安全、核燃料循环等方面),有可能建立一个新型能源系统,解决核能大规模可持续发展问题,为人类提供一个可维持数千年的能源。

次临界能源堆立足于近期可预期实现的磁约束聚变堆芯参数:聚变功率 300 ~ 500MW,聚变增益 $Q = 5 \sim 10$。包层采用天然铀(或压水堆乏燃料)为裂变燃料,Li_4SiO_4 为氚增殖剂,同时借鉴成熟的压水堆冷却技术。通过包层合理设计,为大幅提高铀资源利用率和简化后处理创造条件,实现长期的氚自持和能量放大。这种设计可以实现较高的包层能量放大倍数(M),降低对聚变功率和聚变增益(Q)的要求,有利于扩大能源规模,提高经济性和防核扩散能力。

4.2 混合堆中子学基本原理

4.2.1 带独立外源的中子输运方程

从广义上讲,聚变裂变混合堆和加速器驱动的次临界系统(ADS,见第 8 章)等都可以看作是由外中子源驱动的次临界系统。从中子物理学的角度来看,它们的不同仅在于中子源的强度和能谱不同。当然,中子源是整个系统的核心,针对其特点做好中子的有效利用是次临界系统研究的主要问题。

带独立外源的次临界系统中子输运方程可以简写为如下的算符形式[36]:

$$\mathbb{A}\Phi = \mathbb{M}\Phi + \mathbb{S} \qquad (4-1)$$

式中:Φ 为有外源时的中子通量;算符 $\mathbb{A}$ 表示中子消耗项,包括次临界包层对中子的吸收以及泄漏出系统的中子数,需要指出的是,对中子的吸收包含了(n,γ)、(n,f)、$(n,2n)$等反应消耗的中子;算符 $\mathbb{M}$ 表示包层内中子产生项,包括(n,f)、$(n,2n)$、$(n,3n)$等反应对

中子增殖的贡献;算符 $\mathbb{S}$ 表示独立外源项,它是能量和空间的函数,可以进一步写为

$$\mathbb{S} = S_0 \xi(\boldsymbol{r}, E) \tag{4-2}$$

其中,S_0 为总的外源强度;$\xi(\boldsymbol{r}, E)$ 为外源的空间分布和能谱特征,满足归一化条件。

定义一个外源有效增殖系数 k_s 表示中子的产生项与消失项之比:

$$k_s = \frac{<\mathbb{M}\varPhi>}{<\mathbb{A}\varPhi>} = \frac{<\mathbb{M}\varPhi>}{<\mathbb{M}\varPhi> + <\mathbb{S}>} \tag{4-3}$$

式中:"< >"为积分算符,它表示对变量在整个定义域内积分。

将式(4-3)变形,可以得到

$$\frac{<\mathbb{M}\varPhi>}{<\mathbb{S}>} = \frac{k_s}{1 - k_s} \tag{4-4}$$

$<\mathbb{M}\varPhi>$实际上就是外源中子在包层内产生的总中子数。

这样,式(4-4)的含义就是每个外源中子产生的次级中子总数。$<\mathbb{M}\varPhi>$可以表示为

$$<\mathbb{M}\varPhi> = \iiint \mathrm{d}\boldsymbol{r}\mathrm{d}E\mathrm{d}E'\chi(E)\left[v(E)\Sigma_f(\boldsymbol{r}, E') + 2\Sigma_{2\mathrm{n}}(\boldsymbol{r}, E') + 3\Sigma_{3\mathrm{n}}(\boldsymbol{r}, E')\right]\varPhi(\boldsymbol{r}, E')$$
$$= N_f \bar{v} + 2N_{2\mathrm{n}} + 3N_{3\mathrm{n}} \tag{4-5}$$

式中:N_f、$N_{2\mathrm{n}}$ 和 $N_{3\mathrm{n}}$ 分别为外源中子在包层内引起(n,f)、(n,2n)和(n,3n)等反应的次数;$\bar{v}$ 为平均裂变中子数,定义如下:

$$\bar{v} = \frac{\iiint \mathrm{d}\boldsymbol{r}\mathrm{d}E\mathrm{d}E'v(E)\chi(E)\Sigma_f(\boldsymbol{r}, E')\varPhi(\boldsymbol{r}, E')}{\iint \mathrm{d}\boldsymbol{r}\mathrm{d}E'\Sigma_f(\boldsymbol{r}, E')\varPhi(\boldsymbol{r}, E')} \tag{4-6}$$

式中:$\Sigma_f(\boldsymbol{r}, E')$ 表示空间位置 $\boldsymbol{r}$ 处,入射能量为 E' 的中子与物质相互作用的宏观裂变截面;$\chi(E)$ 为裂变谱,表示裂变中子的能量分布。

利用蒙特卡罗方法(简称 MC 方法)可以统计出系统内中子的总产生项($<\mathbb{M}\varPhi>$+$<\mathbb{S}>$)和总消失项$<\mathbb{A}\varPhi>$,二者是相等的,这就是中子平衡分析。

在普通的无源条件下,输运方程可以描述为

$$\mathbb{A}\psi = \frac{1}{k_{\mathrm{eff}}}\mathbb{M}\psi \tag{4-7}$$

式中:$1/k_{\mathrm{eff}}$ 为式(4-7)的本征值,其中 k_{eff} 为无源时的有效增殖系数。

为了和式(4-1)相区别,无源时的中子通量用 ψ 表示。需要说明的是,k_{eff} 只取决于包层的几何结构和材料构成,与外源无关。而 k_s 则不仅取决于包层特性,而且还与外源中子的空间分布与能谱特征有关,引入它是为了方便和临界系统进行比较,分析外源特性。

设 ψ^* 为中子价值,从描述中子价值 ψ^* 的本征值方程出发:

$$\mathbb{A}^*\psi^* = \frac{1}{k_{\mathrm{eff}}}\mathbb{M}^*\psi^* \tag{4-8}$$

$\mathbb{A}^*$ 和 $\mathbb{M}^*$ 分别为 $\mathbb{A}$ 和 $\mathbb{M}$ 的共轭算子,满足如下关系:

$$<\psi^*, \mathbb{A}\psi> = <\psi, \mathbb{A}^*\psi^*> \tag{4-9}$$

$$<\psi^*, \mathbb{M}\psi> = <\psi, \mathbb{M}^*\psi^*> \tag{4-10}$$

通过式(4-1)和式(4-8),并利用共轭算子的性质公式(4-9)、式(4-10)可以得到

$$\frac{1}{k_{\text{eff}}} = \frac{\mathbb{A}^*\psi^*}{\mathbb{M}^*\psi^*} = \frac{<\varPhi,\mathbb{A}^*\psi^*>}{<\varPhi,\mathbb{M}^*\psi^*>}$$

$$= \frac{<\psi^*,\mathbb{A}\varPhi>}{<\psi^*,\mathbb{M}\varPhi>} = 1 + \frac{<\psi^*,\mathbb{S}>}{<\psi^*,\mathbb{M}\varPhi>} \tag{4-11}$$

式(4-11)右边积分项的具体表达式为

$$<\psi^*,\mathbb{S}> = \iint dE dr \psi^*(r,E) S_0 \xi(r,E) \tag{4-12}$$

$$<\psi^*,\mathbb{M}\varPhi> = \iiint dr dE dE' \psi^*(r,E') \chi(E) v(E) \times$$
$$[\Sigma_f(r,E') + 2\Sigma_{2n}(r,E') + 3\Sigma_{3n}(r,E')] \varPhi(r,E') \tag{4-13}$$

引入外源中子平均价值 $\overline{\varPhi}_s^*$ 和裂变中子平均价值 $\overline{\varPhi}_F^*$，定义如下：

$$\overline{\varPhi}_s^* = \iint dr dE' \xi(r,E') \psi^*(r,E') \tag{4-14}$$

$$\overline{\varPhi}_F^* = \frac{\iiint dr dE dE' \psi^*(r,E) \chi(E) [v(E)\Sigma_f(r,E') + 2\Sigma_{2n}(r,E') + 3\Sigma_{3n}(r,E')] \varPhi(r,E')}{\iiint dr dE dE' \chi(E) [v(E)\Sigma_f(r,E') + 2\Sigma_{2n}(r,E') + 3\Sigma_{3n}(r,E')] \varPhi(r,E')}$$
$$\tag{4-15}$$

不难看出：

$$\frac{<\psi^*,\mathbb{S}>}{<\psi^*,\mathbb{M}\varPhi>} = \frac{S_0}{\overline{v}N_f + 2N_{2n} + 3N_{3n}} \times \frac{\overline{\varPhi}_s^*}{\overline{\varPhi}_F^*} \tag{4-16}$$

利用外源中子平均价值和裂变中子平均价值之比定义中子源效率 φ^*：

$$\varphi^* = \frac{\overline{\varPhi}_s^*}{\overline{\varPhi}_F^*} = \frac{\frac{1}{k_{\text{eff}}} - 1}{\frac{1}{k_s} - 1} \tag{4-17}$$

式(4-17)的物理意义可以这样来理解：对于无源问题，通过引入 k_{eff} 把次临界问题按临界问题的形式处理，一个裂变中子在系统中引起的中子链的长度表示为 $\frac{k_{\text{eff}}}{1-k_{\text{eff}}}$；对于带外源的问题，一个外源中子在系统中引起中子链的长度则可直接表示为 $\frac{k_s}{1-k_s}$；后者与前者之比就是中子源效率(φ^*)。当然也可以通过统计外源问题中子链的长度 $\frac{k_s}{1-k_s}$ 来反推出 k_s。

4.2.2 混合堆系统的能量平衡

高温氘氚等离子体发生聚变反应，一次聚变放能 17.6MeV，产生一个 14.1MeV 中子(进入包层)和一个 3.5MeV 的 α 粒子(能量沉积在聚变区)。对于包层而言,聚变产生的高能中子可以看作是"外源"。外源中子在包层内沉积的总能量包括裂变放能和产氚等反应放能,其中裂变放能是最主要的。沉积总能量可以由 MC 计算精确给出。包层能量放大倍数 M 定义如下:

$$M = \frac{\text{一个外源中子在包层内沉积的总能量}}{\text{一次聚变反应放能}} \qquad (4\text{-}18)$$

关于式(4-18)有两点需要说明。

(1) 包层内沉积的能量主要来自外源中子在包层沉积的总能量,此外还包括部分等离子体辐射热流及未被等离子体吸收的加热能量进入到包层的贡献。考虑到这些因素,式(4-18)定义的能量放大倍数稍微偏小。

(2) 如果将式(4-18)的分母替换为聚变中子能量,则得到常用的中子能量放大倍数 M_n,$M_n = 1.25M$。

定义聚变放能 E_{Fu} 与注入等离子体能量 E_d 之比就是聚变能量增益 Q,这是标志聚变水平最重要的参数之一。高能中子进入包层裂变区后,会引起裂变反应。由于一次裂变放出约 200MeV 的能量,裂变次数越多,包层的能量放大倍数 M 就越大。图 4-1 是聚变裂变混合堆的能量平衡关系示意图,图中虚线部分表示包层区,如果包层区不含裂变材料,就是一个纯聚变系统,其 M 值约为 1.2。对于混合堆系统,M 并非越大越好,而是与设计目标有关。

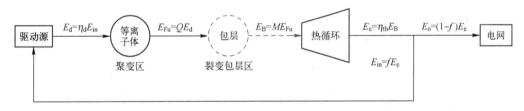

图 4-1　聚变裂变混合堆的能量平衡关系

包层产生的能量 $E_B = ME_{Fu}$ 被冷却剂带出,经过热电转化产生电能 $E_e = \eta_{th}E_B$,η_{th} 为热电转换效率。电能的一部分 $E_{in} = fE_e$ 返回驱动源加热等离子体,设加热效率为 η_d,则有 $E_d = \eta_d E_{in}$ 的能量被等离子体吸收引发聚变放能 $E_{Fu} = QE_d$。剩余部分电能 $E_o = (1-f)E_e$ 送入电网供外界使用。

根据上述定义,为使整个系统实现净的能量输出,必须满足:

$$f = \frac{1}{\eta_{th}MQ\eta_d} < 1 \qquad (4\text{-}19)$$

4.2.3　混合堆中的核反应

氘氚聚变反应放出的是 14.1MeV 的高能中子:

$$D+T \longrightarrow He+n+17.6MeV \qquad (4\text{-}20)$$

氚在自然界是不存在的,需要通过中子和锂的反应产生:

$$n+{}^6Li \longrightarrow T+{}^4He+4.8MeV \qquad (4\text{-}21)$$

$$\text{n}+{}^{7}\text{Li} \longrightarrow \text{T}+{}^{4}\text{He}+\text{n}'-2.8\text{MeV} \tag{4-22}$$

图 4-2 给出了 ${}^{6}\text{Li}$ 和 ${}^{7}\text{Li}$ 的产氚截面对比。热中子和 ${}^{6}\text{Li}$（天然锂中 ${}^{6}\text{Li}$ 丰度为 7.5%）的反应截面很大,服从 $1/v$ 率(能量越低截面越大)。256keV 附近 ${}^{6}\text{Li}$ 的中子产氚截面有一个共振峰。${}^{7}\text{Li}$ 在产氚的同时能产生一个中子,但其产氚反应阈能较高(约 4MeV)且截面小,5MeV 以上能区其截面才开始大于 ${}^{6}\text{Li}$ 的截面。显然,产氚主要靠 ${}^{6}\text{Li}$,在包层设计中使产氚区中子充分慢化,利用低能区 ${}^{6}\text{Li}$ 产氚截面大的特点可以减少锂的装量。

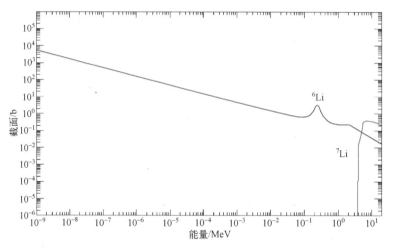

图 4-2 ${}^{6}\text{Li}$ 和 ${}^{7}\text{Li}$ 的产氚截面

定义氚的增殖比 TBR 为一个外源中子在包层内总的产氚数,即

$$\text{TBR} = \int \left(\Sigma_{(\text{n,T})}^{6} + \Sigma_{(\text{n,n}')}^{7} \right) \varPhi(\boldsymbol{r}, E) \,\text{d}\boldsymbol{r}\text{d}E \tag{4-23}$$

式中:$\Sigma_{(\text{n,T})}^{6}$ 和 $\Sigma_{(\text{n,n}')}^{7}$ 分别为 ${}^{6}\text{Li}$ 和 ${}^{7}\text{Li}$ 的宏观产氚截面;$\varPhi(\boldsymbol{r}, E)$ 为中子通量密度;氚的自持要求 TBR>1。

高能中子在包层内通过 (n,f)、(n,2n)、(n,3n) 等反应可以实现中子增殖。增殖的中子必须造出足够的氚实现系统的氚自持,剩余的中子可以用来生产易裂变燃料或者嬗变次锕系核素(MA)和长寿命裂变产物(LLFP)。

生产易裂变燃料的两个主要途径如下:

$$\text{n}+{}^{238}\text{U} \longrightarrow {}^{239}\text{U} \xrightarrow[24\text{min}]{\beta} {}^{239}\text{Np} \xrightarrow[2.4\text{d}]{\beta} {}^{239}\text{Pu} \tag{4-24}$$

$$\text{n}+{}^{232}\text{Th} \longrightarrow {}^{233}\text{Th} \xrightarrow[22\text{min}]{\beta} {}^{233}\text{Pa} \xrightarrow[27\text{d}]{\beta} {}^{233}\text{U} \tag{4-25}$$

嬗变 MA 的有效途径是通过裂变反应将其裂变为两个中等质量核。MA 俘获中子后产生的仍然是 MA,但也可能通过多次俘获转化为易裂变核再发生裂变,只是这种方式中子经济性较差。压水堆乏燃料所含的 MA 中 ${}^{237}\text{Np}$ 含量最多。${}^{237}\text{Np}$ 的热能区裂变截面较小(与 ${}^{235}\text{U}$ 相比),而相应的俘获截面大,不适于在热堆嬗变。${}^{241}\text{Am}$ 和 ${}^{243}\text{Am}$ 热能区裂变截面也不大,要通过俘获反应转化成 ${}^{242}\text{Am}$ 和 ${}^{244}\text{Am}$ 才可有效裂变。嬗变 LLFP 需要通过俘获反应,通常在热堆比较有效。

裂变反应堆增殖性能通常用转换比 CR(CR>1 时习惯上称为增殖比,用 *BR* 表示)来

衡量,即

$$CR = \frac{易裂变核产生率}{易裂变核消失率}$$

为了便于和临界系统比较,这里先从每次裂变过程来考察易裂变燃料的增殖能力。易裂变核每吸收一个中子的中子产额为 η,显然,除了为维持链式反应所必需的一个中子以及被其他材料(未包括可转换材料)所吸收和泄漏损失以外,剩余的中子被可转换材料吸收而生成易裂变核素。因此,根据中子平衡关系可得出 CR 满足下式[37]:

$$CR = (\eta - 1) - A - L + C + S_{ext,a} \qquad (4-26)$$

其中

$$\eta = v\sigma_f / (\sigma_\gamma + \sigma_f) = v / (1 + \alpha) \qquad (4-27)$$

式(4-26)中 A、L、C 分别为相对于易裂变核每吸收一个中子时,其他材料吸收的中子数、泄漏的中子数和可转换材料产生的中子数。几种重要核素的 η 值随能量的变化关系[38]见图 4-3,α 为俘获裂变比。对于 ^{235}U 和 ^{239}Pu,只有在能量大于 0.1MeV 的能区内,η 才能大于 2,因此只有当裂变主要发生在快中子能谱区时才能增殖。可转换材料(^{238}U,^{232}Th)增殖的中子数 C 也随能量增加而增长。因此能谱越硬,增殖性能越好。对于 ^{233}U 情况有所不同,由于热能区的 η 本身就大于 2,钍铀循环的热堆是有可能实现微小增殖的。考虑到易裂变材料裂变截面在高能区远小于低能区,快堆的中子通量水平显著高于热堆,易裂变材料装量也比热堆多,而且快堆技术相对复杂。因此,对钍铀循环,传统上认为发展热堆难度更小。

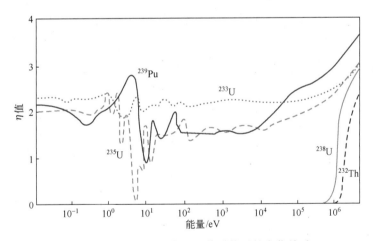

图 4-3 几种重要核素的 η 值随能量的变化关系

对于混合堆系统,更直观的方式是从外源中子归一的角度来分析中子平衡[39]。为了方便分析,引入下列记号:

C——每个聚变中子在包层中与可转换核反应引起的裂变数;

S——每个聚变中子在包层中与易裂变核反应引起的裂变数;

ε——每个聚变中子在包层中通过(n,2n)、(n,3n)等非裂变反应的中子增殖数;

P——每个聚变中子在包层中的寄生俘获和泄漏数;

v_C——可转换核每次裂变平均产生的中子数;

v_S——易裂变核每次裂变平均产生的中子数;

$\Delta\Omega$——包层对堆芯的覆盖率。

假设包层覆盖率为 1,则由上述参数计算出每个聚变中子在包层中产生的易裂变核 F(用于产生易裂变核的中子数)满足:

$$F = 1 + \varepsilon + C(v_C - 1) + S(v_S - 1) - TBR - P \tag{4-28}$$

式(4-28)等号右边第 1 项为外源中子,第 2 项为除裂变外的其他反应对中子的增殖,第 3 项为可转换核的裂变反应增殖的中子,第 4 项为易裂变核的裂变反应增殖的中子,第 5 项为产氚消耗中子,第 6 项为除上述各项外的中子吸收项以及漏出系统的中子。

每个聚变中子在包层中消耗(包括裂变和俘获)的易裂变核为

$$B = S(1 + \alpha) \tag{4-29}$$

显然,每个聚变中子在包层中净产生的易裂变核为

$$F_{net} = F - B = 1 + \varepsilon + C(v_C - 1) + S(v_S - 2 - \alpha) - TBR - P \tag{4-30}$$

考虑到包层对堆芯的覆盖率为 $\Delta\Omega$,每个聚变中子在包层中的实际易裂变核生产数应为

$$F'_{net} = \Delta\Omega \times F - (1 - \Delta\Omega) TBR \tag{4-31}$$

式(4-31)等号右边第 1 项为假设全覆盖时在 $\Delta\Omega$ 空间内的易裂变核生产数,第 2 项为由于部分空间 $(1 - \Delta\Omega)$ 未覆盖,为了维持氚自持,该部分的产氚需要从覆盖区弥补,从而使易裂变核生产数减少。

F_{net} 或 F/B 可用来衡量易裂变燃料生产能力(或嬗变废物能力,取决于包层设计的目的),与反应堆转化比的概念类似。寿命周期初的 F/B 对系统的 M 和 TBR 也有重要影响。只要寿命周期初的 F/B 大于 1,系统内易裂变材料含量就会在相当长的时间内保持增长,M 和 TBR 也会在一段时间内保持增长趋势。

4.2.4 输运与燃耗耦合计算

包层中子学过程涉及中子输运与燃耗的耦合问题。针对次临界能源堆包层结构和能谱非常复杂的情况,开发了三维输运与燃耗耦合程序 MCORGS[40-41]。如果在燃耗计算的一个时间步长内把通量 Φ、转换截面 $\sigma^{k \to i}$ 及衰变常数 λ_i 等均视为与时间无关,那么燃耗方程实际上是关于第 i 个核素的核子数密度 N_i 的一阶常微分方程组,其形式为

$$\frac{dN_i(\boldsymbol{r}, t)}{dt} = \sum_{k \neq i} N_k(\boldsymbol{r}, t) \int \sigma^{k \to i}(\boldsymbol{r}, E) \Phi(\boldsymbol{r}, E) dE - N_i(\boldsymbol{r}, t) \int \sigma_a^i(\boldsymbol{r}, E) \Phi(\boldsymbol{r}, E) dE +$$
$$\sum_{j \neq i} f_{j \to i} \lambda_j N_j(\boldsymbol{r}, t) - \lambda_i N_i(\boldsymbol{r}, t) \tag{4-32}$$

式中,角标 i 遍及燃耗库中所有核素。

式(4-32)等号左边表示核素密度随时间的变化率。等号右边第 1 项表示由于中子辐照引起其他核素对核素 i 生成率的贡献,$\sigma^{k \to i}$ 为核素 k 到核素 i 的转换截面,可能包括 (n,f)、(n,γ)、(n,2n) 等反应。对于 (n,f) 反应,转换截面 $\sigma^{k \to i}$ 可由裂变截面与裂变产额的乘积来表示。第 2 项为核素 i 通过吸收中子(包括裂变)而消失的部分,σ_a^i 为核素 i 的

总吸收截面。第 3 项表示其他核素的衰变对核素 i 生成率的贡献,$f_{j\to i}$ 为核素 j 衰变为核素 i 的分支比,λ_j 为衰变常数。第 4 项为核素 i 通过衰变而消失的部分。

定义单群通量和等效单群截面如下:

$$\Phi(\boldsymbol{r}) = \int \Phi(\boldsymbol{r},E)\,\mathrm{d}E \qquad (4-33)$$

$$\sigma_{\mathrm{eff}}^{k\to i}(\boldsymbol{r}) = \frac{\int \sigma^{k\to i}(\boldsymbol{r},E)\Phi(\boldsymbol{r},E)\,\mathrm{d}E}{\Phi(\boldsymbol{r})} \qquad (4-34)$$

$$\sigma_{\mathrm{a,eff}}^{i}(\boldsymbol{r}) = \frac{\int \sigma_{\mathrm{a}}^{i}(\boldsymbol{r},E)\Phi(\boldsymbol{r},E)\,\mathrm{d}E}{\Phi(\boldsymbol{r})} \qquad (4-35)$$

单群通量和等效单群截面是与中子通量分布以及各种转换反应率的积分关联的,中子通量分布可以通过求解中子输运方程得到。利用式(4-33)~式(4-35)可把式(4-32)改写为

$$\frac{\mathrm{d}N_i(\boldsymbol{r},t)}{\mathrm{d}t} = \sum_{k\neq i} N_k(\boldsymbol{r},t)\sigma_{\mathrm{eff}}^{k\to i}(\boldsymbol{r})\Phi(\boldsymbol{r}) - N_i(\boldsymbol{r},t)\sigma_{\mathrm{a,eff}}^{i}(\boldsymbol{r})\Phi(\boldsymbol{r}) +$$
$$\sum_{j\neq i} f_{j\to i}\lambda_j N_j(\boldsymbol{r},t) - \lambda_i N_i(\boldsymbol{r},t) \qquad (i=1,N) \qquad (4-36)$$

4.2.5 绝对通量的计算

通量计算是输运计算的关键,有了通量分布可以容易得出各种转换截面和反应率等物理量。记外源中子绝对强度为 S_{ext},一个源中子在系统中沉积的总能量为 DE,系统总功率为 P,则

$$S_{\mathrm{ext}} = \frac{P}{DE} \qquad (4-37)$$

MCORGS 程序直接利用 MCNP[42] 的能量沉积计数功能(f6 计数卡)得到一个源中子在整个系统内的瞬发能量沉积 DE_{f6}:

$$DE_{\mathrm{f6}} = \iint N_{\mathrm{a}}\sigma_{\mathrm{T}}H_{\mathrm{avg}}(E)\Phi(\boldsymbol{r},E)\,\mathrm{d}\boldsymbol{r}\mathrm{d}E \qquad (4-38)$$

式中:N_{a} 为介质核子数密度;σ_{T} 为微观总截面;$H_{\mathrm{avg}}(E)$ 为入射能量为 E 的粒子与一个介质原子核碰撞后,原子核所得到的平均动能。

4.2.6 输运计算重要核素的选取

寿命周期初包层的成分一般比较简单,然而随着燃耗加深会产生几十种锕系核素和数百种的裂变产物。燃耗过程可以用 ORIGEN-S[43] 程序加以严格计算,但将这些后续产生的核素都返回 MCNP 做输运计算是不现实的。首先,目前最新的 ENDF/B-VII.1 库中也只有 423 种核素截面数据。其次,输运计算首先要判断中子与哪个核素发生碰撞,参与输运计算的核越多,计算就越耗时。

核素的重要程度取决于其核子数密度和微观反应截面大小。因此,仅挑选宏观总截面较大的核素参与输运计算是合理的。例如,可设定一个阈值 ε(这里取 $\varepsilon=10^{-6}$),当核

素 i 的宏观截面值大于包层内所有核素最大宏观截面值的 ε 倍时,则自动挑选其参与输运计算。那些当前时刻未被选中的核素随着燃耗的加深而不断累积,当其积累到满足设定挑选条件时便可在输运计算中加以考虑。这样,随着燃耗增加,参加输运计算的核素在逐渐增多,一般在几种到 300 余种之间。MCORGS 根据经验给定一个较大的重要核素列表文件,然后通过微观截面与核素数密度乘积得到宏观截面,据此再来挑选当前时刻参与输运计算的核素。核素列表是可以扩充的,目前该表中包括 51 种锕系核素,164 种裂变产物核素,96 种其他核素。

输运计算要给出重要核素的等效转换截面。原则上 MCNP 配套核数据库中所有核素的各个反应道对应的转换截面都可以更新。在输运计算中,等效转换截面 $\sigma_{\mathrm{eff}}^{k \rightarrow i}$ 通过对应的反应率与通量的比值得出,即

$$\sigma_{\mathrm{eff}}^{k \rightarrow i} = \frac{\int \sigma^{k \rightarrow i}(E) \, \Phi(\boldsymbol{r}, E) \, \mathrm{d}E}{\int \Phi(\boldsymbol{r}, E) \, \mathrm{d}E} \tag{4-39}$$

式(4-39)等号右边分子项的积分要经过严格的 MC 统计得出。考虑到 $\sigma^{k \rightarrow i}(E)$ 包括 (n, γ)、(n, p)、(n, d)、(n, t)、$(n, {}^{3}\mathrm{He})$、(n, α)、$(n, 2n)$、$(n, 3n)$、(n, f) 等多种类型,当燃耗分区较多时,统计过程是比较费时的。实际上,每种核素需要考虑的反应道是不同的,可以利用 ORIGEN-S 数据库中和系统能谱接近的转换截面数据来辅助判断每种核素需要更新的转换截面类型。

对于燃耗计算中出现的一些痕量元素,或者某些截面很小的反应道,更新截面的实际意义不大,却会大幅增加 MCNP 的运行时间。对这些贡献小的截面可直接选用 ORIGEN-S 库中相应的数据,而不是通过输运计算给出。

4.2.7　计算流程

MCORGS 由三维输运程序 MCNP、燃耗计算程序 ORIGEN-S 以及系列的接口程序组成。接口程序由 ZERO,MC_OR,OR_MC,PR_RESULT 等模块组成。ZERO 负责从 MCNP 和 ORIGEN-S 的输入模板来产生寿命周期初的 MCNP 和 ORIGEN-S 的完整输入文件;MC_OR 负责从 MCNP 的输出产生 ORIGEN-S 的输入文件;OR_MC 负责从前一步 ORIGEN-S 和 MCNP 的输出文件产生当前步 MCNP 的输入文件。PR_RESULT 负责集中处理各燃耗步计算结果,给出 k_{eff}、TBR、M 和核素密度随时间的变化情况用于物理分析,也可给出特定燃耗步系统内中子平衡统计的详细信息。MCORGS 的计算流程如图 4-4 所示,图中的虚线表示辅助过程。

为了节省计算时间,如果寿命周期初系统是深度次临界的,则没有必要详细计算 k_{eff},而只需要做外源计算。

4.2.8　输运计算数据库 NuDa-C 的制作与验证

次临界能源堆包层采用水冷欠慢化设计,其能谱比传统的核能装置更加复杂。基于最新发布的 ENDF/B-Ⅶ.1 评价中子核数据库制作了 ACE 格式的多温度点、点连续截面

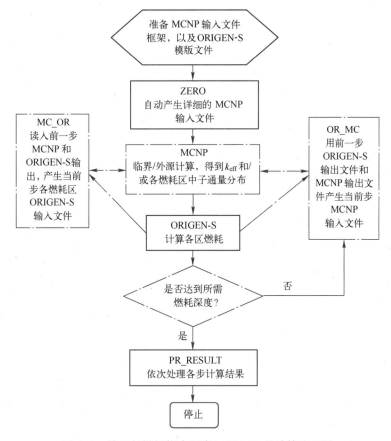

图 4-4　输运与燃耗耦合程序 MCORGS 的计算流程图

数据库 NuDa-C。NuDa-C 包括 423 种核素、16 个温度点的点连续截面。在燃料区平均工作温度附近，即 330～400℃温度区间，每 10℃提供一套数据。对于 400～1000℃温度区间则采用较粗的温度划分。另外，NuDa-C 利用热中子散射 IKE 理论模型，研制了水中氢在细致温度网格点上的热中子散射基础评价数据（ENDF/B-Ⅶ.1 库没有这些温度点），然后基于基础数据制作多温度连续能量 ACE 格式 H_2O 中 H 在 8 个温度点的热中子截面数据（包括常温以及在冷却剂平均工作温度附近，280～340℃温度区间内每隔 10℃制作一套水中氢的热散射数据）[44]。利用 MCNP 程序计算了 106 个中子学基准积分实验模型，B-Ⅶ.1 库结果较 BⅥ.8 库有较大改进。

　　目前，ENDF/B-Ⅶ.0 数据的可靠性已得到充分验证，获得了广泛应用，众多应用型核数据库都基于 ENDF/B-Ⅶ.0 基础数据进行了改版升级。例如，MCNP6 的核数据库、SCALE 的核数据库、WIMS 的核数据库、ADS 数据库等，都采用了 ENDF/B-Ⅶ.0 基础数据。

4.2.9　程序验证

　　利用 MCORGS 程序计算了 OECD 栅元燃耗基准题[45]、VVER-1000 燃料组件基准题[46]等多个压水堆基准题，验证了程序处理无源问题和热中子谱问题的能力。通过 ADS 基准题[47]的计算，验证了程序处理外源问题和快中子谱问题的能力。利用 MCORGS 对激光惯性约束聚变裂变混合堆 LIFE 的典型模型进行了计算分析和改进设计[48]，验证了程序处理深燃耗混合堆模型的能力。利用 MCORGS 对 Z 箍缩驱动的液态嬗变包层概念 Z-inerater 进行了数值模拟和改进研究[49]，完善了程序对在线添加燃料以及在线后处理的模拟功能。通过上述不同种类基准题的验证，以及对国外包层概念的分析和改进设计，说明了 MCORGS 的计算精度和国外同类程序相当，可以用于次临界能源堆包层中子学的研究。

4.3　包层中子学基本特性

4.3.1　包层主要中子学指标

次临界能源堆包层中子学[50-52]方面的基本要求包括：

（1）保证氚自持，一维模型 TBR>1.15；

（2）能有比较高的能量放大倍数，使其对聚变功率的要求不高于 ITER，即 M>6；

（3）易裂变核素总产生率大于消耗率，即 F/B>1，这样较长时间内系统的各项指标不会下降，有利于提高铀资源利用率并简化后处理。

4.3.2　几何结构

为了研究中子学基本特性，首先对磁约束聚变堆芯做了简化。用 D 字形圆环近似模拟托卡马克主体结构。图 4-5 是 D 字形圆环模型的示意图。D 字形圆环由圆柱与椭圆环相交组成。圆柱半径 425cm，椭圆环大半径 510cm，椭圆截面长半轴 289cm，短半轴 224cm。D 字形圆环的中心到中心螺线管的距离 580cm，短半径 155cm，长半径 289cm，等离子体拉长比为 1.86，等离子体体积为 523m³，第一壁表面积为 528m²。磁体系统、诊断系统等对包层中子学性能没有影响，在建模中没有考虑。

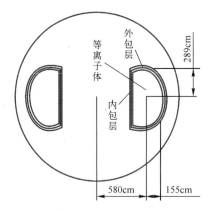

图 4-5　D 字形圆环模型

将包层靠近中心螺线管的部分称为内包层，而远离的部分称为外包层。从等离子体向外看，整个包层可分为第一壁、裂变区、产氚区、屏蔽层。建立了次临界能源堆包层概念模型,如表 4-1 所列。该模型中裂变区燃料共有 6 层,每层中 U-Zr 合金与水间隔布置,中间用锆隔开,燃料厚度为 11cm;产氚区共有 2 层,每层含 6cm 厚的 Li_4SiO_4。

表 4-1 包层概念模型

分区	第一壁	裂变区			产氚区	屏蔽层
成分	Fe	U-Zr/Zr/H_2O/Zr	U-Zr/Zr/H_2O/Zr	U-Zr	Li_4SiO_4/Zr/H_2O/Zr/ Li_4SiO_4/Zr/H_2O	Fe
厚度/cm	1	1/0.1/1/0.1	2/0.1/1/0.1 (4层)	2	6/0.5/10/0.5/6/0.5/5	15

4.3.3 包层材料的选取原则

4.3.3.1 第一壁和偏滤器

第一壁和偏滤器由面向等离子体材料(俗称"铠甲")和结构材料构成。面向等离子体材料的候选对象有铍、钨等。通常是将一薄层"铠甲"覆盖在结构材料上,保证第一壁结构材料在离子和热流(尤其是事故情况下)冲击下的完整性。铍的中子学性能优于钨,常选作第一壁的"铠甲",本研究中取其厚度为 0.3cm。钨的熔点高,常用作偏滤器铠甲和靶板材料,本研究中钨用于偏滤器铠甲,厚度为 0.4cm。

第一壁结构材料候选对象有奥氏体不锈钢、低活性铁素体/马氏体钢(RAFM)、钒合金、SiC/SiC 复合材料等。本研究中选择 HT-9 钢,其详细成分为 Fe-8Cr-0.1C-0.4Mn-0.2V-1.0W。偏滤器的结构材料选为铌合金,成分为 Nb-5V-1.25Zr,主要考虑其承受高表面热通量的能力。

4.3.3.2 裂变区

裂变区的燃料优先选用天然铀,经过一次换料后,也可以将贫化铀和能源堆产生的乏燃料相掺混获得和天然铀燃料相近的中子学性能。表 4-2 给出了几种核燃料的物理性质。从中子学的角度来看,金属型铀燃料有其独特优势:首先,重原子密度高,有利于快中子的倍增;其次,金属铀的传热性能好,燃料可以做成较大块,利用较少的冷却剂就可以将产生的热量带走。燃料较大时,可以相应减少包壳和结构材料用量,进而减少对中子的吸收。

表 4-2 几种核燃料的物理性质[53]

物理性质	核燃料				
	U	U-10Zr	UO_2	UN	UC
室温密度/(g/cm^3)	19.0	15.9	10.96	14.32	13.61
铀原子密度/(g/cm^3)	19.0	14.3	9.65	13.52	12.96
比焓/(kJ/(kg·K))	83.5 (600℃)	95.0 (600℃)	92.6 (1500℃)	74.96 (1500℃)	97.3 (1500℃)
热导率/(W/(m·K))	40.6	30.5	3	20	22

金属铀的缺点也很明显[52],它在较深燃耗下的辐照稳定性和在较高温度水中的耐腐蚀性差。尽管如此,由于金属燃料本身的优势,不断有人探索通过合金化的方式弥补上

述缺点。阿贡实验室一直致力于 U-Pu-Zr 三元合金的研究,在 EBR-Ⅱ快堆上对 U-Pu-Zr 燃料棒进行了长期试验,燃耗深度达到了 18.4%(原子分数)[54]。次临界能源堆由于燃料装量大,每年的燃耗深度只有同功率压水堆的 1/10~1/5,五年的平均燃耗低于 1%,考虑到功率分布不均,最大燃耗也只有 2%~3% 左右。这种燃料依靠国内现有的基础是可以开发成功的。除了 U-Pu-Zr 合金,U-Mo 合金也能达到 2%~3% 的燃耗。Mo 的热中子吸收截面比 Zr 大,一般不在热中子反应堆中使用。次临界能源堆有一部分中子被慢化到了热能区,不宜采用 U-Mo 合金。本研究选用天然铀的 U-10Zr 合金,密度取 13.5g/cm³,为理论密度的 85%,以此来模拟燃料元件内部容纳裂变产物的空隙对中子学的影响。燃料可以用粉末冶金法加工,释放的裂变气体将存储在原子间的晶格内。

　　燃料包壳的选择考虑了 Zr-4 合金(成分为 Zr 97.91%,Sn 1.59%,Fe 0.5%)和 Zr-2.5Nb 两种,二者的中子学性能相当。考虑到力学性能,可以优先选择 Zr-2.5Nb。

4.3.3.3　冷却剂

　　次临界能源堆包层采用轻水作冷却剂。轻水在压水堆和沸水堆中得到了广泛的应用,具有良好的工业应用基础。水中的氢原子质量和中子相当,和中子碰撞的平均对数能降最大,水的慢化能力在常用冷却剂中也最强。图 4-6 给出了氢的弹性散射截面图。

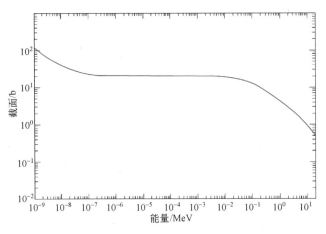

图 4-6　氢的弹性散射截面

　　由图 4-6 可见,高能区氢的散射截面小,而裂变能区及低能区散射截面大。水冷包层设计借鉴了快热中子耦合[55] 的设计思想。适量的轻水对聚变中子的行为影响小,可以发挥高能中子裂变效率高的优点;同时还能把 2MeV 以下的中子迅速慢化至热能,发挥易裂变核素热能区裂变截面大的特点。在合适的铀水体积比下,可以使易裂变核素的产生率大于消耗率,为 ²³⁸U 的持续利用带来了可能。采用水作为冷却剂的包层方案还有过渡到超临界水冷包层的潜力。未来可以根据超临界水堆的发展情况决定是否在能源堆中利用超临界水以获得更高的发电效率。

　　表 4-3 比较了采用不同冷却剂时的计算结果。显然水冷包层 M 最大,其 TBR 较小但基本能满足氚自持的需要。

表 4-3　U-10Zr 合金燃料和不同冷却剂组合的比较(燃料和冷却剂体积比为 2∶1)

冷却剂	密度/(g/cm³)	k_{eff}	TBR	M	F	B	F_{net}	F/B
氦气	0.014	0.2664	1.427	6.28	0.714	0.058	0.656	12.3
钠	0.97	0.2676	1.448	6.23	0.887	0.068	0.819	13.0
重水	0.6	0.2616	1.124	6.15	1.239	0.104	1.135	11.9
超临界水	0.3	0.3694	1.192	8.32	1.398	0.291	1.107	4.80
水	0.6	0.4973	1.134	11.9	1.773	0.653	1.12	2.72

4.3.3.4　燃料和冷却剂的综合考虑

选择 U-Zr 合金、水冷方案首先考虑的是其优良的中子学性能。除此之外,还有几点需要加以强调。

(1) 考虑到 ITER 等离子体表面积达 680m²,燃料区厚度为 10cm 时燃料区的体积就有 68m³,裂变燃料装量在几百吨的量级。显然,从燃料的易获得性来看,用天然铀、贫化铀、压水堆乏燃料都是可行的。但以嬗变或高能量放大倍数为主要目的,装入大量超铀元素的设计思路,则面临燃料供应的难题。

(2) 我们希望借鉴成熟的压水堆水冷技术,但由于 MCF 为椭圆环形,传统的整体压力容器设计无法实现。如果采用多个小模块的柱状小压力容器串联,则燃料对包层的覆盖率太低,无法做到较高的能量放大。我们提出水在管内流动,燃料在管外的冷却方式。这种情况下燃料采用 U-Zr 合金也是比较合适的,因为其导热能力较好。U-Zr 合金可以采用粉末冶金法铸造成型,水管穿插其中形成一个大的燃料模块(区别于传统的燃料组件)。

(3) 由于裂变燃料装量较大,后处理的经济性非常重要。目前比较成熟的是湿法后处理,涉及裂变产物的分离,铀和钚的分离。湿法后处理的燃料成本是"一次通过"式的 3~5 倍。显然,次临界能源堆频繁采用昂贵湿法后处理是不可接受的。U-Zr 合金燃料的后处理可以采用简便干法,加热源采用乏燃料的衰变余热即可。为了提高中子学性能,可以每隔几十年采用一次简便湿法。简便湿法只需去除裂变产物,无需铀钚分离,较传统的湿法更简单。

综上所述,从燃料易获得性、包层中子学、传热、结构设计、后处理的难易程度等方面定性来看,采用 U-Zr 合金水冷方案都有独特优势。

4.3.3.5　氚增殖剂

本研究参考核工业西南物理研究院设计的 ITER 氦冷氚增殖模块[56],采用 Li_4SiO_4 为氚增殖剂,产生的氚用高压氦气吹出。锂中 ^6Li 的质量百分数为 90%。Li_4SiO_4 被制成小球状,取 Li_4SiO_4 小球的体积填充率为 0.6,等效密度为 1.34g/cm³。为了减少 Li_4SiO_4 的用量,可在氚增殖剂中布置水作为慢化剂。考虑到氚的载带温度较高,水管表面可以增加一层热绝缘材料,使氚增殖剂保持较高温度。

4.3.3.6　屏蔽层

屏蔽层结构材料采用 Fe。分析穿过屏蔽区前表面的中子能谱可以发现,穿过该表面的中子主要集中在能量较高的裂变能区。每个源中子产生的次级中子链中约有 10^{-2} 个中子穿过屏蔽区前表面。把屏蔽区按照铁和水间隔的方式来布置,可以充分慢化高能量的中子,并利用铁的(n,γ)反应将其有效吸收,从而把中子泄漏率控制在10^{-4}量级。将屏蔽区的部分水层用B_4C来代替,可以把中子泄漏率降至约5×10^{-5}水平。

4.3.3.7　包覆层和分隔层

这里把包层燃料模块边界处的覆盖材料(如模块侧面的材料)统称为包覆材料。为缓解堆芯熔化等极端事故的后果,需要采用钨、钼等耐高温、传热好的材料包覆包层模块。但钨、钼对热中子吸收截面较大,不宜布置在能谱较软的区域。另一种较好的选择是采用碳化硅作为包覆材料,既耐高温又对中子学影响甚微。计算表明,将钨放在裂变区后方影响较大,因为该区域中子通量水平较高;钨放在产氚区后面则影响较小,因为此时漏出产氚区的中子已经很少。

同样道理,燃料区和产氚区,以及产氚区和屏蔽区之间都需要用分隔材料隔开,防止事故情况下各区之间的相互影响。采用锆合金、碳化硅或石墨等做分隔材料对中子学有利。

4.3.4　燃料区厚度对中子学性能的影响

以表 4-1 的概念模型为基础,确定了 3 个典型的包层模型,分别记为模型 A、B、C,燃料区内对应的燃料层数分别为 4、5、6,模型 C 就是前面的概念模型。燃耗计算中,假定包层热功率在整个运行周期内保持为 3000MW,这可以通过调节中子源强度实现。模型 A、B、C 的有效增殖因子 k_{eff}、氚增殖比 TBR、能量放大倍数 M 在 5 年内的变化情况如图 4-7 所示。随着燃料区厚度的增加,寿命周期初 M 增加,TBR 减少。在满足 TBR 的前提下,选择最大的 M 值有利于降低聚变功率。这 3 个模型都处于深度次临界,随着燃耗增加各项指标均缓慢上升。以模型 C 为例:k_{eff} 从 0.491 增加到 0.574,TBR 从 1.125 增加到 1.246,M 从 11.76 增加到 14.85。中子学性能改善的原因是易裂变材料的产生量大于消耗量。以模型 C 为例,易裂变核素含量在寿命周期初为^{235}U:7.14‰;5 年后变为^{235}U:4.77‰、^{239}Pu:7.92‰、^{241}Pu:0.39‰。由此可见,^{235}U 在消耗的同时,有更多的^{238}U 转换成了^{239}Pu,系统反应性有所增加,因此中子学性能逐步改善。

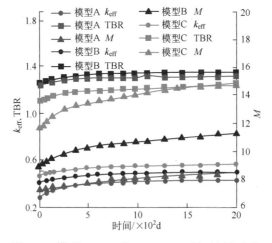

图 4-7　模型 A、B、C 的 k_{eff}、TBR、M 随时间的变化

4.3.5　铀水体积比的影响

4.3.5.1　定态分析

燃料区铀和水的体积比(铀水体积比)是一个非常重要的设计参数。表 4-4 给出了 5 种铀水体积比时燃料区各能区中子通量所占的百分比,表中铀水体积比从 3:1 变化到 1:2。显然,随着铀水体积比的减小,1eV 以下中子份额逐渐增加,而 0.1~1MeV 范围内的中子份额逐渐减少,1MeV 以上中子份额相差不多。这说明适量的轻水对高能中子影响小,并能使部分中低能中子迅速慢化至热能区。高能区中子经济性好,而热能区有利于易裂变核的裂变。采用合适的铀水体积比设计,可以调节中子能谱,充分发挥不同能量中子的优势。

表 4-4　不同铀水体积比时燃料区各能区中子通量所占的百分比

能量/MeV	铀水体积比				
	3:1	2:1	1:1	2:3	1:2
$10^{-9} \sim 10^{-6}$	3.2773%	6.0263%	13.6312%	19.4113%	23.7188%
$10^{-6} \sim 10^{-1}$	37.9063%	37.8363%	34.8263%	31.6381%	28.9086%
$10^{-1} \sim 1$	39.0348%	35.3457%	29.616%	26.6898%	24.8761%
$1 \sim 5$	13.6817%	14.6782%	16.4077%	17.2138%	17.6215%
$5 \sim 20$	6.1%	6.0907%	5.5183%	5.0468%	4.8749%

如表 4-5 所列,铀水体积比的变化对中子学性能有决定性的影响。随着铀水体积比的减小,M 逐渐增大,但 TBR 和 F/B 逐渐减小。如果考虑 85% 的包层覆盖率,则铀水体积比 2:1 基本能满足 4.3.1 节中的前 3 个约束条件。当铀水体积比大于 2:1 时,TBR 变大,但传热比较困难;当铀水体积比小于 2:1 时,M 增大,但寿命周期初无法满足氚自持。

表 4-5　铀水体积比对中子学性能的影响

铀水体积比	M	TBR	F	B	F_{net}	F/B
3:1	9.47	1.20	1.546	0.407	1.139	3.79
2:1	11.9	1.14	1.773	0.653	1.12	2.72
2:1.167	13.22	1.105	1.92	0.813	1.107	2.36
2:1.333	14.53	1.073	2.02	0.949	1.071	2.13
1:1	19.2	0.98	2.394	1.454	0.94	1.64
1:2	28.04	0.75	3.003	2.642	0.361	1.13

4.3.5.2　燃耗行为分析

首先计算了铀水体积比为 2:1 时系统长达 200 年的燃耗行为。输运计算考虑了 51 种锕系核素,164 种主要裂变产物和 96 种其他核素。燃耗计算考虑了 ORIGEN-S 数据库中所有 1697 种核素,共划分了 186 个燃耗步长,为节省计算时间,30 年以后的燃耗步长适当放宽。

图 4-8 给出了铀水比为 2:1 时,系统 k_{eff}、TBR 和 M 随时间的变化。这些量前 50 年均缓慢增长,50 年~200 年开始缓慢减少,到 120 年 TBR 降为 1.18。从氚自持的角度看,该系统可维持 120 年左右。

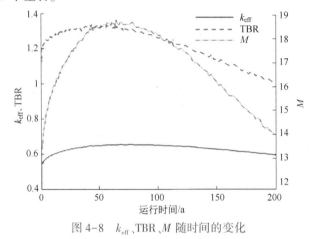

图 4-8 k_{eff}、TBR、M 随时间的变化

图 4-9 给出了几种重要锕系核素在重金属中的含量(kg/t HM)随时间的变化。大致来看,系统在 100 年之前为易裂变燃料增殖期;100~200 年间为平衡燃烧期;可以预计 200 年后将逐渐进入易裂变燃料消耗期。

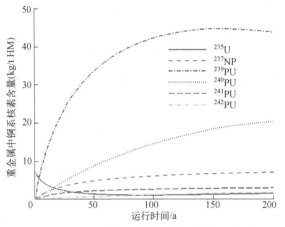

图 4-9 重金属中锕系核素含量随时间的变化

随着核素成分的变化,F/B 也在变化。由图 4-10 可见,F/B 在初始阶段下降得非常快。这说明,如果混合堆以增殖核燃料为主要目的,换料必须非常频繁(几个月至一年的水平),从而把 F/B 维持在比较高的水平。次临界能源堆只要求整个寿命周期内 F/B 大于 1,这样可以延长换料周期,减少后处理次数。

为便于比较,还计算了其他铀水体积比时的燃耗情况。铀水体积比为 2:1.167 时,M 在 12.68~17.73 间变化。这种情况下,寿命周期初 TBR 为 1.105,1 年后上升到 1.174,5 年上升到最大值 1.20,30 年后仍能保持在 1.19。也就是说,虽然寿命周期初 TBR 较小,但 30 年内可以保证氚自持。铀水体积比为 2:1.333 时,M 在 13.79~18.26 之间变化,而 TBR 只能保持前 5 年内的平均值大于 1.15。进一步减少铀水体积比,虽然 M 有所增加,但 TBR 始终太小,无法满足氚自持。

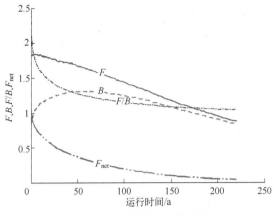

图 4-10　增殖性能随时间的变化

　　实际上由于材料方面的原因,系统运行一段时间后必须进行换料。乏燃料重新加工、去除部分裂变产物后可循环利用。后处理后,燃料的中子学性能会得到改善。因此可以将上述连续运行特性当作系统长时间燃耗行为的最不利情况。

4.3.6　使用乏燃料的情况

　　压水堆乏燃料中易裂变核素含量是天然铀的两倍多。因此,采用乏燃料时设计余量会更大。下面将概念模型中的天然铀用压水堆乏燃料代替,研究铀水体积比的影响。

　　表 4-6 给出了几个不同时刻 M 等随铀水体积比的变化。当铀水体积比为 2∶1 时,$F/B>1$,系统可维持 150 年左右,$M=16.4\sim18.7$。当铀水体积比为 1∶1 时,F/B 约为 1,系统可以维持 5 年以上,$M=29.3\sim41.7$。当铀水体积比为 2∶3 时,$F/B<1$,$M=51.8\sim166$,系统也可以维持 5 年以上,但寿命周期初 M 和 TBR 波动很大。这种情况可看作是聚变中子源驱动了一个热堆,聚变功率显著降低,但不能实现铀的循环利用。

表 4-6　采用压水堆乏燃料时铀水体积比对中子学性能的影响

铀水体积比	时间	M	TBR	k_{eff}	F	B	F_{net}	F/B	易裂变核浓度/%
2∶1	0d	16.6	1.33	0.608	2.11	1.23	0.88	1.72	1.54
	5d	16.4	1.32	0.598	2.08	1.20	0.88	1.73	1.54
	5a	16.8	1.32	0.607	1.95	1.24	0.71	1.57	1.95
	30a	18.7	1.34	0.635	1.78	1.34	0.44	1.33	3.19
	150a	16.87	1.19	0.635	1.24	1.14	0.1	1.08	4.81
1∶1	0d	41.7	1.57	0.820	3.99	3.91	0.08	1.02	1.54
	5d	38.9	1.48	0.810	3.74	3.61	0.13	1.04	1.54
	5a	29.3	1.15	0.760	2.86	2.69	0.15	1.06	1.55
2∶3	0d	166.1	4.02	0.954	12.9	17.1	−4.2	0.755	1.54
	5d	119.4	2.93	0.938	9.34	12.2	−2.86	0.767	1.54
	5a	51.8	1.31	0.858	4.15	4.84	−0.69	0.857	1.34

考虑到压水堆乏燃料可以给快堆供料,且把氧化物燃料加工为合金燃料比较麻烦,因此,次临界能源堆应该优先以天然铀为燃料。经过 5 年的辐照,次临界能源堆乏燃料的性能将优于压水堆乏燃料。首炉循环之后,可以专门考虑能源堆乏燃料的利用。铀水体积比选 2∶1 时,燃料元件设计兼容性较好;选 1∶1 时,易裂变燃料增殖能力稍弱,但 M 更大。这两种设计都可循环利用铀资源,具体选择还有待结合工程实际深入探讨。

参考文献

[1] 中国工程院"我国核能发展的再研究"项目组. 我国核能发展的再研究[M]. 北京:清华大学出版社,2015.

[2] 连培生. 原子能工业[M]. 北京:原子能出版社,2002.

[3] MASAKAZU I. A next generation soduim cooled fast reactor concept and its R&D programe[J]. Nuclear Engineering and Technology,2007,39(3):171-186.

[4] OECD NEA. A Technology Roadmap Update for Generation IV Nuclear Energy Systems[R/OL]. [2017-04-10]. https://www.gen-4.org/gif/upload/docs/application/pdf/2014-03/gif-tru2014.pdf.

[5] OECD NEA. 2015 GIF Annual Report[R/OL]. [2017-04-10]. https://www.gen-4.org/gif/jcms/c_84833/gif-2015-annual-report-final-e-book-v2-sept2016.

[6] US GEOLOGICAL SURVEY. Mineral Commdity Summaries[R/OL]. [2017-04-10]. https://minerals.usgs.gov/minerals/pubs/mcs/2008/mcs2008.pdf.

[7] SHIMADAL M,CAMPBELL D J,MUKHOVATOV V,et al. Progress in the ITER physics basis,overivw and summary[J]. Nuclear. Fusion,2007,47(6):S1-S17.

[8] BALUC N,ABE K,BOUTARD J L,et al. Status of R&D activities on materials for fusion power reactors[J]. Nuclear Fusion,2007,47(10):S696-S717.

[9] STOLZ C J,LATKOWSKI J T,SCHAFFERS K I. Next generation laser optics for a hybrid fusion-fission power plant[R]. Livermore:LLNL,2009.

[10] JASSBY D L,BERWALD D H,GARNER J. Fast-Fission tokamak Breeder Reactors[J]. Journal of Fusion Energy,1986,5(3):171-180.

[11] LEE J D,MOIR R W. Fission-suppressed blankets for fissile fuel breeding fusion reactors[J],Journal of Fusion Energy,1981,1(3):299-303.

[12] 冯开明,黄锦华,盛光昭. 托克马克商用混合堆堆内燃料循环优化设计[J]. 核科学与工程,1995,15(2):149-157.

[13] MOIR R W. Feasibility study of a magnetic fusion production reactor[J]. Journal of Fusion Energy,1986,5(4):257-269.

[14] 刘成安. 聚变裂变混合堆快裂变包层与抑制裂变包层的比较[J]. 计算物理,1993,10(1):20-24.

[15] 李寿枬. 我国核能发展中各种堆型的优化组合及混合堆的地位[J]. 核科学与工程,1990,10(4):314-328.

[16] AMHERD NOEL. A summary of EPRI's fusion-fission hybrid evaluation activities[J]. Journal of Fusion Energy,1982,2(4-5):369-373.

[17] MOIR R W. Status report on the fusion breeder[R],California:UCRL,1980.

[18] MOIR R W. The fusion breeder[J]. Journal of Fusion Energy,1982,2(4):351-367.

[19] BEHTE H A. The fusion hybrid[J]. Physics Today,1979,32(5):44-51.

[20] 黄锦华,盛光昭. 核工业西南物理研究院的聚变堆设计研究工作[J]. 核聚变与等离子体物理,1997,17(1):6-13.

[21] WU Y . Progress in fusion-driven hybrid system studies in China[J]. Fusion Engineering and Design,2002,63-64

(02):73-80.

[22] 黄锦华,盛光昭,施汉文,等. 托卡马克工程试验混合堆概念设计[J]. 核聚变与等离子体物理,1990,10(4): 193-208.

[23] 刘成安,刘忠兴. 惯性约束聚变裂变混合堆及其包层中子学设计[J]. 计算物理,1994,11(3):308-305.

[24] 魏仁杰. 球床包层聚变裂变混合堆热工安全分析[J]. 核动力工程,1998,19(4):289-292.

[25] 核工业西南物理研究院和中国科学院等离子体物理研究所联合设计组. 中国实验混合堆详细概念设计总报告[R]. 成都:核工业西南物理研究院,1996.

[26] 黄锦华,邓柏权,李贵清,等. 磁镜聚变增殖堆概念设计[J]. 核科学与工程,1987,7(2):164-173.

[27] 吴宜灿,邱励俭. 聚变中子源驱动的次临界清洁核能系统-聚变能技术的早期应用途径[J]. 核技术,2000,23 (8):519-525.

[28] 陈义学,吴宜灿. 次监界聚变嬗变堆高性能双冷包层中子学概念设计研究[J]. 核科学与工程 1999,19(3), 215-220.

[29] 吴宜灿,邱励俭,等. 长寿命放射性废物在聚变裂变混合堆中燃烧处置的技术可行性研究[R]. 中国核科技报告,北京:原子能出版社,1993.

[30] 卫珂,吴宏春,谢仲生. 聚变裂变混合堆嬗变包层中子学研究[J]. 西安交通大学学报,2002,36(11): 1147-1162.

[31] 肖炳甲,邱励俭. 混合堆作为一种新型洁净核能系统的概念研究[J]. 核科学与工程,1998,8(4):357-363.

[32] ADEM ACLR,MUSTAFA ÜBEYLI. Burning of reactor grade plutonium mixed with thorium in a hybrid reactor[J]. Journal of Fusion Energy,2007,26(3):293-298.

[33] CIPTTI B B,CLEARY V D,COOK J T,et al. Fusion transmutation of waste:design and analysis of the in-zinerator concept[J]. Office of Scientific & Technical Information Technical Reports,2006,12(3):381-385.

[34] STACEY W M,VÁN ROOIJEN W,BATES T,et al. A TRU-Zr metal-fuel sodium-cooled fast subcritical advanced burner reactor[J]. Nuclear Technology,2008,162(1):53-79.

[35] 郑善良,吴宜灿,高纯静,等. 聚变驱动次临界堆双冷嬗变包层中子学设计与分析[J]. 核科学与工程,2004,24 (2):164-170.

[36] IAEA. ADS-Benchmarking Results and Analysis[C]. TCM-Meeting. Spain:CIEMAT National Nuclear Research Centre,1997:521-528.

[37] 谢仲生,张少泓. 核反应堆物理理论与计算方法[M]. 西安:西安交通大学出版社,2000.

[38] Lung M,Gremm O. Perspectives of the thorium fuel cycle[J]. Nuclear Engineering and Design,1998,180(2): 133-146.

[39] BARRETT R J,HARDIE R W. Fusion-fission hybrid as an alternative to the fast breeder reactor[J]. Livermore: LLNL,1980.

[40] 师学明,张本爱. 输运与燃耗耦合程序 MCORGS 的开发[J]. 核动力工程,2010,31(3):1-4.

[41] 师学明. 聚变裂变混合能源堆包层中子学概念研究[D]. 北京:中国工程物理研究院研究生部,2010.

[42] JUDITH F. MCNP——A General Monte Carlo N-Particle Transport Code[R]. Livermore:LLNL,1997.

[43] HERMAN O W,WESTFALL R M. ORIGEN-S:scale system module to calculate fuel depletion,actinide transmutation,fission product buildup and decay,and associated radiation source terms[R]. Tennessee:ORNL,1998.

[44] 胡泽华,王佳,师学明,等. 任意温度下水中 H 的中子热散射律数据研制[J]. 核动力工程,2017,38(3): 34-37.

[45] DEHART M D. OECD/NEA burnup credit calculation criticality benchmark phase I-B Results[R]. Tennessee: ORNL,1996.

[46] KALUGIN M,SHKAROVSDY D,GEHIN J. A VVER-1000 LEU and MOX assembly computational benchmarks[R]. OECD:NEA,2002.

[47] SLESSAREV I,ISTIAKO A. IAEA ADS benchmark results and analysis[C]. IAEA Madrid:TCM,1999:451-482.

[48] 杨俊云,师学明,应阳君. 激光惯性约束聚变裂变混合能源包层中子学数值模拟[J]. 原子能科学技术,2015,

49(11):1961-1965.

[49] 师学明,杨俊云,刘成安. In-Zinerater 液态包层输运燃耗数值模拟[J]. 原子核物理评论,2014,31(2): 119-123.

[50] 师学明,彭先觉. 混合能源堆包层中子学初步概念设计[J]. 核动力工程,2010,31(4):5-8.

[51] 师学明,彭先觉. 次临界能源堆包层中子学概念研究[J]. 原子能科学技术,2013,33(增刊):20-25.

[52] 师学明,彭先觉. 铀水体积比对混合能源堆中子学性能的影响[J]. 核动力工程,2012,33(4):139-142.

[53] 李文垚. 核材料导论[M]. 北京:化学工业出版社,2007.

[54] 潘金生,范毓殿. 核材料物理基础[M]. 北京:化学工业出版社,2007.

[55] BARZILOV A P,et al. Coupled fast thermal spectrum sub-critical blacket for ADS[R]. Russia:Obninsk Russia State Scientific Center of the Russia FedeRation ,1995:3-11.

[56] 李增强,冯开明,张国书,等. 中国氦冷固态实验增殖模块产氚优化[J]. 科学技术与工程,2005,5(21): 1599-1603.

第5章　次临界能源堆包层概念研究

5.1　引　　言

自 2010 年起,中国工程物理研究院联合国内相关单位,在 ITER 专项的支持下,基于 ITER 几何构型与聚变参数开展了次临界能源堆包层概念研究。本章将第 4 章的一维 D 字形圆环模型的研究成果扩展到三维,通过结构设计、中子学、热工水力、安全分析等方面的研究,论证了次临界能源堆包层概念的科学可行性。为进一步完善概念研究,开展了部分与包层相关的中子学积分实验研究,燃料部件热工水力特性的实验研究,合金燃料材料样品制备、辐照、简便干法后处理等实验研究,初步显示了包层关键技术的工程可行性。

5.1.1　聚变堆芯参数要求

次临界能源堆几何构型和聚变参数参考 ITER[1],其具体要求为:聚变功率小于 500MW,包层内边界和 ITER 一致,第一壁聚变中子负载小于 0.57MW/m²,聚变能量增益 $Q \geqslant 5$。次临界能源堆包层是在 ITER 包层内边界的基础上搭建起来的,其厚度不超过 ITER 包层厚度(约 50cm)与真空壳厚度(34～75cm)之和。ITER 的基本设计参数见表 5-1。

表 5-1　ITER 的基本设计参数

峰值聚变功率/MW	500(700)	聚变能量增益(Q)	400s 感应电流驱动 $Q \geqslant 10$; 稳态非感应电流驱动 $Q \geqslant 5$
辅助加热和电流驱动功率/MW	73(110)	等离子体体积/m³	830
大半径/m	6.2	等离子体表面积/m²	680
小半径/m	2.0	拉长比	1.85

5.1.2　包层设计基本准则

考虑到中子学及各种工程约束条件,将包层的设计准则概括为:

(1) 燃料容易获得,可采用天然铀为裂变燃料;

(2) 易裂变燃料产生率大于消耗率,即易裂变燃料增殖比 $F/B > 1$;

(3) 能量倍增性能:寿命周期初能量放大倍数 $M = 5 \sim 10$,整个寿命周期平均能量放大倍数 $M > 10$;

(4) 氚自持:三维设计寿命周期初 TBR > 1.05,寿命周期平均值大于 1.15;

(5) 后处理尽量简化,不做铀和超铀元素分离;

（6）中子屏蔽性能满足工程约束；

（7）满足基本传热和安全要求；

（8）尽量结合工程实现来考虑方案设计。

5.1.3 整体结构

以等离子体腔为分界面,次临界能源堆包层包括内包层和外包层两部分。为了让包层便利地安装、拆卸和管道汇总,在总体结构上包层沿环向被设计成 36 瓣,在空间上呈 D 字形结构,如图 5-1 所示[2]。单瓣包层采用键、销和螺栓组合连接固定于双层真空壳上,从而使得包层在稳态运行工况下所受外力(重力、15.5MPa 系统压力和热应力)最后通过磁约束聚变装置重力支撑柱传递到地面。真空壳的内部设计了包层屏蔽结构,真空壳的外面放置有极向 PF1~PF6 和环向 TF1~TF2 电磁体。单瓣包层的各类功能管道总入口和总出口分别从 18 个下 Port 口和 18 个上 Port 口引入和导出。一个完整的次临界能源堆包层总体结构如图 5-2 所示。

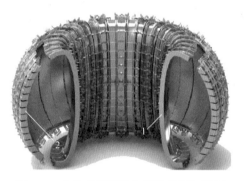

图 5-1　次临界能源堆包层结构剖切视图

1—内包层;2—外包层。

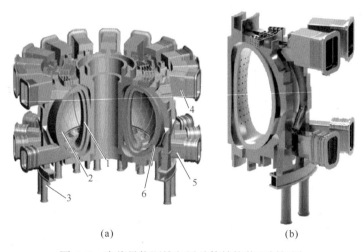

(a)　　　　　　　　　　　　　　(b)

图 5-2　次临界能源堆包层总体结构装配剖切图

（a）整体图;（b）局部图。

1—内包层;2—外包层;3—重力支撑柱;4—上 Port 口;5—下 Port 口;6—真空壳。

5.2　包层中子学

5.2.1　中子学三维模型

图 5-3 所示为包层中子学计算模型极向布置图[3]，该模型沿极向有 17 个屏蔽模块(编号 1~17)和 3 个偏滤器模块(编号 D1~D3)，这 20 个模块的顶点坐标与 ITER 包层内边界重合。为便于中子学模拟，将 D 字形圆环拉成同等周长的直柱，等效的环向周长为 38.94m，模块环向前后两端用厚度为 0.5cm 的钨覆盖。从直柱中切出 1/15 切片进行模拟。由图 5-4 所示燃料模块径向布置图可见，包层由第一壁、燃料区、产氚区、屏蔽区构成，包层总厚为 103.3cm，燃料装量为 750t。燃料区和产氚区都采用了栅元布置，燃料区采用了 5 层燃料栅元。图 5-5 所示为第一壁、燃料区和产氚区的径向局部放大图。

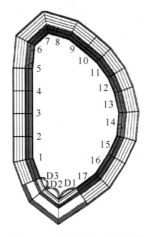

图 5-3　包层的极向布置图

第一壁　燃料区　　　　　产氚区　　　　　　　　　　　屏蔽区

图 5-4　燃料模块径向布置图

第一壁由厚度为 0.3cm 的面向等离子体材料 Be 和厚度为 2cm 的结构材料 HT-9 钢组成。Be 的密度取 $1.85g/cm^3$。结构材料中均匀布置半径为 0.38cm 的圆管，HT-9 钢与空管的体积比为 1:1。HT-9 钢的成分为 Fe-8.5Cr-1.5Mo，密度取 $7.8g/cm^3$。圆管内可充高压氦气来冷却第一壁，氦气压力为 8MPa，密度为 $8.5×10^{-3}g/cm^3$。

燃料区前方与后方均布置了 1cm 的应急冷却区，中间是燃料栅元区。应急冷却区结构材料为 Zr-2.5Nb，密度取 $6.44g/cm^3$，内置半径为 0.38cm 的应急水管，必要时可充应急水冷却堆芯。燃料栅元区厚 15cm，呈 3×3 正方形栅元布置。燃料栅元采用在燃料中

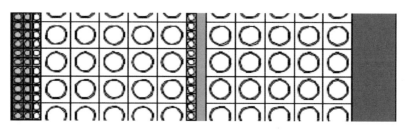

图5-5　第一壁、燃料区和产氚区径向局部放大图

布置水管的方式,水管采用 Zr-2.5Nb 合金,厚度 0.1cm,栅元固体部分和水的体积比 $R_V=2$。燃料采用天然铀的锆合金 U-10Zr,密度取 13.5g/cm³,为理论密度的 85%,以此模拟燃料元件内容纳裂变产物的空腔对中子学的影响。水的密度取 0.7g/cm³,对应 15.5MPa、310℃。

燃料区与产氚区中间布置了 1cm 厚的分隔层,材料为耐高温的石墨,密度取 2.0g/cm³。

产氚区厚 15cm,呈 3×3 正方形栅元布置。产氚栅元采用 Li₄SiO₄ 小球中布置水管的方式,水管采用 Zr-2.5Nb 合金,内半径 1.38cm,厚度 0.1cm;栅元固体部分和水的体积比 $R_V=1:2$。Li₄SiO₄ 的密度取 1.34g/cm³,等效填充率为 0.6,产生的氚可用高压氦气吹出。Li 中 ⁶Li 的质量百分数为 90%。

屏蔽区前后均是 6cm 厚的 HT-9 钢,中间是 56cm 的屏蔽栅元。栅元采取"水(3cm)、HT-9 钢(8cm)、水(3cm)"分层布置的形式。

偏滤器模块的第一壁由厚度为 0.4cm 的面向等离子体材料 W(密度为 19.3g/cm³)和厚度为 7cm 的结构材料 Nb-5V-1.25Zr(密度 8.57g/cm³)构成。之后是厚 10cm 的空腔、厚 15cm 的产氚区、厚 12cm 的空腔以及厚 20cm 的 HT-9 钢。

5.2.2　燃料管理策略

次临界能源堆包层燃料管理的基本原则是:尽可能延长换料周期,简化后处理、不分离铀和超铀元素;优先采用简便干法后处理,当简便干法后处理无法满足中子学要求时采用简便湿法后处理。简便干法后处理的基本设想是利用乏燃料余热将其加热到特定工作温度,将工作温度点以下的裂变产物元素全部挥发。简便湿法区别于传统湿法的主要特点是不做铀和超铀元素的分离。

5.2.2.1　计算条件

采用三维输运与燃耗耦合程序 MCORGS[4-5] 进行燃耗计算。中子学模型如图 5-3 和图 5-4 所示。该模型是比较复杂的,初始时刻输入文件中几何描述部分长达 1300 余行。为了方便研究,编写了一个辅助程序进行建模,充分利用了 MCNP 中几何变换和栅元构建的功能,采用参数化建模的思想,利用基准模块的几何和材料信息,自动产生其他模块的对应信息。燃耗计算过程中,核子数密度的更新和各种统计量的计算都是自动进行的,无需人工干预。

寿命周期初定态计算投入源粒子数为 40 万,通量、能量沉积及产氚的计算统计误差均小于 1%。燃耗计算考虑长达 600 年的燃耗,共计划分 1080 个燃耗步长。寿命周期初 TBR = 1.06,$M=9.14$,$F/B=2.27$,$F-B=0.78$。

考虑到长时间的燃耗计算主要反映计算趋势，为了节省时间，每步投入粒子数为8万，通量计算误差大体小于3%。

5.2.2.2　简便干法后处理工作温度的选择

沸点低于1700K的元素包括 Kr、Xe、Br、I、As、Cs、Se、Rb、Cd、Te、Yb、Sr 等12种。沸点在1700~2100K之间的元素有 Sb、Eu、Sm，其中 Eu 和 Sm 是强中子吸收元素。沸点在2100~2500K之间的元素包括 Ba、Tm、Ag、In、Ga，其中 Ag 和 In 是强中子吸收元素。沸点在2500~3600K之间的元素包括 Dy、Cu、Sn、Ho、Ge、Er、Zn、Pd、Nd、Tb、Gd 等11种元素，其中 Gd 为强中子吸收元素。沸点在3600K以上的元素包括 Y、Lu、Ce、La、Pr、Pm、Rh、Ru、Tc、Zr、Hf、Mo、Nb、Ta 等14种难熔元素。考虑到 Am 和 Pu 的沸点分别为2880K和3503K，如果采用3600K的简便干法，则在挥发裂变产物的同时会导致 Am 和 Pu 的挥发。另外，很难找到能长期在3600K的高温下工作的容器材料。采用石墨（熔点4100K）或者钨（熔点3680K）是可能的，但热工裕量较小。因此，3600K简便干法的可行性较差。

下面对1700K、2100K、2500K 3个温度点的简便干法对包层中子学性能的影响进行比较。计算中假定包层功率恒定为3000MW。每5年进行一次后处理，去除给定温度下对应的裂变产物元素，在处理后的乏燃料中加入5t贫化铀后重新入堆使用。计算中投入源粒子8万个，燃耗区分为85个子区，每5年划分9个步长，共计算50年的燃耗情况。

图5-6、图5-7分别给出了长期运行时，不同工作温度下简便干法后处理对应的 TBR 和 M 变化情况。采用2100K的简便干法后处理后，包层中子学性能相比采用1700K的简便干法后处理有了较大改善。50年内 TBR 平均值从1.08提高到1.13，M 平均值从11.5提高到12.5。若工作温度从2100K提高到2500K，则 M 和 TBR 的提升非常小。综上所述，建议采用2100K的简便干法。

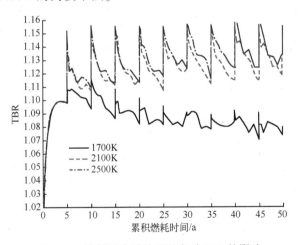

图5-6　简便干法后处理温度对 TBR 的影响

5.2.2.3　包层各区主要材料的中子辐照损伤计算

材料辐照损伤效应是决定换料周期的重要因素，这里假设中子能谱变化随时间的变化不大，利用寿命周期初的功率和中子能谱来计算1年内各区主要材料的原子移位次数（dpa）。

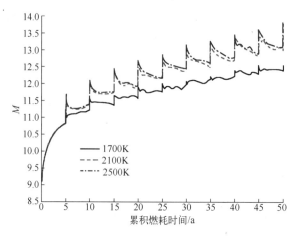

图 5-7　简便干法后处理温度对 M 的影响

1. 原子移位次数的评估模型

入射粒子与固体中的点阵原子发生撞击,传递反冲能量 T 给点阵原子。当点阵原子获得的反冲能量超过离位阈能 T_d,点阵原子就离开其原来位置,到达其他间隙位置,形成空位–间隙原子(Frenkel)缺陷对。这种由入射粒子直接撞击出的反冲原子称作初级离位原子(PKA),当它的能量远大于 T_d 许多倍时,将继续去冲击周围的原子,产生次级的反冲原子,它们又可以逐次碰撞下去,形成离位级联。离位阈能和离位级联过程可以采用分子动力学方法进行数值模拟。在碰撞级联中,产生的平均离位原子数目称为离位损伤函数 N_d,表示如下:

$$N_d(T) = \begin{cases} 0.8T/2T_d, & T > 2.5T_d \\ 1, & 2.5T_d > T > T_d \\ 0, & T_d > T \end{cases} \tag{5-1}$$

对于次临界能源堆,辐照损伤可以用 dpa 度量,即

$$\mathrm{dpa} = \int_{E_{min}}^{E_{max}} \int_{T_{min}}^{T_{max}} \int_0^t N_d(T)\sigma(E,T)\phi(E)\,\mathrm{d}E\mathrm{d}T\mathrm{d}t \tag{5-2}$$

2. 各区材料的原子移位次数

图 5-8 给出了面向等离子体材料 Be、第一壁材料 Fe、燃料区前排和后排应急水管材料中 Zr 的原子移位次数。从径向看,原子移位次数由大到小依次出现在:第一壁(Fe)、前排应急锆管、面向等离子体材料(Be)、后排应急锆管。从极向看,第 3 子区和第 15 子区的原子移位次数最大。Be、Fe、前排应急锆管、后排应急锆管每年发生的最大原子移位次数分别为 4.62dpa/a、10.99dpa/a、9.94dpa/a、3.01dpa/a。

另外,还分析了燃料区冷却剂通道锆管以及 ^{235}U 和 ^{238}U,产氚区 ^{6}Li、^{7}Li 及慢化剂通道锆管的原子移位次数。它们不对换料周期构成限制,此处不再展开论述。

第一壁 Fe、前排应急锆管、燃料区第一排锆管的辐照损伤最大值分别约为 11dpa/a、9.94dpa/a、8.97dpa/a。这 3 种材料的耐辐照损伤能力是决定包层换料周期的主要因素。按照目前的材料水平,不锈钢材料可承受约 50dpa 的辐照,纯聚变应用大概需要开发能承受

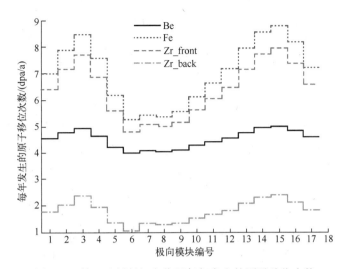

图 5-8　第一壁材料极向位置每年发生的原子移位次数

Be—面向等离子体材料；Fe—第一壁材料；Zr_front—前排应急水管材料；Zr_back—后排应急水管材料。

200dpa 的材料。假设近期可开发耐受 100dpa 的第一壁材料，则次临界能源堆的换料周期可达 10 年左右。如果未来耐辐照材料开发取得突破，则有望实现更长的换料周期。

5.2.2.4　简便干法和简便湿法结合的后处理策略

结合前面的研究，采用每 10 年 1 次 2100K 简便干法，每 60 年 1 次简便湿法的后处理策略。在简便湿法后处理中，去除所有裂变产物，但保留 ZR、SN、FE 3 种 U-10Zr 合金中含有的元素。共计算了 600 年的燃耗情况，设想 60 年寿命周期结束后，可将乏燃料继续送入其他次临界能源堆使用。图 5-9 给出了包层长期燃耗过程中 TBR 和 M 随累积燃耗时间的变化。第 1 个寿命周期内 TBR 的平均值约 1.15，M 的平均值约 12。第 2~9 个寿命周期内 TBR 的平均值约 1.35，M 的平均值约 18。

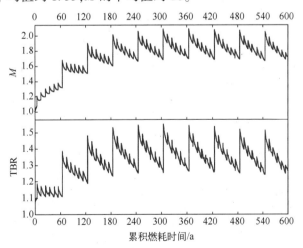

图 5-9　包层长期燃耗过程中 TBR 和 M 随累积燃耗时间的变化

5.2.2.5　同位素成分变化

图 5-10 给出了 Pu 同位素含量随累积燃耗时间的变化情况[5]。^{239}Pu 浓度大约在 300

年达到平衡值 53‰,之后基本保持恒定。^{240}Pu 浓度一直在增长,600 年时达到 32‰。^{241}Pu 在约 150 年接近平衡值 4‰,之后基本保持恒定。^{242}Pu 在约 500 年接近平衡值 3‰,之后保持恒定。

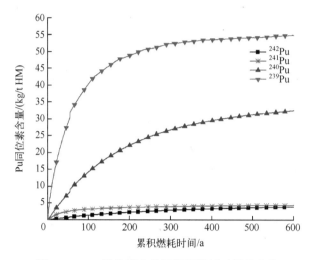

图 5-10 Pu 同位素含量随累积燃耗时间的变化

图 5-11 给出了主要次锕系核素(MA)含量随累积燃耗时间的变化情况。由图 5-11 可见,整个燃耗过程中 MA 的主要成分是 ^{237}Np、^{241}Am 和 ^{243}Am,它们的最大浓度分别达到 8.5‰、7.8‰和 2.0‰,其他 MA 核素的最大浓度均小于 1‰。

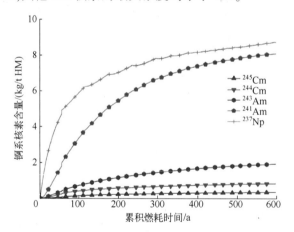

图 5-11 锕系核素含量随累积燃耗时间的变化

5.2.2.6 停堆和放射性余热计算

图 5-12 和图 5-13 给出了次临界能源堆运行 600 年后的乏燃料在自然衰变过程中的放射性和衰变余热随停堆时间的变化。这里的数据都是 1/15 切片的值,也就是说,要得到整个裂变区相应的值,要把图中数据放大 15 倍。停堆时刻裂变区总的放射性为 $1.67×10^{10}$Ci,约为同功率压水堆乏燃料放射性的 2/3。半年内裂变产物放射性占主导,之后数百万年时间内都是锕系核素占主导。停堆时刻裂变区总的停堆余热为 196MW,和同

等功率压水堆对应值相当。一个月内裂变产物的衰变余热占主导,之后数百万年都是锕系核素占主导。

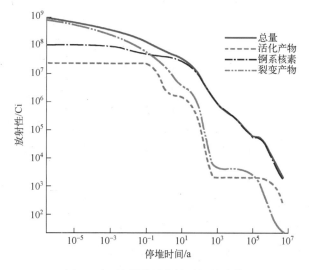

图 5-12　放射性随停堆时间的变化

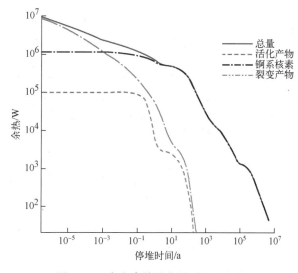

图 5-13　衰变余热随停堆时间的变化

5.2.2.7　次临界能源堆的燃料利用率

典型 1GW 压水堆 60 年寿命周期内的天然铀需求量约为 1 万 t,60 年内共产生约 1600t 乏燃料,燃料利用率为 0.6%。次临界能源堆 60 年寿命周期天然铀的需求量仅为 750t。如果只考虑 60 年时间,燃料利用率为 8%,约为压水堆的 13 倍。由于次临界能源堆良好的易裂变燃料增殖能力,经过反复的后处理,750t 燃料可以循环利用 600 年以上的时间。由于能源堆每次只需填加 5t 贫化铀,而低品位铀矿资源远高于高品位铀矿,加上长期以来核工业界积累了大量的贫化铀,因此铀资源的利用率可以提高 100 倍以上。

快堆虽然原则上也可以大幅提高铀资源的利用率,但是其发展规模将受制于压水堆发展规模以及快堆的燃料倍增时间。相比而言,能源堆则容易扩大规模。例如,1 万 t 天然铀可以启动 16 个能源堆。另外,能源堆的后处理比较简单,没有核扩散的风险。

5.2.2.8　包层屏蔽性能

托卡马克需要用超导线圈产生磁场,超导线圈要用液氦冷冻机冷却。在目前的技术条件下,冷冻机消耗的功率 P_C 是它从低温线圈排出的功率 P_L 的 500 倍。为保持 P_C 小于电站输出功率的 3%(记包层热功率为 P_{th},热电转换效率取 1/3),要求 $P_L<2\times10^{-5}P_{th}$。取包层热功率为 3000MW,则磁体允许的沉积功率上限为 60kW。另外,超导线圈在长期辐照下有失效的可能,它能承受的总中子注量上限为 $10^{22}n/m^2$。

计算得到每个外源中子泄漏出包层的次级中子数为 1.37×10^{-4}。由于建模中未考虑真空室及其外部的各个系统,这里给出的中子泄漏率实际上是偏高的,以此估计出的磁体沉积热和中子剂量都是偏向保守的。

计算中包层热功率恒定在 3000MW,由于 M 一直在增加,因此聚变功率是在逐渐下降的。为保守起见,取寿命周期初的聚变功率来估计。由 5.2.2.1 节可知,寿命周期初能量放大倍数为 9.14,据此得到聚变功率为 328MW,对应的聚变中子源强为 $0.93\times10^{20}n/s$。假设泄漏中子的能量和聚变中子能量相同(非常保守的假定),且全部沉积在磁体中,这样可以得到磁体沉积功率为 35.9kW,这也是偏保守的。

ITER 真空室的内表面积为 $939m^2$,径向平均厚度为 50cm,结构体积为 $639m^3$,由此估计真空室外表面积为 $1617m^2$,可以此作为磁体系统的内表面积。计算得出,经过 43 年的运行,磁体内的总中子注量可达到 $10^{22}/m^2$。实际上,穿出真空室的中子有相当大的概率从磁体之间的缝隙内穿过,不会对磁体造成损伤。因此,上述估计是非常保守的。

5.3　热工水力特性研究[6-7]

5.3.1　热工水力设计准则

在 3000MW 热功率的额定工况和瞬时超功率工况(考虑为额定功率的 118%)下,包层热工水力设计方案遵循以下准则:

(1)金属燃料部件最高温度低于其相变温度(617℃);

(2)结构材料温度低于其适用温度(550℃);

(3)铍材料的温度低于其许用温度(650℃);

(4)氚增殖剂温度低于其适用温度(900℃);

(5)冷却剂管道内壁不发生偏离泡核沸腾,MDNBR>1.5;

(6)所有冷却剂管的流量分配与期望值偏差小于 10%。

5.3.2　功率密度分布

内、外包层的功率特征参数归纳如表 5-2 所列,等离子体附加给第一壁的热负载按平均值 $0.15MW/m^2$ 考虑,次临界能源堆包层系统实际输出的热功率约 3100MW。由表 5-2 中数据可知,包层总功率的 95.2%在燃料区,4.1%在产氚区。

表 5-2　次临界能源堆包层功率特征参数[6]

参　数　项	内　包　层	外　包　层
总功率/MW	947.1	2052.9
第一壁热功率/MW	6.5	13.5
燃料区功率/MW	905.4	1951.3
产氚区功率/MW	35.3	88.1
燃料平均功率密度/(W/cm³)	36.64	40.05
燃料最大功率密度/(W/cm³)	75.73	59.00
径向峰值因子	1.31	1.34
极向峰值因子	1.64	1.13
第一壁面向等离子体面积/m²	221.4	441.9
第一壁平均热负载/(MW/cm²)	0.15	0.15
第一壁热负载/MW	33.2	66.3

　　为便于热工水力分析中输入功率密度分布源项,把中子学得到的功率分布进行多项式拟合,拟合的功率分布曲线 $Q(z)$ 及拟合相关系数 R_2 如图 5-14~图 5-16 所示。

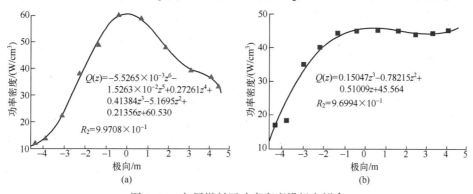

图 5-14　包层燃料区功率密度沿极向拟合
(a) 内包层燃料区;(b) 外包层燃料区。

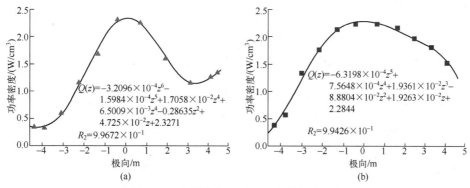

图 5-15　包层产氚区功率密度沿极向拟合
(a) 内包层产氚区;(b) 外包层产氚区。

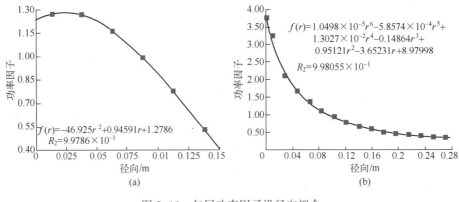

图 5-16　包层功率因子沿径向拟合
（a）燃料区；（b）产氚区。

5.3.3　回路系统总体方案

参考 PWR 一回路的参数,设计燃料区冷却剂名义压力为 15.5MPa,冷却剂入口温度为 280.7℃,出口温度为 323.3℃。次临界能源系统一回路的主要参数如表 5-3 所列[2]。

表 5-3　次临界能源系统一回路主要参数

热功率输出/MW	3000
燃料中产生的热量/%	96
冷却剂	轻水
系统压力/MPa	15.51
冷端温度/℃	280.7
热端温度/℃	323.3
平均密度/(kg/m³)	726.7
总流量/(kg/s)	12613.8

次临界能源堆包层热功率输出系统图如图 5-17 所示,除了聚变堆芯以内部分比较特殊之外,其余部分与成熟 PWR 的回路系统基本相同。

5.3.4　计算工具简介

热工水力设计采用 CFD 程序 FLUENT,采用 W-3 公式计算临界热流密度。物理热工耦合分析采用自主开发的两套耦合系统:MCNP/FLUENT 系统及 FEMND/FEMTHA。

5.3.5　第一壁冷却

第一壁内设置了独立的冷却系统,并与产氚区冷却系统并联。第一壁厚度为 2.0cm,内部设置有宽 10mm、长 12mm 的矩形冷却剂孔道,冷却剂孔道采用横向(环向)布置,主要是便于与产氚区冷却系统连接,共用外部管路系统。第一壁附近的纵切面结构如图 5-18 所示。

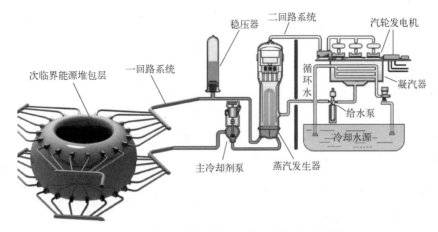

图 5-17　次临界能源堆包层热功率输出系统图

图 5-18　优化设计第一壁结构图

正常工况下,第一壁的最高温度不超过 614K。第一壁特征位置点(前后表面距离冷却管最远点)的温度沿极向的分布如图 5-19 所示。第一壁背面由于毗邻燃料区,同时距离冷却剂管道较远,因而温度值比前表面更高,但此时材料内的横向导热增强,因此温度分布沿极向的变化幅度减小。

在第一壁最大瞬时热负载为 $0.30MW/m^2(10s)$ 的条件下,第一壁前表面温度较正常工况升高幅度约为 34℃,达到 648K,但很快恢复到冲击前的水平。

在等离子体大破裂的极端事故工况下,会在事故起始的 1ms 内在第一壁表面产生 $330MW/m^2$ 的热流密度,在等离子体熄灭过程的后续 40ms 中,也会累积产生平均 $10.8MW/m^2$ 的热流密度。此种情况下第一壁表面的温度迅速升高,如果材料不发生熔化,最高温度将达到 1640K,并且由于热传导过程相对较慢,瞬态热流的影响主要集中在表面附近,有约 $40\mu m$ 厚的区域温度超过 1200K。如果在第一壁前面增加一薄层 Be,可利用 Be 的气化潜热效应来保护第一壁。

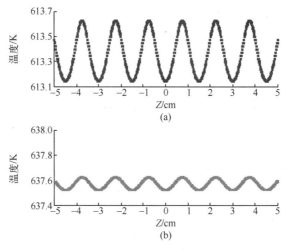

图 5-19　第一壁温度沿极向分布

（a）第一壁前表面；（b）第一壁后表面拐角。

5.3.6　燃料区热工水力特性

冷却剂从包层底部的总入口管道进入,采用底部配水管从下向上流动,流过嵌入在燃料模块之间的冷却剂管道。该方案较为适合包层的特殊结构,具有较大的热工安全裕量和较好的流阻特性,并能适应组件的安装和换料。由于离心力的作用,外包层管道内的冷却剂的流速、压力的高值均偏向于圆弧的外法向(离心侧),如图 5-20 所示。因而会导致圆弧管的内法向侧(向心侧)壁面上的流动扰动较小,对流换热减弱,而离心侧壁面的对流换热则会加强。

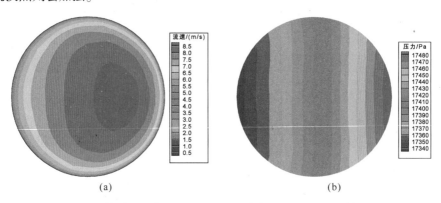

图 5-20　管道径向截面内流速和压力分布(相对于出口的静压力)

另外,由于外包层中的功率密度从向心侧(靠近等离子体)到离心侧(远离等离子体)逐渐降低,因而冷却剂管道侧壁的热流密度沿圆周切向分布不均匀,呈现出向心侧高而离心侧低的特点,如图 5-21(a)所示。这两种特性均对管道向心侧壁面的传热不利,其综合作用的结果就是管道壁面和流体温度分布的不均匀性被进一步加剧,如图 5-21(b)所示。

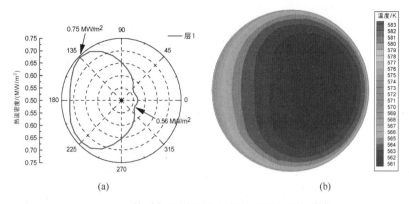

图 5-21　管道侧壁周向热流密度及径向温度分布

计算获得包层燃料区的最高温度出现在内包层的出口位置处,最高值约为 721K,低于金属铀相变温度(890K)。包层内的最大冷却剂流速为 7.69m/s,最大沿程摩擦压降为 155.9kPa。对燃料区顶部与底部的汇管结构的 CFD 计算表明,出入口局部压降最大值约为 42kPa,包层冷却剂从总入口到总出口的流动压降小于 200kPa。

5.3.7　产氚区热工水力特性

内、外包层产氚区最大平均功率密度均约为 $2.3W/cm^3$,根据径向功率分布因子,可确定产氚区中热工条件最恶劣位置的功率分布。由于产氚区采用小模块的结构设计,且冷却剂为横向流动,因而极向不同位置的热工性能相互关联性较小,可以通过二维或局部三维的传热计算获得产氚区的热工特性。计算显示:产氚区模块箱体结构材料的最高温度约为 307℃,而增殖剂最高温度约为 477℃,出现在径向第 2 排和第 3 排管道之间的层间对称面上;增殖剂主体部分最低温度约为 317℃,出现在最外侧的冷却管道附近。产氚区材料最高温度均满足设计要求。

5.3.8　包层物理热工水力耦合研究

采用 MCNP 和 FLUENT 程序进行物理热工水力耦合计算。MCNP 栅元与 FLUENT 网格采用固定匹配方式,采用 NJOY99 加工 ENDF/B-VII 库,生成温度间隔为 25K 的 ACE 格式截面用于直接调用。迭代计算时手动修改 MCNP 输入文件和 FLUENT 的 UDF 文件,以更新计算条件和数据。

采用 MCNP/FLUENT 及 FEMND/FEMTHA 两套系统开展了次临界包层的耦合分析,同时考虑燃料温度和冷却剂温度/密度的反馈影响。初始时刻冷却剂温度取 302℃(密度为 $0.7225g/cm^3$),燃料初始温度取 800K。随着迭代计算的进行,各区冷却剂温度和密度同步更新,各区燃料只更新温度,密度近似保持不变。M、TBR 和 F/B 的迭代收敛曲线如图 5-22 所示,冷却剂密度和平均功率密度如图 5-23 所示。计算表明,冷却剂采用平均温度下的密度时,可以给出与耦合计算相近的包层总体参数,两种方法得到的 M、TBR 和 F/B 相对偏差分别为 1.01%、-0.03% 和 -2.88%。耦合效应不明显的主要原因是:包层主要性能取决于中子源强度分布,关键部件的冷却剂温度接近平均值,且冷却剂体积份额较小。

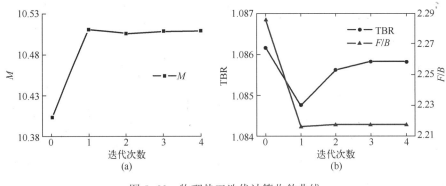

图 5-22　物理热工迭代计算收敛曲线

（a）M；（b）TBR 和 F/B。

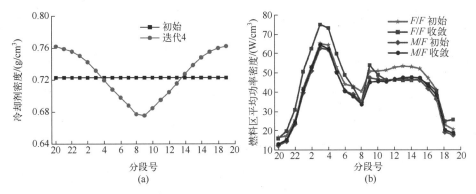

图 5-23　耦合分析前后包层各分段的冷却剂密度及燃料区平均功率密度比较

（a）冷却剂密度；（b）燃料区平均功率密度。

5.4　安　全　分　析

5.4.1　次临界能源堆安全特点

次临界能源堆的安全[8]特点体现在以下 6 个方面。

（1）次临界系统具有固有临界安全特性。次临界能源堆有效增殖因子在 0.6～0.8 之间，处于深度次临界状态。在堆芯熔融物聚集的极端假想情况下也无法达到临界，杜绝了临界安全风险。

（2）外中子源对次临界能源堆有重要影响。次临界能源堆可通过调整聚变功率维持包层功率输出稳定。由于聚变功率激增引起包层功率增加的可能性是存在的，需要专门考虑。只要外中子源存在，包层都将持续产生裂变。关掉中子源是将包层功率减小到衰变热水平的快速且有效方法。在工程设计中需要在包层功率与聚变源之间建立一种监测机制。

（3）合金燃料热导率高，但工作温度受限。U-10Zr 合金在 500℃ 下的热导率为 29.0W/（m·℃），是 UO$_2$ 热导率的 7 倍。但是，U-10Zr 在 617℃ 时会发生相变，故燃料的最高工作温度限定在 617℃。在事故下限定温度为 U-10Zr 合金的熔点 1233.8 ℃。燃料包壳采用锆包壳,为防止锆水反应激化,其最高温度不得超过 1204℃。

(4) 裂变区功率密度低,但功率分布变化较大。

(5) 采用冷却水管可能会在局部出现偏离泡核沸腾。

(6) 次临界能源堆停堆余热的导出需加以重视。可采用非能动式余热排出改善次临界能源堆安全特性。

5.4.2　次临界能源堆包层系统建模

5.4.2.1　一回路系统建模

一回路系统节点图如图 5-24 所示,包层建模只考虑了燃料区。冷却剂从堆芯入口 190B 进入包层,通过流量分配分别流过内、外包层,然后流入包层出口 160B 处汇总。内侧包层分为 5 个管型部件来描述径向五排燃料,它们分别是 102P、104P、106P、108P、

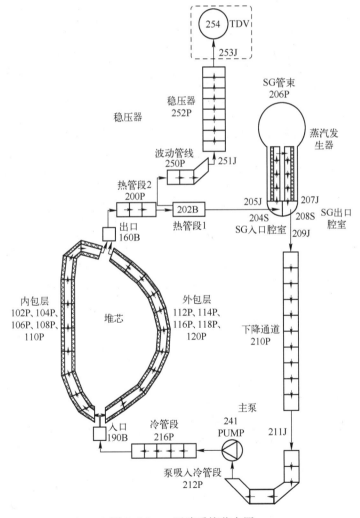

图 5-24　一回路系统节点图

110P,每个管型部件沿极向分为 10 个控制体,各控制体采用与物理模型中相同的长度和角度。外侧包层采用类似方法,5 个管型部件分别是 112P、114P、116P、118P、120P。热构件编号与水力学部件编号一致,极向均分为 10 个热构件,径向分为 8 个网格点来描述冷却水管和燃料。

冷却剂回路有 3 条并联的环路,图 5-24 中只列出一个环路。热管段包括 200P 和 202B 部件,分成两个部件是为了接入稳压器部分。蒸汽发生器为压水堆中常用的立式自然循环 U 形管蒸汽发生器,其位于一回路中的管束部分,包括 204S、205J、206P、207J 和 208S 部件。206P 表示数以千计的蒸汽发生器管束(SG tubes),这些管束集总为单一部件。204S 和 208S 分别是蒸汽发生器的入口腔室(inlet plenum)和出口腔室(outlet plenum)。210P 部件为下降通道,管部件 212P 表示泵吸入冷管段,214PUMP 为主泵,216P 部件为冷管段。主泵参数取自西屋 PWR,采用积分控制部件来控制泵的转速,特性曲线取西屋泵的内嵌数据。

稳压器部件连接在热管段 202B 的入口处,包括波动管线 250P、接管 251J 和 252P。253J 和 254TDV 节点用于模拟稳压器顶部边界条件(仅在稳态初始化时使用)。在瞬态计算时 253J 替换为 253Valve,它表示稳压器卸压阀(触发阀),高压设定值 17.0MPa,低压设定值 16.0MPa。若稳压器压力大于高压设定值,则卸压阀开启,若压力降至低压设定值以下时,则卸压阀关闭。

5.4.2.2　二回路系统建模

二回路系统建模主要针对蒸发器的二回路部分,建模参考了西屋公司 PWR 蒸发器部分。如图 5-25 所示,蒸发器管束外侧对应的沸腾段以及中间区域由 220P 部件描述,分离器为 224SE,分离出的蒸汽进入蒸汽室 228B,液相水则通过下降通道回流。234A、

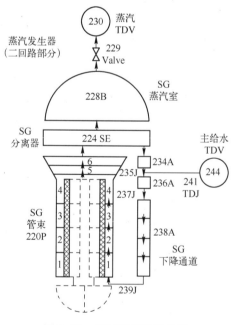

图 5-25　二回路系统节点图

236A 和 238A 组成了液相水的下降通道。蒸汽通过阀门 229Valve 连接到集汽联箱 220TDV。主给水(244TDV)在 236A 处进入蒸汽发生器二回路。沸腾段的热构件描述了蒸汽发生器管束两侧的热交换。

5.4.3 稳态工况验证

稳态验证主要是比较 RELAP5 模拟得到的参数和单通道模型计算的热工水力设计参数,以保证系统模型的正确性。

RELAP5 的计算结果见表 5-4。在 RELAP5 模型中,出口平均温度是指冷却剂在 160B 出口端的温度,热通道出口温度是指内外侧热通道顶端部件的冷却剂平均温度。平均通道和热通道冷却剂出口温度与设计值略有差异是因为定义位置略有不同造成的。出入口压力差有一定区别,这是因为设计中采用单通道直管模型,RELAP5 则根据实际内外 D 字形几何计算,重力压降要小于直管模型。MDNBR 差别是由于两者临界热流密度计算方法不同引起的,单通道方法中使用 W-3 公式,而 RELAP5 使用表查找方法。考虑这些因素可知,该系统模型是正确的,计算结果也是可靠的。

表 5-4 稳态工况 RELAP5 的计算结果及比较

参 数	单通道方法计算值	RELAP5 计算值
总功率/MW	3000	3000.02
冷却剂总流量/(kg/s)	11868	11868
环路 1 流量/(kg/s)	3956	3956
环路 2 流量/(kg/s)	3956	3956
环路 3 流量/(kg/s)	3956	3956
包层入口温度/℃	280	279.15
包层出口平均温度/℃	325.04(内侧),325.02(外侧)	324.49
热通道出口温度/℃	336.41(内侧),336.39(外侧)	334.04
出入口压力差/kPa	115.92(内侧),116(外侧)	104.71
MDNBR	4.513	6.352

5.4.4 不停堆情况下事故安全分析

根据次临界能源堆的特点,重点研究了以下设计基准事故:功率突升事故、失流事故、热阱丧失事故、冷却剂丧失事故、冷却剂流道堵塞事故。

在分析这些事故时采用的一些基本假设有:单一故障假设,事故后不停堆,无干预措施,不考虑各种安全措施(卸压阀动作除外)。这些假设是非常苛刻的,这样分析的主要目的是找出最有效的事故应对措施。实际上,在事故发生时可以通过关闭中子源来阻止包层损坏。关闭等离子体辅助加热将在小于 3s 内导致中子源强度可忽略,使得裂变功率迅速下降到衰变热水平。

表 5-5 给出了在不同始发事故情况下的事故安全分析结果,如无特别说明,该表的分析都假定事故中外中子源没有关闭。没有流体丧失时的极限事故是流量完全丧失事

故,压力到限值后 10s 发生局部 DNB。流体丧失时的极限事故是双端断裂大破口事故,在事故后 72s 燃料开始熔化。可见,在关闭中子源信号发出后有足够的时间来关闭等离子体辅助加热,使得次临界能源堆功率下降至衰变热水平。但是该时间对于人工干预来说太短,因此必须建立次临界包层与聚变堆芯等离子体控制之间的反馈机制,来保证事故情况下能够在短时间内停堆。由表 5-5 可知,应该把压力限值作为关闭聚变中子源的信号。

表 5-5　事故安全分析结果总结

始发事故	压力到限值时间/s	发生 DNB 时间/s	燃料最高温度到达相变点时间/s	燃料开始熔化时间/s	备　注
功率突升至 110%	64	—	—	—	重新稳定至新状态
流量完全丧失	12	22	—	—	燃料最高温度升至 560℃;停堆后平衡态自然循环能够带走衰变热
流量完全丧失(1s 停堆且无二回路热阱)	—	—	1980	5340	极限情况,停堆后热量全部用来加热包层
给水完全丧失	60	83	—	—	58s 蒸汽发生器到达低水位
冷管段等效直径 100mm 小破口	4	140	356	740	中等尺寸小破口
冷管段双端断裂大破口	<0.1	0.5	18.2	72	喷放阶段持续 14s
冷管段双端断裂大破口(1s 停堆)	<0.1	0.5	284	>1062	喷放阶段持续 14s
单一最热流道 2/3 面积堵塞	—	—	—	—	流道流量可带走热量,稳定至新状态,MDNBR 为 1.494
单一流道完全堵塞	—	3.7	20.5	90	单独通道,未考虑栅元间传热

停堆后,在包层一回路完整的情况下,只要有最终热阱(二回路或者其他余热导出系统),依靠自然循环就能够将衰变热带走。

5.4.5　非能动安全系统和严重事故缓解系统概念设计[9]

5.4.5.1　非能动安全系统

参考第三代压水堆非能动安全系统,形成了包层非能动冷却系统和非能动安全壳冷却系统概念设计。

非能动冷却系统的主要功能是在假想基准事故情况下,为包层提供应急冷却。为实现此功能,设计上需执行下列功能:包层衰变热导出、反应堆冷却剂系统补水。在非失水事故情况下,包层余热的导出是靠二次侧非能动余热导出热交换器完成的。非能动余热导出热交换器的入口与蒸汽发生器蒸汽出口管段相连,下泄管线与蒸汽发生器主给水管线相连。在失水事故中,当正常的补水系统失效或补水不足时,高压补水箱向堆芯提供补水。高压补水箱共有两个,分别位于反应堆冷却剂环路的上方,在正常运行状态,补水箱中充满与安全壳内环境温度相同的冷水。

非能动安全壳冷却系统主要由两个安全壳外置储水箱、两台安全壳内换热器、两台安全壳外换热器、连接管道及阀门组成。

中广核热工水力与安全实验室专门搭建了次临界能源堆包层外部非能动冷却基础实验回路。该回路主要由热源模拟体(实验本体)、冷源模拟体(冷凝器)、工作水箱、流量计等主要设备和相应的管道阀门构成。回路稳态实验表明:实验本体的总加热功率达到 166kW(此时可等效模拟停堆后包层最大衰变功率)时,3 种液面标高下均能顺利地建立自然循环,初步证明了包层外部冷却系统设计的合理性。瞬态研究表明,外部冷却系统可在包层衰变瞬态下保持包层的长期冷却。

利用 RELAP5 分析了冷管段小破口失水事故、冷管段双端剪切断裂大破口失水事故、全厂失电事故。通过对上述事故的安全分析,初步验证了非能动安全系统的可行性。

5.4.5.2 非能动严重事故缓解系统

严重事故的缓解安全目标的是减轻包层损坏的程度、延缓包层损坏的进程以及防止次临界能源堆包层边界的破裂。为了达到上述安全目标,设计、制定了专门的严重事故应对措施,防止事故发生或缓解事故后果,例如:采用非能动安全系统,利用重力等自然驱动力可靠地实现燃料区热量导出;安全壳空间巨大,可以应付短期内较高的压力瞬变。同时,针对可能造成大量放射性释放的严重事故,设计了对应的缓解措施,包括利用工程通道注水来防止堆芯熔化,完善的自动卸压系统防止高压熔堆,利用氢复合器和氢点火器防止氢燃和局部氢爆等。

利用 MELCOR 程序,建立了次临界能源堆包层严重事故分析模型,开展了全厂断电、冷却剂丧失事故引起的次临界能源堆包层严重事故特性分析。分析表明,专设安全设施对事故后果缓解具有显著效果。在大破口失水事故时,只要能维持持续安注,包层结构完整性是有保障的;同样,由于 U-10Zr 合金燃料具有良好的热导性,若工程冷却通道能注水,即能顺利建立自然循环,维持燃料温度低于其熔点,确保包层结构完整性。

5.5 包层部分关键技术工程可行性初步研究

通过结构设计、中子学、热工水力、安全分析方面的理论设计和计算分析表明,本章提出的设计方案可以全面实现次临界能源堆包层的设计指标。为进一步支撑概念研究,中国工程物理研究院联合相关单位在科技部 ITER 专项的支持下,开展了中子学积分实验,燃料部件热工特性,合金燃料材料样品制备、辐照,简便干法后处理等关键技术的实验研究,初步显示了包层关键技术的工程可行性。

5.5.1 中子学积分实验[10]

混合堆包层中涉及到非常复杂的材料、结构;中子输运计算要用到多种核素的微观参数;能谱复杂,计算方法及其对系统特征等的描述存在着不可避免的近似。为检验数值模拟的可信度,必须对设计中所定出的积分参量,作必要的积分试验验证。中国工程物理研究院核物理与化学研究所开展了中子学积分实验。

积分实验装置需尽可能反映设计方案的特征。实验采用 DT 中子管模拟聚变中子源,保证了中子源能谱一致。根据次临界能源堆物理设计方案中使用的材料、模块结构特征,结合包层中子能谱特点,选择能反映包层主要中子学特性的材料。例如,采用天然铀、贫化铀来代替铀锆合金,采用聚乙烯(CH_2)代替水(H_2O),这样设计的实验装置与铀锆合金水冷系统在能谱上相似。对实验室原有的一些球壳装置进行了改造,建立了铀、聚乙烯(类似水)球壳组合系统基准实验装置(表5-6,图5-26)和锂、贫铀球壳产氚组合系统的基准实验装置(表5-7)。另外,还委托外单位加工了模拟次临界能源堆包层精细结构的天然铀分解模拟装置(图5-27)。

表 5-6 裂变基准实验装置的参数

各层内、外半径/mm	装置对应的各层材料				
	装置Ⅰ或装置"3+2"	装置Ⅱ或装置"3+3"	装置Ⅲ或装置"3+4"	装置Ⅳ或装置"3+2+1"	装置Ⅴ或装置"3+2+2"
111、131	—	—	聚乙烯	—	铁
131、181	贫化铀	贫化铀	贫化铀	贫化铀	贫化铀
181、194	聚乙烯	聚乙烯	聚乙烯	聚乙烯	聚乙烯
194、233	贫化铀	贫化铀	贫化铀	贫化铀	贫化铀
233、254	聚乙烯	聚乙烯	聚乙烯	聚乙烯	聚乙烯
254、300	贫化铀	贫化铀	贫化铀	贫化铀	贫化铀
300、350	—	聚乙烯	聚乙烯	石墨	石墨
350、365	—	—	—	不锈钢	不锈钢

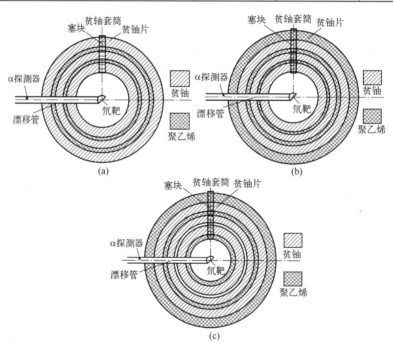

图 5-26 (不同材料球壳组合结构)3 种裂变基准装置示意图
(a) 装置"3+2";(b) 装置"3+3";(c) 装置"3+4"。

表 5-7　产氚基准实验装置的参数

各层内、外半径/mm	装置对应的各层材料			
	装置 I	装置 II	装置 III	装置 IV
40、131	贫化铀	贫化铀	贫化铀	贫化铀
131、233	氢化锂	氢化锂	氢化锂	锂铅合金
233、300	氢化锂	氢化锂	氢化锂	—
300、350	—	聚乙烯	石墨	—
350、365	—	—	不锈钢	—
233、254	—	—	—	聚乙烯

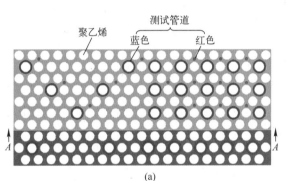

图 5-27　天然铀分解模拟装置示意图

(a) 结构及测试管道布局；(b) 三维效果图。

5.5.1.1　造钚率实验

$^{238}U(n,\gamma)^{239}U$ 反应后衰变至 ^{239}Pu 的过程中，其中间产物 ^{239}Np 会发射能量为 278keV 的 γ 射线，据此可测出铀裂变基准装置和天然铀分解模拟装置上的造钚率分布测量，进而推算出 ^{239}Pu 的产生量。

利用 MCNP 和 ENDF66C 数据库，计算了图 5-26 所示的 3 个裂变基准装置上的 $^{238}U(n,\gamma)$ 反应率。计算与实验的比值(C/E)分别为 1.01、1.05、1.08；经修正，3 个装置上的积分造钚率结果分别为 2.24、2.77、2.53；造钚率不确度为 4.1%。天然铀分解模拟装置测量结果表明，在每个孔道中实验和计算结果的分布趋势一致，远离中子源的孔道中反应率相对较低，C/E 值均小于 20%。

5.5.1.2　裂变率实验

使用铀裂变探测器，通过裂变探测器效率刻度、同位素修正、空腔效应等测量技术，测得 14.1MeV 中子在铀裂变基准装置和天然铀分解模拟装置上产生的裂变碎片 ^{143}Ce 衰变产生的 293.3keV 特征 γ 射线。由特征 γ 射线和裂变碎片的分布，经裂变产额数据修正，可以推算出次临界能源堆包层的裂变率。裂变率的相对不确定度为 5.0%～6.0%，贫铀区实验结果与计算结果在不确定度范围内。

5.5.1.3　产氚率实验研究

产氚率是指在产氚装置中心每发出一个 DT 中子与 ^6Li 反应所产生的氚核的数量。

利用一对锂玻璃探测器（^{6}Li 用来测量中子，^{7}Li 用来测量 γ 射线）在线测氚，经过 γ 本底扣除、空腔效应修正，可直接测量出探测器位置处的产氚数及基准装置上 (r,θ) 处的中子产氚分布 $F(r,\theta)$。对不同位置的产氚数积分可得到 DT 中子在含锂区的产氚率。

氢化锂球壳内产氚分布的不确定度初步评定为 5.4%。模拟计算的不确定度主要来自统计不确定度和数据库造成的不确定度，其中统计不确定度约为 2%。锂铅合金球壳内产氚率分布的不确定度初步评定为 5.0%。模拟计算的不确定主要来自统计不确定度和数据库造成的不确定度，其中统计不确定度约为 3%。

5.5.1.4　中子能谱实验研究

泄漏中子能谱是指加速器在装置中心产生 DT 中子与装置作用后产生的次级中子和直穿中子漏出系统形成的中子谱。泄漏中子能谱采用液体闪烁体和含氢正比管两种探测器进行测量，分别测量了 1MeV 以上的中子能谱和 50keV～1MeV 的中子能谱。泄漏中子能谱综合不确定度在低能段为 5.5%～7.5%，在高能段为 5.0%～7.1%。从实验和计算的结果比较来看，两者在实验不确定度内基本相符。

5.5.2　模块式燃料部件热工安全行为实验研究

次临界能源堆包层物理设计采用了模块式燃料部件，这是一种创新的概念设计。中国核动力研究设计院抽取典型热工单元的主要特征，开展了稳态流动、传热特性实验研究，传热恶化行为实验研究，流动失稳行为实验研究等工作[11]。

5.5.2.1　典型热工单元的几何结构

次临界能源堆包层采用压力管嵌入式燃料部件，其基本结构单元为内嵌圆形冷却剂通道的六角形截面长弯曲型燃料段。对于冷却剂通道的热工水力行为实验，常用的实验方法是采用表面热负荷等效，即采用发热管的管壁发热模拟燃料传导到通道内表面的表面热负荷，制定参数范围，实现参数包络。

根据 CFD 计算结果，燃料体积功率径向发热不均匀，反映到冷却剂通道表面热负荷的特征是通道周向发热不均匀。实验中通常采用非典型效应分离方法。

（1）首先开展直圆管周向均匀发热的基础对象实验研究，获得基础实验关系式，作为后续研究的基础；

（2）分别开展非均匀发热实验和弯曲通道实验，获得相应的修正因子，结合基础关系式获得综合关系式。

将典型单通道热工单元的结构抽取为均匀壁厚直管的基础对象、非均匀壁厚直管的辅助对象、均匀壁厚弯管的辅助对象。设计了 3 类结构：均匀壁厚直管结构、弯曲管结构和偏心直管结构。完成了实验装置的回路改造和实验本体的安装。实验本体的现场安装图如图 5-28 所示。

5.5.2.2　典型热工单元稳态流动、传热特性实验研究

通过实验，获得了摩擦因数 f 与 Re 数的影响关系，对实验数据进行线性回归，获得均匀壁厚直管单相流动摩擦因子的预测关系式，精确度高于现阶段常用的 Blasius 关系式和 Colebrook 关系式。获得均匀壁厚直管单相流动换热系数的预测关系式，精确度高于现阶段常用的 Dittus-Boelter 关系式和 Gnielinski 关系式。获得均匀壁厚直管两相流动换热系

数预测关系式,精度高于现阶段常用的 Jens-Lottes 关系式和 Thom 关系式。

(a)　　　　　　　　　　　　　　　(b)

图 5-28　实验本体现场安装图
(a) 均匀壁厚直管/偏心直管实验本体;(b) 弯曲管实验本体。

在实验参数范围内,偏心管的总体平均换热能力同均匀直管的换热能力差异在±5%以内,可以认为是处于误差范围内。弯曲管的平均换热能力比均匀直管的换热能力要低,随着质量流速的提高、换热能力的加强,其差异逐渐增大,但总体上最大差异在20%左右。

5.5.2.3　典型热工单元传热恶化行为实验研究

基于 3 种典型热工单元,开展了传热恶化行为实验研究,获得了均匀直管临界热流密度预测关系式,精度优于常用的 Bowring 关系式和 W-3 关系式。

根据实验结果,偏心管的临界热流密度和均匀管的临界热流密度值偏差基本上在±20%以内,两者的比值呈现规律性。如图 5-29 所示,若以临界含汽率作为横坐标,偏心管和均匀直管的临界热流密度的比值作为纵坐标,在含汽率较低(小于0.1)的时候,偏心管的 CHF 比均匀直管的要低。随着含汽率的升高,偏心管的 CHF 逐渐接近并超过均匀直管的 CHF,基本呈现线性的规律。在高含汽率下,偏心管的临界热流密度更高。

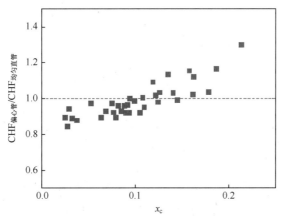

图 5-29　偏心管同均匀直管临界热流密度的比较

　　弯曲管实验获得的临界热流密度值与基于均匀直管基础实验数据的计算模型的对比如图 5-30 所示。根据实验结果,在本次实验的参数范围内,弯曲管的 CHF 值均高于均匀直管的 CHF 值,且比值较大。若以临界含汽率作为横坐标,弯曲管和均匀直管的临界热流密度的比值作为纵坐标,则随着含汽率的提高,该比值急剧提高,最高可达 2 倍以上。

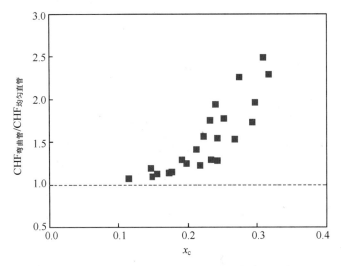

图 5-30　弯曲管同均匀直管临界热流密度的比较

　　基于本项工作建立的模型关系式,开发了传热恶化计算分析工具和流动失稳计算分析工具,为进一步设计优化打下基础。

5.5.2.4　典型热工单元流动失稳行为实验研究

　　沸腾临界曲线和流动失稳边界的相对位置关系决定了流动失稳的产生机制。当两条曲线相交时,较低入口温度条件下产生沸腾临界,较高入口温度条件下产生流动失稳。实验曲线为一条折线,转折点是沸腾临界曲线和流动失稳边界的交点。当两条曲线相离时,又有两种情况:如果沸腾临界曲线位于流动失稳边界右侧(右相离),实验结果即为流动失稳边界;如果沸腾临界曲线位于流动失稳边界左侧(左相离),将全部获得沸腾临界的实验结果。

　　根据本次实验结果,可以总结出典型的流动失稳边界和沸腾临界边界的趋势图。如图 5-31 所示,图中临界实验值指的是在实验中实际出现了沸腾临界现象的实验点,而其他临界数据是根据产生流动失稳的工况采用关系式预测的临界值,临界值在 $N_{SUB}-N_{PCH}$ 图上分别构成了两条截距不同的直线,代表两种质量流速下的临界边界。本次实验参数范围内的实验数据位于流动失稳边界同临界曲线的下端相交区域,交点为实际出现沸腾临界现象的临界实验值。在交点上方,流动失稳边界位于临界曲线的左侧,提升功率时先发生流动失稳;在交点下方,流动失稳边界位于临界曲线的右侧,提升功率时先发生沸腾临界;在交点附近,同时发生流动失稳和沸腾临界。因此在本次实验参数范围内,在入口过冷度高的情况下出现流动失稳,随着入口过冷度下降,可能出现流动失稳伴随沸腾临界,入口过冷度进一步下降时则只发生沸腾临界。

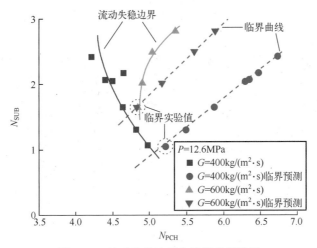

图 5-31   流动失稳边界和沸腾临界边界

5.5.3   金属型燃料样品制备[12]

中国工程物理研究院材料研究所根据物理设计的要求,开展了铀锆合金材料制备及燃料元件样品制备工作,这项工作在国内尚属首次。研究人员设计了铸造法和粉末冶金法两套合金制备工艺。利用这两种工艺,制备了铀锆合金燃料元件样品。

铸造法方面的主要工作包括:通过对铀锆合金锆元素偏析和杂质引入原因进行分析,设计了铀锆合金熔炼铸造工艺路线,获得了锆含量和纯净度可控的铀锆合金,研究了热处理对铀锆合金组织演变和相变的影响规律,测量了铀锆合金力学性能和热力学性能实验数据。

粉末冶金法的主要工作包括:建立了铀锆合金氢化去氢化试验系统;优化了氢化去氢化法制备铀锆合金粉体粉末的工艺参数;研究了氢化去氢化法制备铀锆合金粉体动力学;建立了以真空烧结为核心的铀锆合金粉末冶金制备系统和工艺规范;研究了粉体粒径大小和分布,以及烧结参数对多孔铀锆合金密度,内部孔隙形貌、大小和分布的影响,并指出粉体粒径影响相对较大。

专门设计了两类燃料元件样品,用于入堆中子辐照试验。第一类为燃料芯体与包壳的径向间隙填充 1.5mm 厚的 MgO 导热粉末,轴向两端间隙填充 10mm 厚的 MgO 粉末,同时在包壳内放置限位片,保证燃料芯体位于包壳中间,该样品主要用于研究燃料芯体的辐照性能,如图 5-32 所示。第二类为径向上燃料芯体与包壳紧密机械结合,轴向两端原先预留的 10mm 的空间,现在放置锆块与燃料芯体贴合,用于研究燃料芯体与包壳的相互作用,同时保证足够的传热性能,如图 5-33 所示。两种样品中的 MgO 导热粉末均要求密实。共制作了 8 个第一类样品,4 个第二类样品用于辐照试验。

另外,为了演示水管在燃料内部流动是可行的,还制备了内部镶嵌锆管的燃料元件样品。首先完成了铀锆合金与冷却剂管道的浇铸复合实验。将纯铀和纯锆在电磁感应炉内熔炼,得到熔融的铀锆合金金属液体,在 1600℃保温一段时间后,直接倒入内部竖放的锆合金冷却剂管形成复合样品。复合样品见图 5-34,样品截面 CT 照片表明:铀锆合金与锆合金管道界面结合紧密,锆合金管未与铀锆合金剧烈反应,但是界面处附近可观察到铸造孔洞的存在。孔洞可降低反应堆热量传导造成局部温升,后期可通过机械搅拌的方法去除熔炼过程中的气泡,消除界面铸造孔洞。

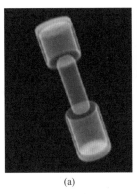 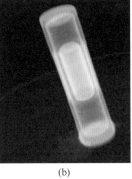

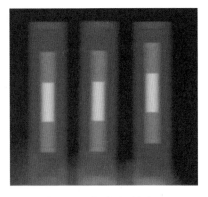

(a)　　　　(b)

图 5-32　锆合金包壳燃料样品 CT 图像

图 5-33　铝合金/锆合金
双层包壳燃料样品 CT 图像

(a)　　　　　　(b)　　　　　　(c)

图 5-34　浇铸的复合样品
(a) 实物图;(b) 横截面 CT 照片;(c) 纵剖面 DR。

中国工程物理研究院材料研究所还设计了锆管内嵌套 SS316 钢管的复合样品,模拟铀锆合金与锆管热膨胀后的复合情况,对热膨胀复合后的样品结合界面的接触状况进行了检测,发现管间有约 $10\sim20\mu m$ 的间隙。间隙上部分点紧密接触,部分点未接触。因此,研究中采用了在锆管表面进行化学镀镍,化学镀一层约 $10\mu m$ 的镍薄层,如图 5-35所示。然后采用相同的过程进行热膨胀复合,在真空退火炉中进行加热,温度约 $800\sim1000\,^{\circ}\mathrm{C}$,使得在锆管与 SS316 间形成镍的扩散层,以使得两表面紧密结合接触。两管界面间形成了较厚的扩散焊层,扩散层后度约 $200\mu m$。扩散层的形成使得两管之间紧密结合。

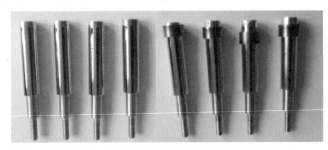

图 5-35　化学镀镍热膨胀复合后的 8 个样品

5.5.4　金属型燃料辐照考核[13]

中国工程物理研究院核物理与化学研究所设计并实施了辐照考核方案。综合考虑研究目标及实验的可操作性,设计了两种类型 U-10Zr 燃料样品。两种设计中均考虑了U-10Zr 合金的辐照肿胀、蠕变变形、变形不均匀导致包覆材料破损的潜在风险。为防止可能的放射性泄漏导致堆芯污染,在芯体与实际起密封作用的结构材料之间填充了铝粉,以包容芯体的肿胀和变形,减小密封结构所承受的压力。这样设计的 U-10Zr 燃料样品总计 12 个,铀总装量为 49.6g,^{235}U 装量为 2.98g。

借鉴美国 U-10Zr 合金燃料研制过程中进行辐照考验的经验,将整个辐照装置设计为静态辐照罐的方式,将待考验的辐照样品分别装入小辐照盒内,再将辐照盒分组放入辐照罐中,辐照罐可入堆直接进行辐照。

根据两类辐照样品的尺寸特点,分别设计了两种辐照盒,其结构如图 5-36 所示。辐照盒装入辐照罐后的横截面图如图 5-37 所示。

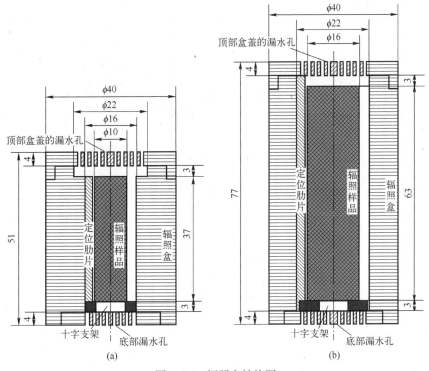

图 5-36　辐照盒结构图

U-10Zr 合金燃料辐照时发热率较高,为保证热工参数低于设定的安全限值,需要较强的冷却能力。同时,由于考核实验所需的辐照环境是需要尽可能高的热中子注量率,结合堆芯内中子注量率分布和辐照位置的可用情况,选择 B3 和 H7 位置开展实验。B3位置的平均热中子注量率较高且分布较平坦的高度范围约为 12~48cm,该范围内热中子注量率平均值约为 1.0×10^{14}n/(cm$^2 \cdot$ s),且可以在较长时间内保持相对稳定。

如图 5-38 所示,对类型一样品的检测结果表明,燃耗达到 0.1%(1#,2#)和 0.3%(7#,

8#)时,样品未发现明显肿胀现象。当燃耗深度增加到 0.5% 及以上时,在现有检测条件下可观测到芯体的辐照肿胀现象,且表现出轴向与径向肿胀率不一致。如图 5-39 所示,对于类型二的样品,4 个不同燃耗深度的样品均未发现明显肿胀,表明 U-10Zr 燃料芯块外围的锆包壳对芯块的肿胀有明显抑制作用。

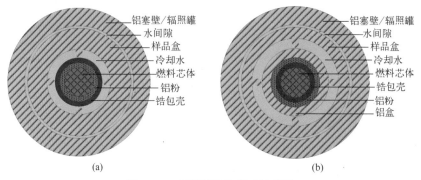

图 5-37　辐照罐的横截面示意图

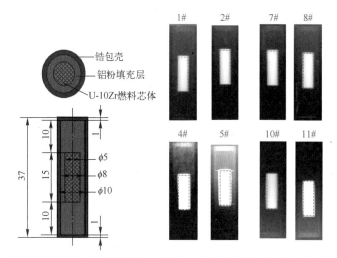

图 5-38　U-10Zr 合金燃料样品辐照后中子间接成像检测结果(类型一)

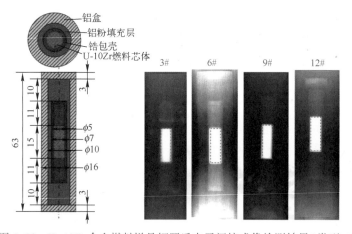

图 5-39　U-10Zr 合金燃料样品辐照后中子间接成像检测结果(类型二)

利用检测图像对发生明显肿胀现象的 3 个样品进行定量分析,得到各样品轴向及径向肿胀率数据。如表 5-8 所列,随着燃耗的加大,样品芯体辐照肿胀现象加剧,当燃耗深度达到 0.7% 时,其径向辐照相对膨胀约 10%,轴向相对膨胀约 2%,与国外已发表的实验结果相当。

表 5-8   5#、10#、11#样品辐照肿胀定量分析数据

参　　数	5#(燃耗 0.5%)		10#(燃耗 0.7%)		11#(燃耗 0.7%)	
	辐照前	辐照后	辐照前	辐照后	辐照前	辐照后
轴向最大/nm	14.995	15.453	14.995	15.295	15.000	15.344
轴向相对膨胀/%	3.05		2.00		2.30	
径向最大/nm	5.080	5.583	5.075	5.611	5.080	5.562
径向相对膨胀/%	9.90		10.57		9.48	

5.5.5　简便干法后处理技术初步研究[12]

针对次临界能源堆简便干法后处理的要求,中国工程物理研究院核物理与化学研究所建立了国内首套辐照后铀锆合金高温真空除气实验研究平台。在该平台上完成了样品的辐照实验及辐照样品的热实验,辐照样品中裂变气体去除效率达到 90% 以上,挥发性裂变产物去除效率达到 70%。

U-10Zr 合金的熔点约为 1200℃。这里用高温热处理使样品熔融除去其中的裂变气体来模拟简便干法。图 5-40 所示为高温后处理实验流程示意图。

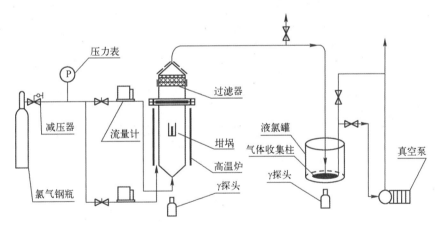

图 5-40   U-10Zr 合金高温后处理实验流程示意图

高温实验炉是简便干法后处理技术的核心。采用感应法设计了高温实验炉,最高设计温度 2000℃,真空度 10^{-4} Pa。高温实验炉由下往上分为 3 段,分别为感应加热区、降温过渡段和裂变产物收集区。通过调整降温过渡段来控制裂变产物收集区温度。为避免放射性物质扩散,高温实验炉从外向内设计为双层结构,通过流速控制外层压力略高于内部。在测温方式方面,低温时选择热电偶测温,高温时选择红外探头进行测温,并设计

了双红外探头来实现对样品区域的精确测温和控温。图 5-41 所示为高温实验炉照片。

根据裂变气体在柱中的轴向移动和在线测量要求(将测量源视为点源),设计了"蚊香"盘管式气体收集柱。在多次不同流速下的实验验证中,都未见 Kr、Xe 气体流出。盘管式收集柱及裂变气体收集装置分别见图 5-42 和图 5-43。

图 5-41　高温实验炉照片

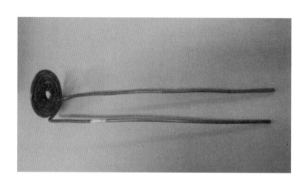

图 5-42　盘管式收集柱

图 5-43　裂变气体收集装置

γ 测量是获取数据的关键手段,直接用于确定辐照样品的裂变产物去除效率。γ 测量分为在线测量和离线测量。样品进入实验系统前和热处理后分别进行离线 γ 测量,得到处理前后样品的 γ 能谱,通过相对值确定去除效率。实验过程中开启加热控制以后,利用在线 γ 测量系统对样品、高效过滤器、碘收集器、裂变气体收集柱进行在线监测,获得裂变产物的收集效率。

随着温度升高,Xe 的计数开始逐渐增加,当铝包壳熔化以后,Xe 的计数增加到最大值。推测的原因:一是由于包壳的存在使裂变产物扩散到样品边缘并在样品边缘累积,导致测量的计数增加;二是由于铝包壳熔化以后,U-10Zr 样品沉积到坩埚底部直接与坩埚接触,此时测量过程没有铝的衰减。为确保数据的一致性,选择在 50min、温度约为 700℃时的测量计数为初始值。

经过 160min 的热处理以后,Kr、Xe 的去除效率分别为 75% 和 95%。Kr 的原子半径小于 Xe,因此一般认为 Kr 的去除效率要高于 Xe。但是,实验中 Xe 的去除效率高于 Kr,这是由于 Kr 的半衰期较短(2.84h),实验测量开始时 Kr 的含量较低、测量的不确定度较大,这也是 Kr 的数据点较 Xe 散乱的原因。同时,在 U-10Zr 样品熔化以后,裂变气体受实验温度的影响较小,气体去除效率随时间变化增加的非常缓慢。

同时,还对部分裂变产物去除效率进行了研究,其结果见图 5-44。结果表明,样品中挥发性裂变产物在样品熔融以后相对裂变气体更快逸出而达到一个平衡,其中 ^{135}I 的去除效率达到了 80%,^{132}Te 为 66%,^{90}Sr 为 75%。

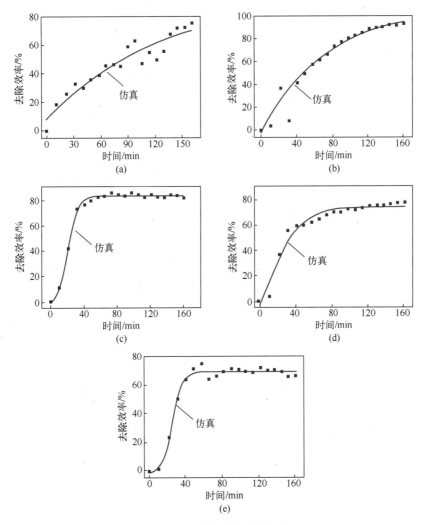

图 5-44 裂变产物去除效率

(a) ^{88}Kr 去除效率;(b) ^{135}Xe 去除效率;(c) ^{135}I 去除效率;(d) ^{90}Sr 去除效率;(e) ^{132}Te 去除效率。

参考文献

[1] SHIMADA1 M, CAMPBELL D J, MUKHOVATOV V, et al. Progress in the ITER physics basis, overivw and summary[J]. Nuclear. Fusion,2007,47(6):S1–S17.

[2] 李正宏. 次临界能源总体方案概念研究——国际热核聚变实验堆(ITER)计划专项课题总结报告[R]. 绵阳:中国工程物理研究院核物理与化学研究所,2016.

[3] SHI XUE-MING,PENG XIAN-JUE. Neutron transport-burnup code MCORGS and its application in fusion fission hybrid blanket conceptual research[J]. International Journal of Modern Physics:Conference Series,2016,44:1660236.

[4] 师学明,张本爱. 输运与燃耗耦合程序 MCORGS 的开发[J]. 核动力工程,2010,31(3):1-4.

[5] 师学明. 聚变裂变混合能源堆包层中子学概念研究[D]. 北京:中国工程物理研究院研究生部,2010.

[6] 郭海兵. 次临界能源堆包层热工水力设计及物理热工耦合研究[D]. 北京:清华大学,2012.

[7] 钱达志. 次临界能源包层结构及热工水力概念设计——国际热核聚变实验堆(ITER)计划专项课题总结报告[R]. 绵阳:中国工程物理研究院核物理与化学研究所,2016.

[8] 马纪敏. 次临界能源堆物理与安全问题研究[D]. 北京:清华大学,2012.

[9] 卢冬华. 非能动安全系统概念设计及安全分析——国际热核聚变实验堆(ITER)计划专项课题总结报告[R]. 深圳:中广核研究院有限公司,2016.

[10] 刘荣. 次临界能源堆中子学积分实验研究——国际热核聚变实验堆(ITER)计划专项课题总结报告[R]. 绵阳:中国工程物理研究院核物理与化学研究所,2013.

[11] 黄彦平. 次临界能源包层模块式燃料部件热工安全行为实验研究——国际热核聚变实验堆(ITER)计划专项课题总结报告[R]. 成都:中国核动力研究所设计院,2016.

[12] 张鹏程. 金属型燃料材料及燃料元件样品制备技术——国际热核聚变实验堆(ITER)计划专项课题总结报告[R]. 绵阳:中国工程物理研究院材料研究所,2016.

[13] 彭述明. 金属型燃料辐照考核及简便干法后处理技术研究——国际热核聚变实验堆(ITER)计划专项课题总结报告[R]. 绵阳:中国工程物理研究院材料研究所,2016.

第6章 Z箍缩聚变裂变混合堆

6.1 引　言

Z箍缩驱动器具有电能到X射线辐射能转换效率高,能量较为充足,驱动器造价相对低廉,有望实现驱动器重频运行等优点。因此在惯性约束聚变领域,Z箍缩聚变比激光聚变更有希望发展为聚变能源。SNL实验室设计了惯性聚变能源装置(Z-IFE)[1]:靶丸每次爆炸可放出3GJ的能量,每10s爆炸一次,相当于聚变功率300MW;计划在12个腔室内依次引爆靶丸,实现1GW的电功率输出。根据我们在磁约束驱动次临界能源堆的研究经验,采用铀锆合金水冷包层可以将聚变能量放大10倍以上。因此,采用Z箍缩聚变裂变混合堆只需要用一个腔室就可实现1GW的电功率输出。据此我们提出了Z箍缩聚变裂变混合堆(Z-FFR)的概念。预计电功率为1GW的Z-FFR机组造价约30亿美元,不到纯聚变电站造价的1/3。Z-FFR安全性高,后处理简化,可满足人类上千年能源需求。Z-FFR的关键技术包括:Z箍缩驱动器、能源靶、次临界能源堆。本章将详细介绍我们在这3个方面的研究工作。

6.2　中国的Z箍缩研究

20世纪60、70年代,中国工程物理研究院在王淦昌院士的直接指导下,在两弹突破早期就建立了高功率脉冲技术队伍,高功率脉冲装置在强辐射源和闪光X射线照相的应用方面做出了突出贡献,但真正开展Z箍缩研究,还是2000年前后。当时,SNL实验室公布了他们在Z装置上获得的里程碑式的结果。受他们结果的鼓舞,中国工程物理研究院部分科学家直观感觉,Z箍缩与其他驱动方式相比,能更方便、经济地提供实现聚变所需的条件,因此提出了开展Z箍缩研究的建议,并得到中国工程物理研究院的支持。之后,为了顺利开展工作,院内成立了理论、实验、测试、制靶和驱动器五位一体的研究团队,联合西北核技术研究所、清华大学等单位,开始了中国的Z箍缩研究工作。

最初的研究目标是:学习、了解Z箍缩相关物理问题,掌握实验技术,逐步建立起研究Z箍缩问题的手段和能力(包括Z箍缩驱动电磁内爆实验的诊断能力、丝阵和喷气靶的制备能力、加速器的研制和提供实验的能力、电磁内爆过程的物理建模和数值模拟能力等)。当时,国内能够开展实验的装置只有中国工程物理研究院从俄罗斯引进的"阳"加速器(经改造后电流接近1MA)和西北核技术研究所的"强光"(也是从俄罗斯引进的,经改造升级后,电流大于1.5MA,并能稳定运行)。与此同时,我国积极寻求与俄罗斯合作,俄方同意中方以联合实验的方式使用库尔恰托夫研究所的"S-300"(电流约 2.5MA)和新能源所的"Angara-5"(电流约 3.5MA)。经过了几轮实验,至 2007 年前后,最初确定的目标基本达成。下面首先介绍这一阶段取得的主要成就。

6.2.1 测试技术方面

中国工程物理研究院在过核试验技术的基础上,针对 Z 箍缩电磁闪烁实验,发展了较完备的一整套测试诊断系统,为实验的成功进行做出了重要贡献。

1. X 射线能谱平响应测量系统

通过对各类闪烁体软 X 射线能谱响应的系统研究,研制了"闪烁体+光电管"的平响应探测系统。对于 Z 箍缩源区的可见光辐射,开发了独特的有限孔径遮光技术,同传统的滤光技术相比,可测量的光子能量下限延伸到了 50eV,并保持了系统的平响应。该系统可用于对 X 射线的辐射功率和产额的测量,闪烁体软 X 射线功率仪系统如图 6-1 所示。

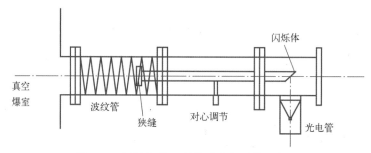

图 6-1　闪烁体软 X 射线功率仪系统示意图

2. 多幅紫外探针测量系统

通过四倍频激光(266nm)分束、并束、位移干涉、偏振光高质量检偏等,建立了可分时的 4 幅紫外探针测量系统,参见图 6-2。该系统可对等离子体的密度分布变化情况进行探测,密度分辨能力远好于激光干涉测量系统。

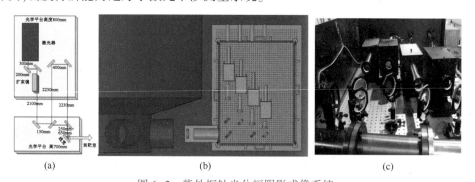

图 6-2　紫外探针光分幅阴影成像系统

(a) 入射单元示意图;(b) 成像单元示意图;(c) 成像单元实物图。

3. 激光干涉测量系统

这也是一个多幅测量系统,能用于测量丝阵等离子体的早期运动行为。

4. X 射线一维空间分辨扫描成像测量系统

该系统使用了光纤阵列技术和条纹相机,实现了一维 X 射线辐射扫描成像,可以提供 X 射线辐射功率分布、等离子体内爆轨迹等重要信息,其测试原理见图 6-3。

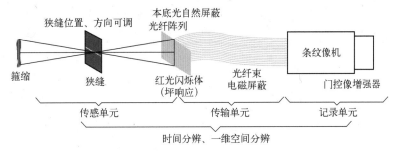

图 6-3   X 射线一维空间分辨扫描成像测量系统测试原理示意图

5. 一维时空分辨可见光条纹像机

采用测量可见光辐射区域径向尺寸随时间的变化来研究 Z 箍缩等离子体的内爆轨迹、内爆速度和收缩比等参数,是 Z 箍缩研究中的一种重要诊断方法。图 6-4 所示为实验测得的内爆条纹像。

图 6-4   铝丝阵内爆条纹像

6. X 射线分幅成像测量系统

该系统采用针孔阵列相机与 X 射线分幅相机组合,建立了多幅(10 幅,纳秒时间分辨)X 射线成像测量系统,可对内爆等离子体各阶段发光空间图像进行测量,其测试图像如图 6-5 所示。

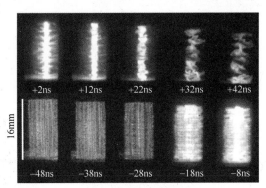

图 6-5   铝丝阵 Z 箍缩内爆等离子体辐射 X 射线分幅成像

7. X 射线能谱测量系统

建立了透射光栅谱仪(测量能谱范围 100~1300eV)和球面晶体摄谱仪。后者具有更高的能谱分辨精度,并可测量等离子体内爆特征谱线随时间的变化。使用塑料闪烁体、光纤阵列、可见光条纹相机和科学级可见光 CCD 可以构成时间分辨的能谱记录单元,记录系统示意图见图 6-6。

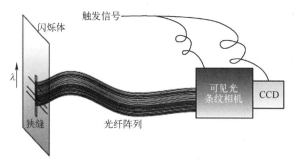

图 6-6　时间分辨 X 射线能谱记录系统示意图

6.2.2　负载制备技术方面

中国工程物理研究院在发展激光 ICF 研究的过程中,成立了一支专业的制靶队伍。针对 Z 箍缩研究的需求,研究、发展了很好的与电磁内爆实验相关的制靶技术(为避免与 6.3 节的聚变靶混淆,将电磁内爆实验相关制靶技术称为负载制备技术),目前能制备质量优良的单层钨丝阵负载、双层钨丝阵负载、铝丝阵负载。单层钨丝阵负载,钨丝直径可小至 4~5μm,钨丝根数可做到 3 根/mm 或 4 根/mm。也可制备带阵负载、含泡沫负载。铝带的厚度可薄至 5μm 以内,泡沫的密度可降至 10mg/cm³ 以下。总的来说,目前的负载制备技术可基本满足电磁内爆物理实验的需求。图 6-7 所示为几种负载照片。

除上述几种负载和材料之外,我们还能制作出小负载质量的带阵负载和套筒负载,这对推动 Z 箍缩驱动聚变的物理研究及实现聚变具有十分重要的意义。

(a)

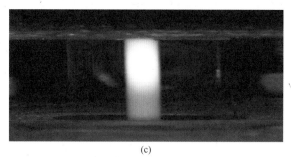

(b)　　　　　　　　　　　　　　　(c)

图 6-7　几种丝阵负载照片

(a) 单层丝阵负载(丝数量 160 根,丝阵高度 15mm,直径 20mm,丝直径 5μm);(b) 双层丝阵负载;

(c) 丝阵填充泡沫负载(丝数量 90 根,丝阵高度 15mm,直径 12mm,丝直径 5μm,泡沫直径 3mm,密度 10mg/cm³)。

6.2.3 驱动器技术方面

2002 年,中国工程物理研究院为了适应、促进 Z 箍缩科学技术的研究,决定自行研制一台 10MA 级的驱动器,并得到了国家的批准,驱动器取名为"聚龙一号"(Primary Test Stand,PTS)。PTS 采用传统技术路线,即 MARX 发生器+水介质传输线+磁绝缘传输线,24 路,每路最大电流 450kA,最后汇流至绝缘堆,并加载到负载上。2007 年完成单路原型研制,达标后即转入整机建造。由于绝缘堆的结构复杂,对材料要求高,制造有一定的困难。经过努力,终于在 2012 年完成全部建造安装工作。之后,又经过通电、调试、试运行和初步物理实验检验,证明驱动器达标,可提供用户使用。PTS 驱动器如图 6-8 所示。

 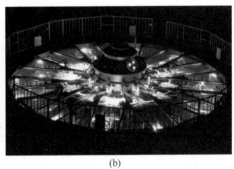

(a) (b)

图 6-8 PTS 驱动器

(a) 装置外观;(b) 放电照片。

PTS 建成后,输出电流能力约为 8~10MA,当前仅次于 ZR 装置。PTS 可以开展电磁内爆实验,研究内爆丝阵(或带阵)与聚变靶丸的某些相互作用过程,是中国 Z 箍缩研究重要的里程碑。

6.2.4 数值模拟方面

中国工程物理研究院为了模拟丝(带)阵的电磁内爆过程,研制了零维程序、一维多群辐射磁流体力学计算程序、二维三温磁流体力学计算程序、二维辐射流体力学程序等;具备了研究套筒、丝(带)阵电磁内爆,与泡沫靶相互作用,辐射输运,聚变靶压缩,点火燃烧等过程的能力。在丝阵内爆飞行速度,碰中心轴发射 X 射线的功率、总能量、频谱等物理量计算上与实验测量结果基本一致。这些程序为研究套筒内爆及碰靶后的能量转换提供了重要的手段。

6.2.5 实验进展方面

自 2002 年开始,中国工程物理研究院分别在"阳"加速器、"强光"加速器、俄罗斯的 Angera-5 和 S-300 上开展了多轮实验。随着测试手段的完善和制靶质量的提高,获得的丝阵电磁内爆的图像也越来越清晰。如单层丝阵实验,获得了等离子体内爆飞行轨迹、速度,等离子体在中心轴被阻滞后的形状、辐射 X 射线的功率分布及频谱等;也测量了轴线上放置含氘聚乙烯丝线时出中子和放置含 Mg 的 Al 丝辐射出的 Mg 的特征谱线,以此校验理论计算程序的正确性。此外,在双层丝阵实验方面,测量了电流在两层丝阵上的分流,通过分析计算,设计了两层丝阵同时到心的结构,并证实这样的结构可提高 X 射线辐射功率(等离子体内爆波形较好);初步研究了内爆等离子体与中心泡沫柱的相互作用,测量了冲击波到心时等离子体的温度。在球形丝阵实验方面,观察到这种丝阵对聚集内爆能量到特定区域有重要意义。在这些实验中,我们的主要目标是建立 Z 箍缩等离子体内爆的较精密、较完整的物理图像,并校验数值模拟程序,希望用校验过的程序研究更多的物理问题,进而对 Z 箍缩驱动聚变问题做出预测和判断。

2005 年冬,在基本掌握了 Z 箍缩的实验技术之后,我们对丝阵电磁内爆过程的图像和物理机制也有了基本的理解,下一步是向 Z 箍缩聚变前进。于是,我们着手研究聚变靶的设计问题,并于 2007 年前后提出并形成了独特的适合 Z 箍缩应用的靶的设计技术路线。与此同时,Sandia 也公布了他们在 Z 箍缩驱动能源方面的设想。特别是 LTD 技术,有可能解决驱动器重复运行的问题,这给能源的应用带来了极大的希望,但到目前为止,他们还没有解决聚变靶的设计问题。之后,中国工程物理研究院和西北核技术研究所都积极展开了对 LTD 驱动器的研究工作,分别做出了实验模块,验证了其原理可行性。同时,也进行了对 60MA 以上电流驱动器设计方案的探讨,并认为 60MA 以上电流的驱动器建造原则上没有困难。另外,还有很重要的一点是,在 ITER 国内配套项目的支持下,中国工程物理研究院领衔开展了次临界能源堆的探索研究,提出了具有突破性意义的全新聚变裂变混合堆技术路线。该次临界能源堆几乎克服了现有裂变堆型所有缺点,在安全性、经济性、持久性和环境友好性等各方面,都具有非常优良的品质。至此,一幅未来千年能源的图景已呈现在我们的面前。综合上述几个主要方面的进展,2008 年秋冬,中国工程物理研究院正式提出了"Z 箍缩驱动聚变裂变混合能源堆"概念,并认为这是一条最有竞争力的千年能源技术路线[2]。下面,就来介绍这种混合堆的研究现状。

6.3　聚变靶的设计研究

6.3.1　Z 箍缩驱动惯性约束聚变靶的设计问题

与激光驱动的 ICF 相比,Z 箍缩驱动的优势是能量充足,电能转换为丝阵(或套筒)动能的效率高,驱动器技术相对简单,造价低廉,更适合工业应用。缺点是动能方向性强,要实现爆炸靶丸的球对称压缩需要有很好的设计技巧。因此,聚变靶的设计思路和技术路线是最重要的。我们力图通过最基本的物理概念和数量级概念来描绘聚变靶的设计问题。

6.3.1.1　聚变靶设计的若干数量级概念

1. 氘氚在不同温度下的热核反应速率

热核反应速率 $<\sigma v>_{DT}$ 随温度变化的数据见表 6-1。当 $T>500\times10^6$ K 时,热核反应速率曲线的变化已不大了,故表中没有列出。

表 6-1　热核反应速率 $<\sigma v>_{DT}$ 随温度变化的数据

$T/\times 10^6 K$	$<\sigma v>_{DT}/(cm^3/\mu s)$
10	2.668×10^{-27}
20	1.428×10^{-25}
30	9.770×10^{-25}
50	7.782×10^{-24}
100	7.559×10^{-23}
500	7.790×10^{-22}

2. 在各种温度、密度下的烧氚代时间

烧氚 1 代,氚的燃耗可达 63%,烧氚 0.5 代,氚的燃耗为 40%,烧氚 0.3 代,氚的燃耗为 26%,因此靶丸能够维持的烧氚代数的量级对获得氚的燃耗十分重要。一般来说,应争取靶丸的烧氚代数达到 0.3~0.5 的水平。因此,有必要了解烧氚代数与燃烧温度和密度的大致量级关系。烧氚代时间 τ 定义如下:

$$\tau^{-1} = \rho_{DT} n_D \langle \sigma v \rangle_{DT} \tag{6-1}$$

式中: ρ_{DT} 为氘氚气体密度; n_D 为 1g 氘氚气体中氘的核子数。

假定氘氚气体中氘氚核子数比为 1:1,因此 $n_D = 0.12\times 10^{24}$。据此,可计算出在各种燃烧温度下 τ 的数值,如表 6-2 所列。

表 6-2　烧氚代时间 τ 随温度变化的数据

$T/\times 10^6 K$	50	100	500
τ_1/ns	37	3.7	0.37
τ_2/ns	22	2.2	0.22
τ_3/ns	11	1.1	0.11

注:表中 τ_1、τ_2、τ_3 对应的 ρ_{DT} 分别为 30g/cm³、50g/cm³、100g/cm³。

由此可见氘氚燃烧时能上升多高的燃烧温度,对氚的燃耗十分重要。一般说来,氘氚剧烈燃烧后,很容易转变为非平衡燃烧,即等离子体中离子、电子和辐射场分别具有不同的温度,离子温度可达 100keV 以上。而在通常的靶丸中,密度、温度维持的时间多为 0.1ns 的量级。从表 6-2 的数据来看,达到这样的 τ 值,等离子体燃烧时的密度应该达到 50~100g/cm³ 的水平。

3. 氘氚燃烧系统由某一点火温度 T_0 上升至燃烧温度 T_i 所需时间 t_{0i} 的估计

在了解了氘氚燃料在剧烈燃烧前应达到的密度水平之后,下面要研究的重点问题,就是在什么样的点火条件下它能烧起来?为此,也需要做出概念性估计。

在估计时做出如下假定:

(1) 氘氚区 $\rho R \leqslant 1$,故氘氚反应释放的高能中子在氘氚区内没有能量沉积,而 α 粒子的能量则几乎完全沉积在反应区中。

(2) 忽略辐射场的热容量。在三温计算中,当 $\rho_{DT} \geqslant 50g/cm^3$ 时,辐射场的贡献基本可略。因此为粗估方便,可忽略辐射场的热容量。

选择 $\rho_{DT} = 200 \text{g/cm}^3$ 的情况(对点火区,它处在球形系统的最中央,如果燃料是固态氘氚冰,初始密度约为 0.25g/cm^3,正常情况下压缩 1000 倍是没有问题的)。分别取 $T_0 = 20 \times 10^6 \text{K}$、$30 \times 10^6 \text{K}$,计算得到温度上升到不同值所需时间 t_{0i},如表 6-3 所列。

表 6-3　氘氚系统由某一点火温度 T_0 上升至燃烧温度 T_i 所需时间 t_{0i}

时　间	温度			
	$T_1 = 30 \times 10^6 \text{K}$	$T_2 = 50 \times 10^6 \text{K}$	$T_3 = 100 \times 10^6 \text{K}$	$T_4 = 500 \times 10^6 \text{K}$
$t_{0i}/\text{ns}(T_0 = 20 \times 10^6 \text{K})$	0.181	0.230	0.244	0.254
$t_{0i}/\text{ns}(T_0 = 30 \times 10^6 \text{K})$	—	0.049	0.063	0.073

由此可见,如果在压缩过程中能够把氘氚区的温度提到较高的水平,如 $30 \times 10^6 \text{K}$ 以上,那么氘氚区就会在小于 0.1ns 时间内达到剧烈的非平衡燃烧程度,并获得较深的燃耗。

4. 辐射在低密度 CH 泡沫中的传播速度

将来的任务是要把电磁驱动下丝阵(或套筒)获得的动能转化为辐射能,然后对靶丸进行准球对称压缩。由于动能的方向性很强,直接压缩只能是准柱对称的,获得的压缩度不可能很高,要实现球对称压缩,只能通过辐射场来完成,因此腔体中辐射场能否迅速均匀化便是问题的关键。这个问题的研究,原则上要做二维辐射流体力学计算,这里通过量纲分析来估算大致的量级概念。

由于辐射场温度很低(约 $1 \times 10^6 \sim 3 \times 10^6 \text{K}$),其能量密度与低密度 CH 泡沫热能相比基本可略,故热传导方程可写为

$$c_v \rho \frac{\partial T}{\partial t} = \frac{\partial}{\partial x} \frac{\lambda c}{3} 4aT^3 \frac{\partial T}{\partial x} \qquad (6-2)$$

做量纲处理,式(6-2)可近似写为

$$\Delta t \approx \frac{3c_v \rho}{4\lambda ca T^3} (\Delta x)^2 \qquad (6-3)$$

式中:c 为光速;λ 为 Rosselang 辐射平均自由程;aT^4 为辐射场的能密度,在长度 cm、质量 g、时间 μs、温度 10^6K 的单位系统中[①],$a = 7.56 \times 10^{-3}$,$c = 3 \times 10^4$;当温度大于 10^6K 时,CH 泡沫可视为完全电离的等离子体,此时 $c_v \approx 88$。

当温度为 $1 \times 10^6 \sim 4 \times 10^6 \text{K}$、密度为 $0.01 \sim 0.03 \text{g/cm}^3$ 时,λ 可近似表示为

$$\lambda \approx 0.2 \times 10^{-3} \rho^{-1.77} T^{4.26} \qquad (6-4)$$

对于要研究的聚变能源靶,需要释放 1500MJ 或更多的能量,需要装载氘氚冰 10mg 以上,靶的 Be 球直径将达到 1cm 量级。现在,可以把各项数据代入式(6-3)来初步估算在不同温度密度下,辐射传输 1cm 距离所需要的时间 Δt,结果列于表 6-4 中。

表 6-4 中数据尽管误差较大,但仍可为我们分析问题提供重要的数量级概念。在内爆等离子体与靶外层腔壁物质的相互作用过程中,内爆等离子体逐渐把自身的动能转变

---

① 本段中各物理量的单位均可用这 4 种单位组合得出。例如,长度采用 cm,时间采用 μs,则光速可表示为 $c = 3 \times 10^4 \text{cm/μs}$。

为靶外层腔壁物质的内能和动能,其时间将持续数纳秒量级,而靶 Be 层吸收辐射腔中能量的时间也接近 10ns。因此若前面计算的 Δt 为纳秒或亚纳秒,直观想象,辐射腔中辐射场的均匀性一定会很好。一般,辐射场中的温度总会在 2×10^6 K 左右或更高,参考表 6-4中数据,保险起见,应取 CH 泡沫的密度小于等于 $0.02\mathrm{g/cm^3}$。而且,CH 泡沫密度越低,辐射场的温度就越高,这更有利于辐射场的均匀化。

表 6-4　在低密度 CH 泡沫中,辐射传输 1cm 距离需要的时间　　　单位:ns

$\rho/(\mathrm{g/cm^3})$	$T=1\times10^6$ K	$T=2\times10^6$ K	$T=3\times10^6$ K
0.01	12	0.08	0.041
0.02	84.5	0.55	0.29
0.03	260	1.69	0.89

5. α 粒子在氘氚等离子体中的射程及损失

在研究聚变点火时,一个重要的问题是:聚变释放的能量能否对其进行自加热以及加热的效率如何? 我们知道,氘氚聚变释放一个 14.1MeV 的中子和一个 3.5MeV 的 α 粒子,14.1MeV 能量中子穿透能力很强,不可能在小小的氘氚点火区沉积能量,3.5MeV 的α 粒子能否把大部分能量沉积下来,对实现点火就至关重要了。靠内爆压缩不可能把很多氘氚燃料加热至很高的温度,因为驱动器提供的能量有限,故我们只能加热很小的燃料。点火区究竟应该有多大? 这一方面取决于要让多少燃料能烧起来,另一重要因素就是 α 粒子在点火主要阶段它在氘氚等离子体中的射程。有许多作者对此问题进行过研究计算,这里我们选用文献[1]提供的近似公式来讨论,即

$$l_\alpha \approx 0.107\frac{T_e^{3/2}}{\rho\ln\Lambda_{\alpha e}} \tag{6-5}$$

式中:l_α 为 α 粒子射程(cm);T_e 为等离子体中电子的温度(keV),一般说来都要低于离子的温度;ρ 为等离子体的密度($\mathrm{g/cm^3}$);$\ln\Lambda_{\alpha e}$ 为库伦碰撞对数(取值 10 左右)。

α 粒子在热且均匀的球形等离子体中的能量沉积比例由 Krokhin 和 Rozanov(1973年)给出:

$$f_\alpha = \begin{cases} \dfrac{3}{2}\tau_\alpha - \dfrac{4}{5}\tau_\alpha^2, & \tau_\alpha \leqslant \dfrac{1}{2} \\[2mm] 1 - \dfrac{1}{4\tau_\alpha} + \dfrac{1}{160\tau_\alpha^3}, & \tau_\alpha \geqslant \dfrac{1}{2} \end{cases} \tag{6-6}$$

式中:$\tau_\alpha = R_h/l_\alpha$,$R_h$ 为球形等离子体的半径。

在我们设计的靶模型中,经压缩后 $\rho_{DT}\approx 200\mathrm{g/cm^3}$,$R_h\approx 60\mu m$,若取 $T_e=5$ keV,则可算出 $l_\alpha\approx 7.47\mu m$,$R_h/l_\alpha\approx 8.03$,$f_\alpha\approx 0.97$。若取 $T_e=10$ keV,则有 $l_\alpha\approx 21.1\mu m$,$R_h/l_\alpha\approx 2.84$,$f_\alpha\approx 0.91$。

从这些数据可以看出,在能源靶设计中可以认为,聚变产生的 α 粒子所携带的能量基本沉积在燃烧区内。取 α 粒子能量瞬时沉积也不失为是一个很好的近似,这一结果是容易理解的。首先,我们以平面问题为例来研究燃烧区最外一个 α 粒子射程厚的一层,在这层内,α 粒子逃出燃烧区的概率仅为 25%,而且在逃出之前,还会把相当部

分的能量沉积在燃烧区内。如果燃烧区厚度有几个 α 粒子射程,则能量流失的比例将很小。另外,α 粒子能量在燃烧区沉积率对点火前期十分重要,必须使系统在尽可能短的还来不及飞散的时间内达到很高的燃烧温度,这涉及问题的成败。燃烧起来后,能量沉积率稍微减小一些,对最后结果不会有大的影响。当然,对于研究中心点火这类问题,此时因受能量限制,能够形成的点火区范围很小,α 粒子能量沉积率的问题就变得极为重要了。

6.3.2　聚变靶模型设计问题讨论

在讨论 Z 箍缩驱动聚变靶的设计中,注意到了以下物理事实。

(1) 内爆等离子体主要是径向飞行,方向性很强。要想利用"中心点火"模型构型来设计聚变靶,将难以实现高度球对称压缩和主燃料高的等熵压缩。因此,不能走"中心点火"的技术路线。NIF 上"中心点火"模型及加能时间曲线如图 6-9 所示。

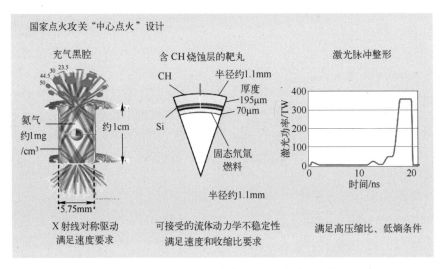

图 6-9　LLNL 在 NIF 上所应用的"中心点火"模型

在"中心点火靶"设计中,要求压缩不对称性小于 1%,整个加能时间有 4 个脉冲,最后一个为主脉冲,以获得较好的等熵压缩,特别是还要获得精确的时间匹配,即当中心区点火时,外层的主燃料必须达到极高的密度,如 $300 \sim 400 \mathrm{g/cm^3}$。这些严酷的条件不可能在 Z 箍缩中实现。

(2) 若走柱对称压缩的路线,压缩度又成了难题,很难实现既点火又能很好燃烧,并达到所希望的燃耗深度,即难以释放出足够的聚变能量。

(3) 我们仍然只能走把柱对称内爆等离子体套筒的动能转化为辐射能来实现球对称压缩的路线,但必须解决靶对压缩对称性要求不十分敏感的问题,即应走"局部整体点火"的技术路线。所谓"局部整体点火",就是设计中把点火区与主体燃烧区用重介质分开,点火区位于系统的中央(是聚变燃烧的局部),但质量较小,有可能被压缩并整体升温至点火状态(局部整体点火),且由于有重介质保护,还可以大大降低对点火温度的要求。

因此,这样的系统对压缩对称性要求将会远低于"中心点火"模型,更适合在 Z 箍缩条件下应用。

(4)要达到准球对称压缩,实现中心"局部整体点火",聚变放能主体区较充分地燃烧的目标,在设计上必须有一整套巧妙的技术措施和较精密的设计计算程序。其技术措施包括以下几项:

① 采用合适的"壳层"型靶结构,既要避免界面不稳定性造成壳层结构的破坏,又能获得较好的等熵压缩效果,同时还能调整压缩波形的非球对称性。这项技术是靶设计的核心,关键在于"合适"二字。

② 聚变燃料用固态氘氚冰,目的在于减少压缩目标物的体积,以提高压缩的效果,并可减小压缩的收缩比。这项措施有利于压缩对称性的调整,又可减少界面不稳定性的发展,而且也有利于靶的制备。

③ 采用金属套筒或带阵负载,目的是尽量减少先驱等离子体的产生、尽可能早形成柱对称均匀的等离子体套筒、尽可能提高等离子体套筒碰靶时的密度,以提高内爆等离子体动能转化为靶能量的效率。事实上,在当前技术下,完全可以把负载做成完整的薄金属套筒(厚度 $1\sim3\mu m$)。

④ 采用合适的靶外部(铍球以外部分)结构设计,以提高能量的获得率,改善获得能量的时空分布,提高辐射场的均匀性,同时提高能量的利用率。靶设计模型结构见图 6-10~图 6-12。

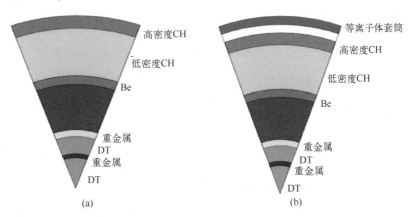

图 6-10　靶模型结构和一维计算模型示意图
(a)靶模型结构;(b)一维计算模型。

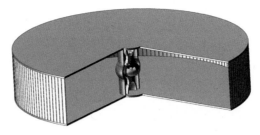

图 6-11　带阵负载及靶整体示意图

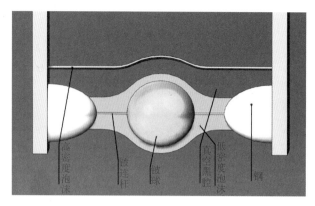

图 6-12　聚变靶区结构示意图

下面对图 6-12 做简单说明。

（1）高密度 CH 泡沫层,密度 0.3~0.5g/cm³,厚度 0.3mm 左右,且在靶球中心位置附近略为增厚。其形状主要是有利于压缩对称性调节。采用高密度则主要是力求在较短时间间隔内吸收内爆等离子体的动能,变成 CH 泡沫的能量,温度升高,并有相当一部分以辐射的方式进入黑腔。

（2）真空黑腔,目的是让辐射场能够迅速均匀化。

（3）两端的钢（或钨）制椭球,其作用是:一方面减少黑腔的无用空间;另一方面让两端高密度泡沫起飞后不久就碰上钢制椭球,温度升至较高的水平,这有利于两端区的能量流向中心区,达到有效利用负载两端等离子体内爆能量的目的。

（4）低密度 CH 泡沫层,密度 0.01~0.015g/cm³,其作用是:储存黑腔的能量（真空黑腔的热容量很小）,并易于能量的均匀化。

显然,这一结构可有效屏蔽套筒内爆过程中不稳定性发展对聚变靶丸压缩对称性的影响,这也是整个靶设计中保证聚变成功的十分重要的措施。

6.3.3　一维球形点火靶及能源靶模型设计计算情况

经过长时间的探索研究,我们提出了一维球型情况下点火靶和能源靶的设计。所谓点火靶,是考虑到各种物理要求和制靶的可能性,能够实现能量增益（释放的聚变能与输入至球型系统的动能之比）$Q \geqslant 10$ 的接近最小质量的靶球。这里需要考虑的物理因素有:点火区 α 粒子的漏失问题,界面不稳定性发展的问题,即中心的点火区不能太小,重介质物质区不能太薄。在这样的条件下,又要保证能够点火燃烧,故靶球有最小质量的问题,对某种驱动方式而言,就有最小驱动能量的问题。当然,我们这里所提出的点火靶,并不是点火的下限设计,而只是一种较为接近下限的模型。所谓能源靶,则是一种可释放 1000MJ 能量以上的靶型。这种靶,从某种意义上讲是点火靶的放大,但能量增益 Q 可大于 100,完全有可能应用于能源。

6.3.3.1　关于点火 DT 质量的大小问题

这个问题受以下几方面要求的制约:

（1）压缩能够提供能量的大小,即压缩能量能够把点火中心多少 DT 燃料压缩至密度大于等于 200g/cm³,温度≥30×10⁶ K(考虑压缩至最大压缩比之前的聚变放能对加热的贡献后),原则上是中心放置的质量越小越容易做到。

(2) 能够尽量减少 α 粒子的漏失,确保点火区能尽快升温,并释放出尽可能多的点火能量。

(3) 要确保能够很好地把外面主放能区 DT 点起来,并尽快进入剧烈燃烧阶段,使得最终获得较高的燃耗。也就是说,中心点火区提供的能量应能把主放能区 DT 升温至 5keV 以上的水平。

从第(3)条看,可以初步推断出两个 DT 区大致的质量比。在推断时,我们还是假定聚变高能中子在点火区没有能量沉积,而 α 粒子则可完全沉积下来。我们假定,点火区 DT 质量为 m_1,燃耗为 60%,主放能区 DT 的质量为 m_2。1 个 α 粒子的能量为 3.5MeV,它要使主放能区所有粒子均升温至 5keV,即可求得

$$\frac{m_1}{m_2} \geqslant 0.95\% \tag{6-7}$$

这说明:从点火的角度看,点火区质量大于总 DT 质量的 1% 就可。

6.3.3.2 关于泰勒界面不稳定性问题讨论

这里,把泰勒界面不稳定性发展归结为线性阶段和非线性阶段。界面不稳定性发展的条件是,加速度的方向是由轻介质指向重介质。定义 A 为不稳定性发展的幅度,λ 为界面起伏不平的波长。

1) 线性发展阶段($A \leqslant \lambda$)

对于线性发展阶段,有

$$A = A_0 e^{\gamma t} \tag{6-8}$$

式中:A_0 为初始不平度;$\gamma = \sqrt{\alpha \kappa g}$ 为指数因子,其中,$\alpha = \dfrac{\rho_1 - \rho_2}{\rho_1 + \rho_2}$ 为无量纲量,$\kappa = \dfrac{2\pi}{\lambda}$ 为波数,g 为加速度。

2) 非线性发展阶段($A \geqslant \lambda$)

对于非线性发展阶段,有

$$A = \lambda + \int U \mathrm{d}t \tag{6-9}$$

式中:$U = \sqrt{\alpha g d}$,其中,$d \approx \dfrac{1}{2}\lambda$ 为气泡半径。

下面我们来做个简化处理,以判断 A 发展的大致量级(原则上可对具体界面上速度 v 的变化情况,求出各时刻的 g,然后按式(6-9)做积分)。事实上将平均加速度和加速的平均时间代入式(6-9)便可,即令 $\alpha = 1$(这对要讨论的问题基本如此),由于

$$g \approx \frac{\Delta V}{\Delta t} \tag{6-10}$$

式中:ΔV 为界面加速段总的速度的变化量;Δt 为加速段所用的时间。

故有

$$A = \lambda + 0.5\sqrt{\alpha g d}\,\Delta t \approx \lambda + 0.35\sqrt{g\lambda}\,\Delta t \approx \lambda + 0.35\sqrt{\Delta V \Delta t \lambda} \tag{6-11}$$

若加速由若干时间段组成,则总的 A 值应对各时间段求和。

又可近似令

$$g \approx \frac{\Delta R}{(\Delta t)^2} \qquad (6-12)$$

式中: ΔR 为界面加速过程中所走的距离,故有

$$A \approx \lambda + 0.35\sqrt{\Delta R \lambda} \qquad (6-13)$$

式(6-13)更方便用来估计 A 值,所得结果不会有很大的误差,因为 g 处在开根号之内。由于工艺上可把 A_0 和 λ 值都做得较小,例如亚微米级,故可不去关心线性发展阶段,而只讨论非线性阶段的发展水平。

利用式(6-13),取 $\lambda = 1\mu m$,在计算的问题中 $\Delta R \leqslant 1000\mu m$,总的 A 值都小于等于 $10\mu m$。由于靶各物质区厚度都大于 $100\mu m$,故在这个问题中泰勒界面不稳定性问题可以不考虑。

6.3.3.3　一维球形模型计算情况

直接把内爆等离子体套筒的质量和动能置于靶的外层,用三温辐射流体总体程序计算,得到如下结果,如表 6-5 所列。

如果负载靶的高度为 2cm,原则上若碰靶(碰硬泡沫)时内爆等离子体的动能大于等于 1MJ/cm,则可以实现一定规模的聚变;如果动能大于等于 4MJ/cm,则可释放 1.5GJ 以上的能量,这样的靶就有可能应用于能源;如果负载的高度做到 3cm,情况也许会更好,当然这取决于驱动器在增加负载阻抗的情况下保持最大电流的能力。

表 6-5　局部整体点火靶一维球形计算结果

硬泡沫半径/mm	等离子体套筒动能/MJ	聚变释放能量/MJ
6.3	≥1.5	≥100
8.3	≥6.0	≥1500
9.3	≥9.0	≥2400

6.3.4　柱对称内爆等离子体与泡沫靶碰撞时的动能

针对柱对称一维问题,分别用零维模型程序和磁辐射流体力学程序(MARED)计算等离子体套筒在电流磁场作用下获得动能的情况。所谓零维模型,就是将靶套筒视为质点,在电流产生的洛伦兹力驱动下做向心运动。对于点火靶,Al 套筒的半径为 4cm,硬泡沫半径为 $0.5 \sim 0.6$ cm,对应的电流为 $30 \sim 40$ MA;对于能源靶,Al(或 Ti)套筒的半径为 6cm,硬泡沫半径为 $0.7 \sim 0.8$ cm,对应的电流为 $60 \sim 70$ MA。驱动器电流由函数给出,具体形式为 $I(t) = I_{max} \sin^4\left(\frac{\pi t}{4 t_{rising}}\right)$,其中, I_{max} 为电流峰值, t_{rising} 为电流上升前沿。这里取 $I_{max} = 60$ MA, $t_{rising} = 200$ ns,可得驱动器电流曲线如图 6-13 所示。

6.3.4.1　零维模型程序计算主要结果

计算了不同套筒质量、套筒初始半径及不同泡沫靶半径,在不同电流驱动作用下,套筒碰靶时的动能和速度。结果见表 6-6、表 6-7。

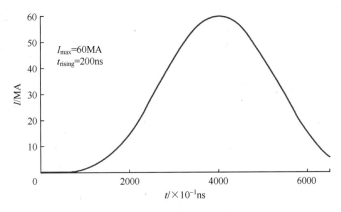

图 6-13　驱动器电流曲线图

表 6-6　60MA 电流驱动下套筒等离子体碰靶时的动能和速度

电流峰值 /MA	电流上升前沿 /ns	套筒初始半径 /cm	泡沫靶半径 /mm	套筒质量 /（mg/cm）	碰靶动能 /（MJ/cm）	碰靶速度 /（×10^7cm/s）
60	150	5	7	20	6.37	7.98
60	150	5	8	20	5.97	7.73
60	150	5	7	30	5.37	5.98
60	150	5	8	30	5.10	5.83
60	150	5	7	40	4.20	4.58
60	150	5	8	40	4.03	4.49
60	150	6	7	20	5.91	7.68
60	150	6	8	20	5.63	7.50
60	150	6	7	30	3.99	5.16
60	150	6	8	30	3.88	5.09
60	200	6	7	20	7.18	8.47
60	200	6	8	20	6.75	8.22
60	200	6	7	30	6.50	6.58
60	200	6	8	30	6.13	6.39
60	200	6	7	40	5.42	5.21
60	200	6	8	40	5.20	5.10
60	250	6	7	20	7.08	8.41
60	250	6	8	20	6.61	8.13
60	250	6	7	30	7.21	6.93
60	250	6	8	30	6.77	6.72
60	250	6	7	40	6.87	5.86
60	250	6	8	40	6.48	5.69

表 6-7 70MA 电流驱动下套筒等离子体碰靶时的动能和速度

电流峰值 /MA	电流上升前沿 /ns	套筒初始半径 /cm	泡沫靶半径 /mm	套筒质量 /(mg/cm)	碰靶动能 /(MJ/cm)	碰靶速度 /(×10⁷cm/s)
70	150	5	7	20	8.99	9.48
70	150	5	8	20	8.35	9.14
70	150	5	7	30	8.46	7.51
70	150	5	8	30	7.95	7.23
70	150	5	7	40	7.41	6.09
70	150	5	8	40	7.02	5.93
70	150	6	7	20	9.28	9.63
70	150	6	7	20	8.76	9.36
70	150	6	7	30	7.49	7.06
70	150	6	8	30	7.16	6.91
70	200	6	7	20	9.81	9.90
70	200	6	8	20	9.12	9.55
70	200	6	7	30	9.68	8.05
70	200	6	8	30	9.07	7.78
70	200	6	7	40	8.92	6.68
70	200	6	8	40	8.42	6.49
70	250	6	7	20	9.04	9.51
70	250	6	8	20	8.43	9.18
70	250	6	7	30	9.77	8.07
70	250	6	8	30	9.10	7.79
70	250	6	7	40	9.82	7.01
70	250	6	8	40	9.22	6.79

从表 6-6、表 6-7 所列数据来看,如果上升前沿短,则需选用轻负载,且套筒半径小些为宜。如果考虑到加速器建造的技术和工程问题,需要增大电流上升前沿或套筒半径,则可在适当增加电流强度的情况下,获得较大的碰靶动能。例如,对于 60MA 电流,可选用电流上升前沿 150ns,套筒半径 5cm,负载质量则以 10~30mg/cm 为宜,原则上可获得的碰靶动能大于 5MJ/cm。对于 70MA 电流,可选用电流上升前沿 200ns、套筒半径 6cm,负载质量以 20~40mg/cm 为宜,原则上可获得的碰靶动能大于 7MJ/cm。在碰靶动能满足要求的前提下,原则上要选用质量较重的负载,以减少制造工艺的困难和不均匀性(沿 Z 方向)对内爆过程的影响。

6.3.4.2 MARED 程序计算结果

利用 MARED 程序计算了套筒等离子体碰靶时的动能,如表 6-8 所列,套筒运动流线图如图 6-14 所示。

表 6-8　套筒等离子体碰靶时的动能

套筒半径 /cm	套筒质量 /(mg/cm)	电流峰值 /MA	泡沫靶平均 外半径/mm	套筒等离子体碰靶时的动能 /(MJ/cm)
4	10	30	5	1.0
4	10	40	5	2.2
6	27.5	60	7	4.8
6	40	70	7	6.3

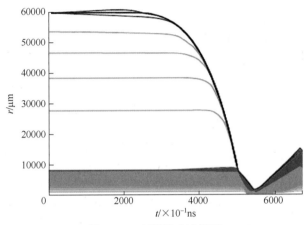

图 6-14　套筒运动流线图

6.3.4.3　初步讨论

通过前面的计算可以获得如下认识：

（1）零维模型是理想状态，它的计算是把套筒理想化了。但如果负载是理想套筒或高质量"带阵"，在电流加入早期便不会出现明显的先驱等离子体，也没有先驱电流，这时，套筒的质量分布状态对套筒获得的能量便不重要。故零维模型计算所给出的套筒碰靶时的动能是套筒能够获得的最大动能。而好的套筒或"带阵"制作工艺，可以帮助我们接近此理想状态。

从表 6-7 结果来看，60MA 电流原则上可获得 5~6MJ/cm 的碰靶动能。

（2）MARED 程序适合描述"丝阵"负载情况。它考虑了套筒的质量分布，考虑了有先驱等离子体和先驱电流的存在，考虑了磁场在介质中的扩散。同时，在负载和靶之间不能是真空，计算时必须填充一定密度的介质。故在套筒碰靶之前存在一定的能量耗散机制，使得碰靶时套筒的动能要减小，从结果上看，减小的比例达 20%~30%。

我们认为，将来若采用较好的负载（如套筒）、靶制作工艺，靶获得的能量应介于零维模型和 MARED 的结果之间，即 5MJ/cm 左右。

综上所述，40MA 电流可以实现点火，60MA 以上电流原则上可以驱动能源靶聚变，如果电流达到 70MA，实现 3GJ 的聚变放能就更有把握了。

6.3.4.4　关于负载问题的讨论

关于负载，其设计、应用应主要考虑有利于实现聚变和驱动器建造及未来大量负载的制作等。从已经进行的研究看，我们主张用套筒负载，其讨论如下。

1. 丝阵负载的问题

我们认为,丝阵是在早年驱动器电流较小的年代提出的,目的在于制作一个非常轻质的负载以代替金属套筒,通过实验来研究 Z 箍缩物理现象。当时一是并不知道这种物理现象将会对未来的科学技术带来怎样的前景(主要是等离子体汇聚至中心阻滞后出射高强度 X 射线),二是制作轻质量套筒的手段也未做仔细研究,故自丝阵出现后就一直在用。应该说丝阵的提出(俄罗斯科学家提出的)对推进 Z 箍缩研究的进步起到了重要的作用,但它不适宜聚变能源应用。

假定丝的直径为 6μm,制备工艺可做到 1mm 之内 5 根丝,则每根丝所占空间为 200μm,只有当丝的直径膨胀至 200μm 时,才能形成物理上完整的套筒。但当电流通过每根丝时,一方面由于欧姆加热而膨胀,另一方面由于丝周围的磁场的箍缩效应将限制热膨胀,故形成完整套筒需要相当的时间。且由于电流开始总是倾向于主要从导线的表面流过(非直流),丝表面一层会较快地膨胀,丝的内部区在相当一段时间内处于压缩状态,其后果是膨胀的等离子体密度很低,中心有高密度区,这一点在丝阵实验中看得很清楚。因此,当两根丝表面的柱面等离子体对碰时,会发生射流现象,产生先驱等离子体及先驱电流。总的来看,整个内爆等离子体结构和图像极为复杂,且极具随机性,现有的物理和数值模拟方法难以对其进行准确描述,事实上,这也为大量的丝阵电磁内爆实验所证明。从 Z 箍缩应用于聚变能源的角度看,丝阵负载的一些特点是我们很不希望的,主要原因如下:

(1)内爆等离子体密度很低(有可能是丝的初始密度的千分之一以下,理论计算表明,等离子体套筒碰靶时密度远小于 $0.5g/cm^3$),分布很宽,与靶相互作用时间很长,对产生的辐射场没有有效的阻挡作用,不利于能量的有效利用。

(2)内爆等离子体柱的环向对称性和轴向均匀性很差,非常不利于形成聚变靶的球对称压缩。

(3)先驱等离子体和先驱电流的存在,不利于等离子体的压缩,并较严重影响所形成套筒做功。

(4)能源应用不允许存在随机性。

2. 做成套筒的可能性

现代技术可以制作出很薄的金属膜,例如 Ti 金属可制成厚度为 1.5μm(甚至 1μm)的箔,当负载半径为 5cm 时,其质量为 21.2mg/cm,半径为 6cm 时,其质量约为 25.4mg/cm。如果用 Mg-Al 合金,其密度约为 $1.9g/cm^3$,若能制成 2.5μm 厚的金属箔,半径为 6cm,质量则为 17.8mg/cm。由此可见,轻质量的套筒或带阵负载是可以制作出来的。将来为减小等离子体套筒碰硬泡沫时向外的辐射损失,还可考虑在金属套筒的里面喷镀一层很薄的重金属,如钨。

3. 对套筒负载性能的预期

由于是套筒,因此没有先驱等离子体,也没有先驱电流。在前沿小电流阶段,套筒由于欧姆热温度上升并膨胀。当电流增大到一定程度时,外边界的磁压便大于等离子体压力,此后,套筒便一直处于被压缩状态,密度将不断升高(也存在由于升温和内爆向真空区飞行等引起密度下降因素)。当碰到硬泡沫时,将保持较高的密度状态,这对在较短时间内(2ns 左右)与硬泡沫交换能量、阻止辐射向外流失和靶压缩对称性调整是有利的。

6.3.5 二维计算情况

此处展示一个初步二维计算情况。使用的二维程序是磁辐射流体力学程序和单温辐射流体力学程序,即先由磁辐射流体力学程序(MARED)计算出碰靶时内爆等离子体套筒的物理状态,然后用单温辐射流体力学程序(RDDL)计算靶的压缩过程。计算的条件是:套筒半径4cm、高2cm,硬泡沫外半径7.3mm。靶区 Be 以内均为球形,未作任何适用性调整(黑腔内泡沫密度为 $0.03g/cm^3$,偏大)。DT 冰用理想气体状态方程。图 6-15 和图 6-16 所示为中心 DT 区接近最大压缩比时的密度分布和温度分布。

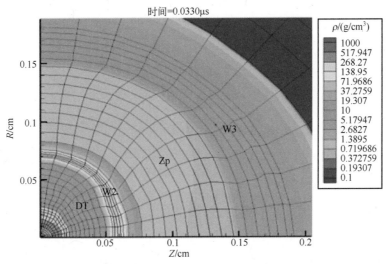

图 6-15 靶压缩至中心时密度分布状况

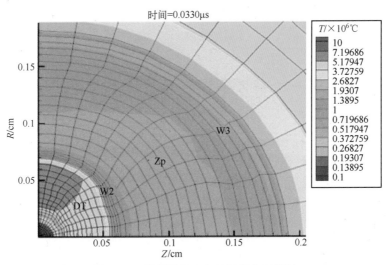

图 6-16 靶压缩至中心时温度分布状况

当我们适当增加加载能量并适当降低黑腔泡沫的密度后,计算的压缩对称性便有显著改善,结果如图 6-17 所示。

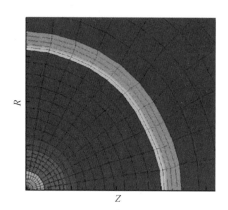

图 6-17　适当改进后压缩至中心时网格分布状况

从上述初步计算的情况看,经适当调整后对称性较好,形状规整。总之,只要能源状况给定,我们理论上有许多手段,可以把对称性调整好的。当然,将来还是要靠理论和实验的结合,充分利用背光照相,观测靶介质运动过程,与理论计算进行比较,校验好计算程序和基本参数,然后才能把靶设计好(要特别注意研究设计的皮实性)。总体来说,"局部整体点火"靶与激光驱动的"中心点火"靶相比,物理因素相对简单,也比较好控制些。具体来说,对 Z 箍缩驱动聚变,整个过程可分为电磁内爆阶段和靶丸在套筒等离子体驱动下的压缩、聚变阶段。前一阶段就是磁驱动下的磁流体力学问题。在套筒负载条件下,负载将变成较为完整的套筒,其数值模拟对于套筒获得动能而言,可靠性将是很高的(接近零维结果),而且完全可以通过与实验的比较来验证。后一阶段则完全是辐射流体力学过程,关键的辐射参数都是针对低 Z 介质的,理论计算精度较高。以前的工作证明,即使对结构较复杂的"纯聚变小囊",计算程序也是基本有效的。因此,我们认为 Z 箍缩驱动的 ICF 数值模拟是可靠的。

总的来说,只要等离子体套筒碰靶时的动能大于等于 5MJ/cm,就非常有可能使聚变靶丸释放的聚变能超过 2000MJ。

6.4　超高功率 Z 箍缩驱动器技术的发展现状

6.4.1　聚变对 Z 箍缩驱动器的要求

通过前面的讨论,已可初步提出作为聚变研究及能源应用 Z 箍缩驱动器应满足的要求。

对于聚变研究而言,驱动器能满足如下要求即可:

(1) 驱动器最大电流大于等于 30MA,最好能达到 40MA;

(2) 电流上升前沿(电流由 $0.1I_{max}$ 升至 $0.9I_{max}$ 所需的时间)可在 100~150ns 之间。

对于聚变能源应用,驱动器应满足如下要求:

(1) 驱动器最大电流大于等于 60MA,最好能达到 70MA 或更大;

(2) 电流上升前沿可在 100~200ns 之间;

（3）磁绝缘传输线长度应可在 15～30m 之间；

（4）实现重复频率运行，频率应≥0.1Hz，即应做到 10s 打靶一次；

（5）要有很长的使用寿命，电容器和开关的可靠运行次数要达到 300 万次以上的水平。

这里，第（3）条要求主要是为了适应次临界裂变堆需大爆室及充分的辐射屏蔽空间的情况。

显然，聚变研究用的驱动器可以用传统技术路线来建造，也可以用 LTD 的技术路线来制造，但对于聚变能源应用，则必须使用 LTD 技术。

Z 箍缩驱动器是一种大型超高功率脉冲功率装置，要产生约 60MA 的驱动电流并有效输送至负载，需要两方面的技术支撑。首先，必需产生约 60MA 的电流，单脉冲功率装置是难以实现的，必须通过多个脉冲功率装置（电流达到兆安量级、电压数兆伏）同步并联放电，再经过传输和汇流来实现。其次，要将数十兆安的强大电流输送至厘米尺度的负载，峰值电功率可达 $10^{13}\sim10^{15}$ W，负载尺度往往只有厘米量级。在如此大的空间跨度、如此高的峰值功率下，功率流密度非常高，一般的脉冲传输技术难以满足如此极端的要求，不得不借助真空磁绝缘传输线（Magnetically Insulated Transmission Line，MITL）传输能量，以实现极端高功率流密度传输。

因此，大型 Z 箍缩驱动器技术可分为两方面，即高功率脉冲产生技术和真空功率流技术。

6.4.2　高功率脉冲产生技术

20 世纪 60 年代，Martin 将 Blumlein 型脉冲形成线和 Marx 发生器结合起来产生高功率纳秒级脉冲，开创了现代脉冲功率技术的新时代，为高功率大电流脉冲的产生提供了技术途径。在脉冲功率技术发展的初始阶段，使用变压器油作为脉冲形成线的绝缘介质，基于这种技术的装置阻抗高、工作电压高，输出电压可达 10MV 量级，电流一般在 100kA 量级（图 6-18），典型装置如美国的 Hermes-Ⅰ、Hermes-Ⅱ[3]和我国的"闪光-Ⅰ"装置[4]。

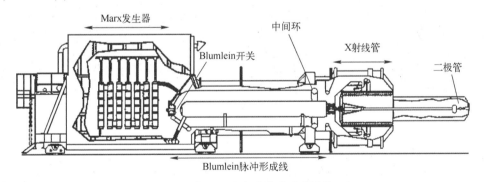

图 6-18　典型的油介质脉冲形成线装置

20 世纪 60 年代末，用高纯度去离子水取代变压器油作为脉冲形成线的介质，发展了低阻抗脉冲形成线，使单台脉冲功率装置的输出电流可达到兆安量级，大大提高了装置的功率水平，逐渐成为脉冲功率的主流技术。一直到 20 世纪末，这种以闭合开关和水介质传输线为基础的电容储能（Capacitive Energy Storage，CES）技术一直是脉冲功率技术应用最广泛的技术，这种技术通常被称为传统技术路线（图 6-19）。基于这种技术路线的装置输出电压可达兆伏量级,电流可达兆安量级,典型的装置如美国的 Double-eagle[5]、Gamble-Ⅱ[6] 和我国的"闪光-Ⅱ"装置[7]。

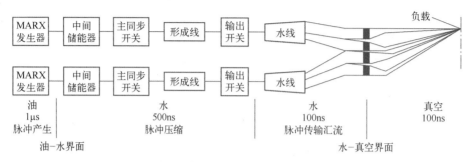

图 6-19 传统技术路线系统构成示意图

20 世纪 70 年代开始,各种类型强流粒子束驱动的惯性聚变研究在美国、俄罗斯等发达国家兴起,建造相关大型强流脉冲功率装置势在必行。脉冲功率技术领域发展了激光触发气体开关,使得多个工作电压在数兆伏的开关同步放电时的时间偏差可以控制在数纳秒之内,这项技术使得多台装置能够并联同步运行,可以实现更大的电流和更高的功率输出。基于这种技术的装置的输出电流可达 10MA 量级,典型装置如用于电子束聚变研究的 PROTO-Ⅰ(1TW) 和 PROTO-Ⅱ[8],Saturn[9](10TW),用于轻离子束聚变研究的 PBFA-Ⅰ(20TW)、PBFA Ⅱ[10]/Z[11]/ZR[12](100TW),以及我国的 PTS 装置[13],部分装置参见图 6-20~图 6-23。

图 6-20 PROTO 装置

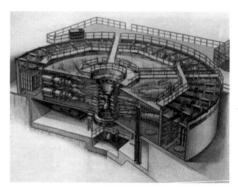

图 6-21 PBFA Ⅱ装置

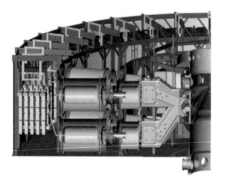

图 6-22 ZR 装置

图 6-23 PTS 装置

感应电压叠加(Induction Voltage Adder,IVA)技术是脉冲功率领域的一次重大技术进步,其最初源于 20 世纪 60 年代直线感应加速器的技术概念,利用多个电压级别相对较低的功率模块的输出脉冲以电磁感应的方式实现电压升高和功率叠加,如图 6-24 所示。IVA 技术实现了总电压的化整为零,使器件工作电压与目标电压脱钩,降低了主要部件的工作电压,有利于装置寿命和可靠性的提升,是一次重要的技术革新。20 世纪 80 年代,SNL 实验室建成了基于 IVA 技术的大型辐射效应模拟装置 Hermes-Ⅲ[14](图 6-25),该装置由 20 级感应腔串联而成,输出参数为 18MV/800kA。

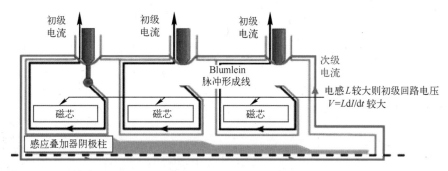

图 6-24　感应电压叠加器(IVA)原理示意图

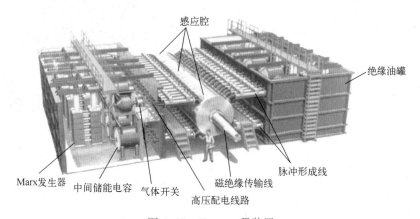

图 6-25　Hermes-Ⅲ 装置

无论是传统的电容储能技术,还是 IVA 技术,其技术基础是一样的,即工作电压数兆伏的水介质脉冲形成线和闭合开关。这种技术路线的局限性在于:

(1)从 Marx 发生器开始,脉冲电压即一步到位达到数兆伏,然后逐级压缩传输,所有关键部件均需承受高压,尤其是开关器件承受的功率过高,难以实现重频运行且寿命非常有限;

(2)由于整个系统电压级别高,开关等器件的电感不易做小,脉冲压缩段多且段与段之间存在阻抗变换,系统总的能量利用率和电压效率较低;

(3)随着输出功率的提高,装置规模大幅上升,系统过于庞大、造价高。

因此,要研制面向聚变能源的大型重频驱动器,传统技术路线是很难胜任的。

进入 21 世纪,俄罗斯大电流研究所(Institate of High Current Electronics,IHCE)发展

了一种新型的直接驱动技术——快脉冲直线变压驱动源（Linear Transformer Driver，LTD）。LTD技术采用化整为零的设计思想，将储能电容分为较多容量较小的电容并联，从而实现了快脉冲直接输出，无需脉冲形成线和相应的闭合开关进行脉冲压缩。LTD将目标电压化整为零，利用磁芯的感应隔离功能将模块电压控制在较低水平，使器件工作电压与目标电压完全脱钩，大大降低了开关和电容器等基本器件的功率要求。此外，由于磁芯的隔离作用，LTD技术具有较强的容错能力和输出波形调节能力。因此，快脉冲LTD研究已经成为近年来脉冲功率技术研究的热点。2001年，IHCE研制成功第一个快脉冲LTD模块——LTD-100[15]，输出电流为100kA，如图6-26所示。

为了展示LTD技术在强流脉冲功率技术方面的优势，IHCE于2004年研制出具有里程碑意义的输出电流达1MA的LTD模块——LTD-Z[16]，如图6-27所示。LTD-Z由40个基本放电支路并联组成，输出电流达1MA。LTD-Z模块的成功研制是一个重要的里程碑，多级多间隙气体开关、多个开关同步触发控制等关键技术得到有效验证，使得基于LTD的大型驱动装置建造有了现实可行的基础。

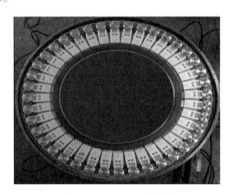

图6-26　LTD-100模块　　　　　图6-27　LTD-Z模块

由于LTD模块利用磁芯的感应隔离功能可将工作电压限制在较低水平，使器件工作电压与目标电压完全脱钩，从而大大降低了开关和电容器等基本器件的功率要求，拓宽了器件的选择范围，为很多能够重频长寿命运行但功率容量较小的开关器件的应用提供了可能。因此，可以预见LTD具备较好的重频长寿命运行的潜力。为了验证LTD的重频运行能力并评估其应用于重频Z箍缩驱动器的可能性，SNL对俄罗斯制造的500kA LTD模块（图6-28）进行了重频实验考核[17]，实际在重复频率模式下进行了约13000发实验，最高重复频率接近0.1Hz。鉴于LTD技术的优势和前景，脉冲功率技术领域的著名专家对快脉冲LTD技术的发展给予了高度的评价，SNL脉冲功率技术中心主任Keith Matzen称快脉冲LTD技术是数十年来脉冲功率技术最重要的进展，美国Z箍缩驱动惯性聚变能（Z-IFE）研究项目的负责人Craig Olson称其为一次革命性的进步。

在LTD技术发明之初，我国学术界就认识到这种技术具有较大的优势和潜力，并进行了系统深入的研究，在关键单元技术、装置技术指标和新概念探索研究方面均取得长足进步。2005年，中国工程物理研究院研制出第一个原理验证性快脉冲LTD模块（图6-29），输出电流41.4kA，电流上升时间仅有36.8ns[18]。2007年，在低触发阈值的多间隙开关（图6-30）取得技术突破的基础上，研制出输出电流为100kA/100ns的LTD模块[19]（图 6-31），其中的 10 个多间隙开关只需要一路高压触发脉冲即可良好同步，这标志着我国已初步掌握快脉冲 LTD 的关键技术。

图 6-28 500kA LTD 模块重频实验平台

图 6-29 原理验证性 LTD 模块

(a)

(b)

图 6-30 多间隙开关

2008 年，为了进一步研究大电流 LTD 技术的工程问题，中国工程物理研究院又研制出输出电流为 1MA 的 LTD 原型模块[20]（图 6-32）和输出电流为 100kA、输出电压为 1MV 的 10 级 LTD 串联装置[21]（图 6-33）。在 1MA LTD 模块的研制过程中，解决了大尺寸工件的设计、加工和安装，大尺寸薄壁腔体的密封等工程技术难题，与协作单位一道成功研制直径大于 2m 的超大尺寸非晶磁芯（图 6-34）。1MA LTD 模块的成功研制标志着我国已初步具备大型 LTD 装置的工程实施能力。

图 6-31 100kA LTD 模块

图 6-32 1MA LTD 原型模块

图 6-33 100kA/1MV 10 级 LTD 串联装置 　　　　　　图 6-34 超大尺寸非晶磁芯

6.4.3 真空功率流技术

6.4.3.1 物理基础

在聚变能源驱动器中,脉冲功率系统需要将 $10^{13} \sim 10^{15}\,\mathrm{W}$ 的电功率输送至厘米级的负载区,能量传输阵面的电功率密度可达 $10^{12}\,\mathrm{W/cm^2}$。从真空中平面电磁波坡印廷矢量、电磁场能流密度 $S = E \times H$ 可知,真空中要实现 $1\mathrm{TW/cm^2}$ 的功率密度传输,电场强度将达到约 $20\mathrm{MV/cm}$。对于构成传输线的导体来说,由于存在爆炸电子发射阈值(一般为数百千伏每厘米),因此要在真空中传输功率密度为 $\mathrm{TW/cm^2}$ 级的脉冲,电极必然有电子发射。

当电极产生爆炸电子发射后,电子会在电场作用下向阳极运动,在阴阳极之间形成横向的空间电荷流。同时,由于电子轰击和导体的欧姆加热效应,电极表面吸附的杂质和气体会被解吸附,形成电极等离子体。为使脉冲能量能有效传输至负载,真空传输线必须实现两个条件:首先要抑制或禁止电子穿越阴阳极间隙形成横向空间电荷流;其次要控制电极等离子体的扩散。

磁绝缘效应的发现和应用使上述条件的实现成为了可能。磁绝缘传输线(MITL)技术是脉冲功率系统中最为重要的技术之一,是实现高功率密度真空功率传输的基础。

磁绝缘现象的形成过程如图 6-35 所示。在阴极发射电子的同时,阴极内的传导电流会产生一个与电场垂直的磁场,在电场和磁场的共同作用下,电子会沿着 $E \times B$ 方向漂移。当电流超过临界值时,电极间的磁场足够强,使脉冲前沿之后的电子在电场方向的最大位移小于电极间隙,电子就不能到达阳极,这就形成了磁绝缘。根据 MITL 的长度和负载阻抗的匹配关系,磁绝缘可以分为两种主要的类型,即自限制型磁绝缘和负载限制型磁绝缘[22]。自限制型磁绝缘一般在长线(见下文)中或 MITL 驱动高阻抗负载的条件下出现,含义是电子流的位型由 MITL 自身决定,与负载阻抗无关(图 6-36);负载限制型磁绝缘则相反,其电子流位型由负载阻抗决定,一般在短线且负载阻抗低于 MITL 阻抗的条件下出现(图 6-37)。

6.4.3.2 长距离传输问题

在聚变能源驱动器的建造过程中,出于对空间布局的考虑,负载与前级脉冲传输单元之间可能会有数米甚至十几米的 MITL。因此,驱动器建造面临长距离真空功率传输的问题。

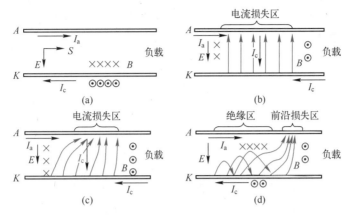

图 6-35 真空传输线中磁绝缘现象的形成过程

（a）无电子发射时；（b）电子开始发射；（c）磁场使电子轨迹开始偏转；（d）磁绝缘的建立。

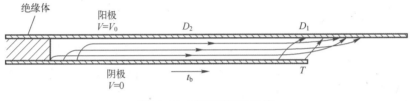

图 6-36 自限制型磁绝缘

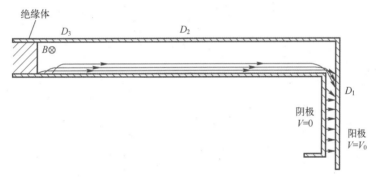

图 6-37 负载限制型磁绝缘

长距离是一个相对的概念，是指传输距离与脉冲前沿或脉宽的相对关系[23-24]。与一般的传输线一样，如果 $l \ll \tau c$（其中，l 为传输线长度，τ 为脉冲上升沿或脉宽，c 为真空中的光速），则称为短线，其特点是在很短的时间内，电磁波已经贯穿整个 MITL 区域，可以近似认为区域内的物理量只是时间的函数，而与位置无关，可用准稳态流或稳态流近似；如果长度 $l \geqslant \tau c$，则称为长线，其特点是 MITL 物理量不仅随时间变化，其还是位置的函数，磁绝缘的形成过程具有显著的非稳态特性[25]。磁绝缘的非稳态流，有的文献也称为磁绝缘的波模式[26]。对于这种模式，自磁绝缘是最显著的特点，即在电磁波达到负载之前，通过在波前发射电子并损失到阳极，获得必要的磁场维持之后的磁绝缘，传输线的电压和电流与负载无关，而趋于由自身阻抗可以确定的值。长 MITL 一个显著的特点是，由于磁控管效应的存在，相对于输入端，输出脉冲的前沿会有不同程度的锐化，锐化程度与电压和传输线长度相关,该效应甚至被用来获得脉冲冲击[27-28]。

国外对 MITL 长距离传输问题的研究,主要工作集中于 20 世纪 70 年代后期至 80 年代前期,当时的一个重要背景是核武器效应模拟需要将很高能量的脉冲(电压数兆伏至十几兆伏,前沿 40ns 左右)通过数米甚至十几米的传输到达负载,产生模拟效应所需的粒子束,同时所谓的电子束聚变也是研究的热点[29]。由于传输的电压很高、传输距离较长,这些应用都需要借助长距离的真空磁绝缘来实现脉冲的传输[30]。

20 世纪 70 年代,俄罗斯的 Baranchikov 等人在 MS 加速器上,先后开展了 3.5m 和 4.5m 长的 MITL 实验研究[31]。同时期,美国也开展了 6m 长的磁绝缘传输实验(Magnetic Insulation Transmission Experiment,MITE)[32]。MITE 所用传输线为三平板结构,驱动源的指标为 2MV/0.4MA/40ns,是电子束聚变加速器 EBFA-I 的一个原型模块。前期实验发现,功率馈入端的结构对功率传输有较大影响,通过优化,最终得到高达 90% 的能量传输效率和 100% 的功率传输效率,即虽然有一定的能量损失,但是从输入到输出,峰值功率不变。实验情况见图 6-38。

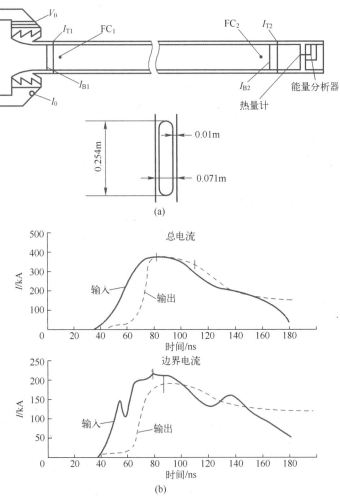

图 6-38　MITE 实验传输线示意图和典型实验结果

(a) 实验传输线示意图;(b) 典型实验结果。

6.4.3.3　汇流问题

由于空间电子流的存在，真空汇流不是简单的电流相加。真空汇流将伴随着 MITL 结构的转换[33]。图 6-39 给出了 Z 装置柱孔汇流结构(DPHC)的三维示意图，该结构采用双层柱孔，实现 4 条圆盘锥形 MITL 的电流叠加。由于对称性问题，柱孔结构的引入会造成一些局部磁场很弱甚至为零(Null)的区域(图 6-40)[34-35]。低磁场或零磁场的出现，会使对应区域的磁绝缘难以实现，从而导致电子在此泄漏至阳极，在造成电流损失的同时，使大量能量沉积到阳极导体，引起电极温度升高、吸附气体解吸、等离子体产生等后续问题[36]。但总体而言，磁绝缘汇流结构的电流传输效率仍在 90% 以上。

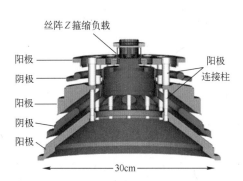

图 6-39　Z 装置柱孔汇流结构的三维示意图

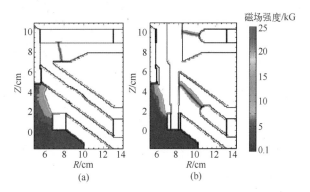

图 6-40　Z 装置柱孔结构零磁场区分布图
(a) 15°方向；(b) 0°方向。

对于基于 FLTD 和全真空功率传输的 Z 箍缩点火驱动器，在离负载更远的区域，还有一个将来自各路驱动器的数十条同轴型 MITL 并联在一起，实现多路汇流的过程。对于这一过程，不同结构之间的过渡方式，并联路数的多少以及每一路输出的电流、电压水平，都会对汇流效果产生显著影响，需要进行更深入的研究。

为探索在更高电流条件下能替代现有汇流方式的技术，近年来，美国的 Seidel 和 VanDevender 分别开展了变压器型的汇流技术[37](图 6-41)和蚌壳式汇流的(图 6-42)

图 6-41　变压器型的汇流结构
(a) 整体图；(b) 局部放大图。

MITL 技术[38],试图发展一种能够代替柱孔的汇流方式。尽管这些技术都进行了原理性实验验证,但结构都较为复杂,即便在 ZR 这样的电流水平上应用,也还存在较大问题。

图 6-42　蚌壳式汇流结构

6.4.3.4　间隙闭合

在聚变能源驱动器中,MITL 接近负载区域时,需要传输的功率密度超过 $1TW/cm^2$,电流密度将达到 MA/cm 级。在如此高的功率密度下,阴极电子发射和欧姆加热,会导致导体的快速温升。由于气体吸附、杂质的存在,当温度达到一定阈值(约 400℃)后,气体和杂质会形成热发射,在阴极表面形成等离子体。阴极等离子体产生后,会向阳极扩散,扩散速度与 MITL 实际工作状态有关,一般为 $100 \sim 101cm/\mu s$ 量级[39-40]。

在 MITL 阴阳极间隙较小或者脉冲持续时间较长的情况下,阴极等离子体会完全占据阴阳极间隙,导致间隙闭合。MITL 间隙的闭合,将形成电流旁路,导致后续能量不能再向后传输,同时也将导致后续传输线中磁通的封闭。MITL 的间隙闭合,从实际效果上相当于在 MITL 中引入一个撬杆开关(crowbar)。MITL 间隙闭合的时刻,通过监测电流波形很容易分辨。

通过借助早期的一些装置,尤其是二极管的一些实验,国内外对 MITL 间隙闭合问题也积累了一些认识。一般认为,MITL 间隙的闭合速度与电流密度、脉冲上升时间、导体材料、工艺条件有关。通过改善电极状况,如精细加工、抛光、烘烤、预加热等手段,可以一定程度上缓解间隙闭合问题。在兆安及其以下的电流水平,早期的一些实验表明阴极等离子的膨胀速率为 $1 \sim 10cm/\mu s$[41],因材料和电流等因素而异。针对今后聚变能源的数十兆安电流,十分有必要对 MITL 间隙闭合的物理机制及抑制方法开展深入研究,同时开展聚变靶的优化设计及其与驱动器耦合过程的研究,使得内爆过程能够在间隙闭合之前完成,这对于整个能源系统的可行性论证至关重要。

6.4.4　大型驱动器概念研究

2007 年,SNL 的 Stygar 提出了建造 $50 \sim 60MA$ 装置的新的构想(图 6-43、图 6-44)[42]。该方案将驱动源与负载通盘考虑,以根据实验数据得出的绝缘堆参数定标律为基础,具有较高的参考价值。其主要构成为初级功率源、阻抗变换段、汇流段、负载,初级功率源考虑两种技术:传统技术和 LTD 技术。传统技术即 Marx 发生器和水介质脉冲形成线,其参数与 Z 装置 Marx 发生器相同,整个装置是 300 个 Marx 发生器和中储的组合,总储能 98MJ。采用传统技术的装置分为 3 层,每层 100 个 Marx 发生器,100 个中储电容(工作电压 5MV,平板状三板线,兼脉冲形成线功能),200 个激光触发开关(工作电压 5MV);采用 LTD 技术的装置分为 3 层,每层 70 路 LTD 装置并联,共 12600 个 LTD 模块,54000 个开关,108000 个电容器。两种方案的脉冲传输汇流结构是类似的,通过阻抗变换实现了电压升高以达到驱动要求。绝缘堆采用 6 层堆结构,电感 24nH,工作电压 15MV,直径 5.4m。磁绝缘传输线与绝缘堆结构匹配,采用 6 层并联结构,降低了每层的电流密度和整体等效电感。

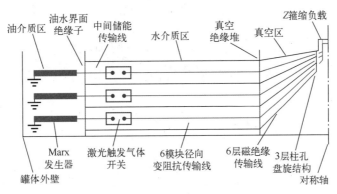

图 6-43　基于传统技术的装置构成图

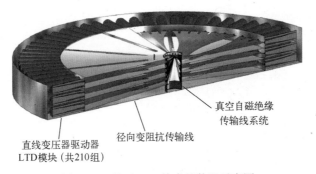

图 6-44　基于 LTD 技术的装置示意图

该方案的创新之处在于:①使用变阻抗传输线提高电压,降低了初级功率源的电压要求;②磁绝缘传输线采用 3 组 6 层结构,降低了单层磁绝缘传输线的功率流密度和整个真空区的电感,该方案对于近期建造大型点火驱动器具有较为重要且现实的参考价值,由于未考虑重频和长寿命问题,不适于聚变能源驱动器。

目前,另一种技术方案是以 SNL 的 Mazarakis 为代表的科学家构想的 60MA 惯性聚变能源驱动装置[43],如图 6-45 所示。这一思路突出了 LTD 和可循环传输线(Recyclable Transmission Line,RTL)两个方面的创新研究,将目标定位于重复频率运行的大型驱动源,以实现聚变点火的能源化。这一技术路线的基础是 1MA/100kV 的标准 LTD 模块,这一模块包含 80 个 40nF 电容器,40 个 200kV 开关,模块的等效电感为 5.8nH,电容为 800nF,内阻为 0.015Ω。IFE 驱动源的设计目标是 60MA、7MV、100ns,计划采用 60 路 LTD 并联,每路由 60 级 LTD 模块通过磁绝缘感应叠加(IVA)的方式实现。60 级 LTD 叠加部分总长约 13m,IVA 的输出通过长约 31m 的长磁绝缘传输线与 RTL 连接,同轴磁绝缘传输线与 RTL 之间设计了两种过渡结构(图 6-48),实现了从同轴结构磁绝缘传输线到两电极 RTL 的转换。整个装置的半径 44m,高约 5m,包含 3600 个 1MA 的 LTD 模块,144000 个气体火花开关,288000 个电容器。考虑到长 MITL 本身以及与 RTL 耦合时的电流损失,为达到 60MA 的输出电流,采用 70 路并联,每路 70 级串联的设计,装置直径达到了 104m。

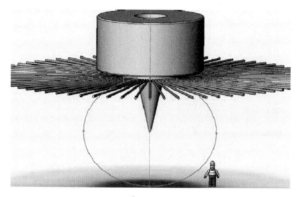

图 6-45　基于 LTD 和磁绝缘传输线的 60MA 装置概念图

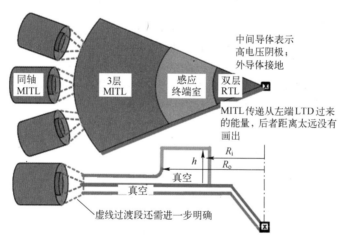

图 6-46　磁绝缘传输线的结构转换示意图

　　该方案的突出特点有两个:①采用真空磁绝缘传输线传输脉冲,避免使用绝缘堆,降低负载区电感进而降低装置规模,但长距离的磁绝缘传输线传输会造成能量损失;②设计了多种构型磁绝缘传输线的转换结构,从同轴到三电极圆盘再到两电极圆盘锥,为可更换 RTL 的探索研究提供了启发。该方案重点在于探索真空磁绝缘传输汇流的可行性及结构转换方法,这是未来聚变能源驱动器的技术重点之一,以此方案为框架,由 SNL 牵头的 Z-IFE 研究团队对此进行了深入的研究,在聚变能源驱动器的诸多重要方面取得了重要成果[44]。

　　鉴于能源问题的重要性,我国也在积极探索基于 Z 箍缩的聚变能源技术,尤其是本书作者提出了 Z 箍缩驱动的聚变裂变混合能源的技术概念之后,中国工程物理研究院在

LTD 技术研究的基础上,直接针对未来聚变能源的需求,提出了创新性的大型驱动器概念并开展了深入的研究。

在初级功率源方面,中国工程物理研究院提出 Marx 型支路的混合型 LTD 概念(图 6-47)[45],有望降低大型 LTD 系统的触发复杂性。基于高功率设计、低功率运行的理念,将电容器工作电压设置于 50kV 以下(标称电压 100kV),设计特殊结构的开关并将开关导通电流限制在 20kA 以下。这些措施有望满足驱动器百万次以上重频运行的需求。

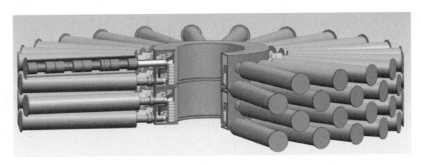

图 6-47　Marx 型支路的混合型 LTD 模块

在脉冲传输汇流方面,考虑靶区的放射性物质隔离,必须有隔离界面,采用水介质脉冲传输线是较为现实的选择。但水介质脉冲形成线的绝缘隔板为有机材料,在中子辐照的条件下极其脆弱,因此水介质传输线只适用于远端传输,近区及进入靶室的传输线仍采用磁绝缘传输线,如图 6-48 所示。聚变能源驱动器必须实现重频运行,而距离聚变靶较近的区域每次都被破坏,需要换靶,但多层结构不利于换靶时的可靠连接,为此设计了同轴到圆盘锥的转换结构,同时设计了一次性的传输线连接聚变靶,结构如图 6-49所示。

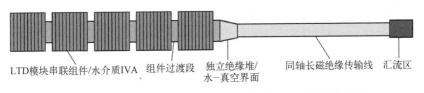

LTD模块串联组件/水介质IVA　　组件过渡段　　独立绝缘堆/水-真空界面　　同轴长磁绝缘传输线　　汇流区

图 6-48　聚变能源驱动器脉冲产生、传输和汇流总体示意图

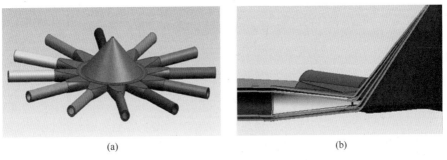

(a)　　　　　　　　　　　(b)

图 6-49　聚变能源驱动器脉冲汇流结构示意图
(a) 整体图;(b) 局部放大图。

6.4.5　对实现超高功率重频驱动器途径的评述和展望

传统的大型脉冲功率装置是一种物理实验装置,而聚变能源驱动器是一种工业装备。因此,针对聚变能源的需求,设计原则不同于既往的大型脉冲功率装置,设计重点需从过去的主要考虑输出参数转向重频长寿命的稳定运行能量以及与核相关的工程问题。所以,设计思想、技术路线选择及具体的器件选择均不同于传统的脉冲功率技术。

聚变能源驱动器本质上是一种大型脉冲功率驱动器,由初级功率源和传输汇流段两部分构成,这两部分的技术路线选择首先要考虑重频长寿命的要求。

LTD 本质上是一种新型电路拓扑结构,其灵魂是"化整为零"的设计思想,将所需的功率(电流、电压)分配到大量的基本放电单元中,使目标功率和器件的功率容量脱钩,拓宽了器件的选择范围,使人们可以根据器件水平设计装置而不是根据装置需求研制器件。理论上,任何能够满足同步触发要求的基本放电单元,都能够以 LTD 的电路拓扑结构构建任意高功率的装置。LTD 技术拓展了脉冲功率技术能够达到的参数范围,为重频长寿命的大型聚变能源驱动器研制开创了现实可行性。LTD 的技术难点在于大量开关的同步触发,LTD 中大量开关的同步触发问题有可能以可以接受的代价和可靠性解决。因此,基于 LTD 技术建造聚变能源驱动器是可行的。在基于 LTD 的电路拓扑结构确定后,驱动器的重频运行能力和寿命潜力就取决于开关器件及其同步触发技术。基于目前的判断,气体火花开关在限定电流($<20kA$)的条件下,寿命可望达到 10^6 甚至更高,但开关的导通延时及其抖动会发生较大变化(对于电流脉冲前沿扩展至 200ns 以上的情况,这种影响会大大减轻)。基于低气压放电机理的气体开关(氢闸流管、赝火花开关和 BLT)在重频长寿命性能方面具有独特的潜力,不足之处在于"个性较强",即每个开关由于个体差异导致触发控制条件均有所不同,要想精确同步,每个开关都需配置独立的触发控制系统,而开关的触发控制系统本身较为复杂,所以整个触发控制系统将极为庞杂。如果开关的一致性能够较好保证,同时多个开关间由于不同步造成的相互影响能够解决,则用一套触发控制系统可以控制多个开关,此类开关用于大型驱动器系统是较为理想的选择。从长远的角度考虑,由于半导体开关器件拥有极高的寿命和可靠性,半导体开关器件用于大型驱动器是大势所趋。目前,半导体开关器件的问题在于功率容量低、电流上升速率低且价格昂贵,但半导体开关技术发展迅速,且价格日益降低,如果考虑驱动器全寿命周期的建造和运行维护全部成本,相信在不久的将来半导体开关将具有性能和价格方面的优势。

在真空功率流方面,在电流密度为 10MA/cm 甚至更高条件下,对磁绝缘传输物理问题的认识仍不是完全清楚,目前的认知,是否可以外推,还不是十分明朗,有待进一步深入。在长距离磁绝缘传输方面,目前对自磁绝缘的形成规律、脉冲锐化的机制等关键物理问题已经有较深入的认识,现有的理论框架基本可以涵盖主要的物理问题。目前,缺乏足够的认识和有效措施的是多路汇流条件下长线的支撑定位问题,因为在实际工程设计中,由于中心汇流区的存在,跨度数米甚至数十米的 MITL,中心电极的定位问题无法回避。在真空功率汇流方面,从 ZR 的实践来看,多路加多层两级汇流的方式,在目前的电流水平下已经获得很好的效率,但是柱孔结构从原理上无法避免零磁场区域的存在,因此必然存在能量的损失。在更高的电流密度下,柱孔汇流的效率问题还需要深入研究,探索其他可能的汇流方式也是十分必要的。间隙闭合问题与等离子体的扩散速度直接相关,目前研究表明,扩散速度为 $10^0 \sim 10^1$ cm/μs 量级,影响因素复杂。对于脉冲前沿一定的装置,MITL 间隙闭合的速度影响到电极间隙的选取,在脉冲加长、电流增大情况下,需要重点关注。

总体而言,作为聚变能驱动器,Z 箍缩装置具有简便、经济、能量充足的显著优势,值得认真、深入研究。以当前的技术而言,建造 60MA 左右规模的大型驱动器,不存在原理上的障碍,只是工程难度很大。考虑到脉冲功率技术是一门以实验为基础的交叉学科,要具备聚变能源驱动器的研制能力,既需要深入的基础研究,以突破长寿命开关等基本器件技术,攻克真空磁绝缘传输汇流等难题,又需要一定规模的工程实践,以探索和验证重大的工程技术问题。

6.5 Z 箍缩驱动次临界能源堆的工程设计研究

6.5.1 Z 箍缩驱动次临界能源堆的设计目标

从前面的讨论中我们可以看到:Z 箍缩驱动的最大优点就是能够提供充足的能量,60MA 或 70MA 电流(负载高度大于等于 2cm),便可获得碰靶动能大于等于 10MJ,聚变靶丸能释放出 2000MJ 以上的能量。由于脉冲是 10s 一次,故一个 100 万 kW 的电站,当热-电转换效率为 33% 时,则要求包层的能量放大倍数 $M \geqslant 15$。因此,次临界能源堆设计的首要目标是 $M \geqslant 15$。

对于 Z-FFR,氚自持是必须的。与 Tomaka 类型的 MCF 相比,Z-FFR 包层对聚变中子源所张的立体角应更大些。考虑到氚循环过程中的损失(如管道中的氚渗漏、氚分离工艺中的损失等),氚自持条件可表述为

$$TBR \times f \times f_1 \times f_2 + (1-f) \times f_2 \geqslant 1 \tag{6-14}$$

式中:TBR 为包层全覆盖(4π 立体角覆盖)时系统的产氚率;f 为靶丸爆炸时氚的燃耗;f_1 为包层覆盖率;f_2 为氚循环过程中氚的回收率。

式(6-14)左边第一项 $TBR \times f \times f_1 \times f_2$ 表示从包层回收的氚,第二项($(1-f) \times f_2$)表示从爆炸后的靶丸中回收的氚。若取 $f=0.3,f_1=0.98,f_2=0.97$,可算得 $TBR \geqslant 1.126$。

另外,希望 Z-FFR 能成为最有竞争力的千年能源,即从安全性、经济性、持久性和环境友好性上都具有非常优良的品质。特别要提到的是安全性。Z-FFR 本身是次临界的,如果能够简便、经济地处理余热安全问题,那对它的广泛应用便无障碍(特别是公众心理)。鉴于此,Z-FFR 便可在离城市不太远的地方建造,既可减少长途输电的损失,也为热-电联供创造了条件,因而可大幅度提高能量的利用效率。如果还能有办法解决冷却水的闭式循环问题,那这样的核能源将是一种完美的千年能源。总之,完美千年核能应是我们追求的理想目标。图 6-50 所示为次临界能源堆热功率输出系统图。

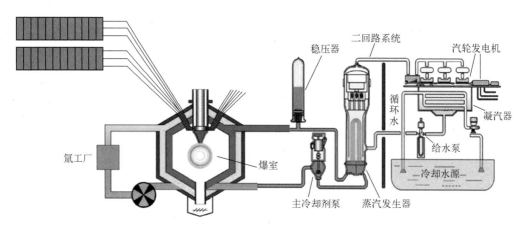

图6-50　次临界能源堆热功率输出系统图

6.5.2　拟采用的主要创新技术及分析讨论

Z箍缩驱动次临界能源堆的主要创新技术详述如下。

(1) 提出了以天然铀金属合金为初始燃料,轻水为传热、慢化介质(首先与压水堆技术结合)的设计技术路线[46]。

Z箍缩驱动次临界堆中子学方面的特点与第4章讨论的情况基本相同。需要强调的是,水在Z-FFR包层的重要作用。它既能带走热量,又能对裂变释放的中能中子有强烈的慢化作用,从而减少了中子在慢化过程中的损失。慢化至热能的中子可引起^{235}U核的裂变,这对增大能量放大倍数M至关重要;同时它又可造^{239}Pu,为燃料中易裂变核素的增殖创造了条件。采用压水堆技术,一方面是因为压水堆技术成熟,另一方面是压水堆的水密度基本稳定(不像沸水堆和超临界水堆,堆中水密度变化较大),这有利于堆的安全运行。这里,我们强调从天然铀开始,这样做有利于简化堆的建造难度(如果首炉料使用热堆乏燃料,则需有大规模后处理工厂)。

(2) 提出了水从锆合金水管中流过,水管穿过块状金属铀部件的设计方案,既解决水压带来的工程难题,又保持了燃料区优良的核性能。

计算中为建模方便,常采用铀-水分区(层)结构。但若堆建造时也采用铀-水分区,则由于水压过高,远超出材料可承受的能力,工程上没有解决方案。现在的办法是让水从水管流过。

对于一根内半径为r,壁厚为δ的管子,其材料的抗拉强度为σ,则在自由状态下管子不断裂所承受压力应满足如下关系:

$$p \leqslant \frac{\delta}{r}\sigma \tag{6-15}$$

对于300℃左右的Zr-4合金,$\sigma \approx 440$MPa,对于Zr-2.5Nb合金,$\sigma \approx 640$MPa;若取$r=1$cm,$\delta=0.1$cm,可算出对于Zr-4管,$p \leqslant 44$MPa,对于Zr-2.5Nb管,$p \leqslant 64$MPa。也即,对压水堆压力15.5MPa而言,Zr-4管有约1.8倍的安全余量,Zr-2.5Nb管有约3.1倍的安全余量。而实际情况是,管子是埋在铀燃料中的,即使U-10Zr的温度上升至400℃左右,其仍具有一定的强度,对加固管子会起到重要的作用。关于选择锆合金,主要是因为锆的中子吸收截面很小,对保持包层的核性能有利。

研究计算表明,对于铀水结构,不论是分区还是水从水管中流,只要铀水比相同,所计算出的各物理量基本不变。这一性质对方便进行概念研究中的数值模拟是非常有用的。

(3) 提出采用合适铀水体积比,以获得较高的易裂变核素增殖比,使核燃料在许多年内都可以保持核性能的技术方案,从而提出采用简便干法进行核燃料循环的技术路线,且加热可由核燃料自身余热来实现。

次临界能源堆作为 Z-FFR 的重要组成部分,除了要求有一定的放大倍数以外,还必须做到结构简便,核燃料循环简单,运行维护安全、经济。这是因为聚变部分已经非常复杂,难度极高,建造花费不菲。如果裂变部分也和热堆、快堆一样麻烦,这在工程上是不能接受的,还不如去建快堆来得简单。所以我们提出,次临界能源堆要采用简便干法进行核燃料循环。所谓简便干法,就是把换下来的乏燃料放置于一个坩埚之中,让放射性衰变释放的余热将其升温至 2100K 左右(升温过高会对坩埚材料、结构提出特殊要求,当然最好升温至接近铀的沸点),并让那些低沸点的裂变产物元素挥发出去,以此来净化核燃料,然后再将其制成核部件继续使用。要做到这一点,就必须使包层系统有足够的易裂变核素增值能力,即 F/B 达到一个较高的水平,让造出的 Pu 的优良的核性能去平衡裂变产物对包层核性能的影响(当然是在换料周期之内)。设计中,可通过调整铀-水比来做到这一点。最后我们可根据能量放大倍数、保持氚循环、换料周期等几个因素综合择优,使之达到一个较理想的目标。

此外,采用简便干法处理的一个最重要的优点就是大大减少了核废料的数量。一个百万千瓦的能源堆,每年需要处理的核废料量仅 200kg,只有压水堆乏燃料的 1% 左右。可以说,这为彻底解决裂变堆核废料处理问题找到了可行的办法。

(4) 采用较大爆室尺寸(半径大于 7m)和大的裂变燃料装量(1000~1500t),以降低聚变爆炸冲击波对爆室壁和功能模块的破坏,并降低燃料区的脉冲升温幅度和放能的功率密度,提高热工水力的安全系数。

大的爆室尺寸对于 Z 箍缩驱动的惯性约束聚变是必要的。因为爆炸是脉冲式进行,每 10s 一次,每次放能 2000MJ 左右,约相当于 500kg TNT 当量。即使 80% 的能量被高能中子带走,但还有约 100kg TNT 的能量会变成爆室内物质及爆室壁的热能和动能。特别是因爆室内气体的密度不宜太高(要考虑爆后剩余氚的提取),故爆室内气体温度会很高(1000K 以上),爆室壁的表层温度也会达到很高的温度,再加上冲击波的冲击,必然对爆室壁产生磨损。这样的过程一年几百万次,而我们又不能对堆的内壁进行频繁更换,因此解决的办法就是对堆内的气体密度和爆室尺寸做择优处理。原则上,还是以加大爆室尺寸为宜。

另一个重要约束条件就是脉冲运行对包层设计的影响。一次靶丸爆炸对百万千瓦电站而言,包层内瞬间(时间为毫秒级)将释放约 30000MJ 的能量,也就是包层内物质(主要是裂变燃料)将瞬间升温数百度。升温的后果一是可能引起核燃料熔化,二是燃料的热膨胀及随后的冷却收缩。核燃料熔化当然是我们不愿看到的,因此必须避免。对核燃料的周期性热胀冷缩以及可能产生的疲劳效果,特别是铀合金燃料与锆合金管由于热膨胀系数的差别,会不会由于错动而影响传热功能等,应该引起我们的高度关注并严格控制其影响。解决的办法就是多装料,而在优化设计的情况下,核燃料区的厚度是基本不变的,故增料就是增加爆室半径。增料的另一个好处是,装料越多,释放同样的功率,其功率能密度越低,这对热工水力设计安全裕度是有利的。再者就是装料越多,释放同样的能量,其核燃料的燃耗就越低,本身的辐照损伤也越小,因此这样的堆允许有更长的换料周期。

(5) 在我们选择的设计中,对百万千瓦电站,爆室半径大于等于 7m,初始天然铀锆合金装量大于 1000t。以装料 1000t 为例,每次靶丸爆炸,核燃料的平均升温约 200K,考虑到升温的不均匀性,燃料区的最高温度也低于铀合金的相变点,离熔化点甚远,可绝对避免熔化问题的出现。由于温度剧升,铀合金体胀各向不同性可能会带来一定的麻烦,这也是我们要尽量避免的。因此铀锆合金最好采用粉末冶金的方式,并保持密度为金属晶体密度的 85% 左右。一方面的好处是可消除热胀冷缩的各向异性,并使其膨胀系数变小(当然若有铸造办法,既能保持一定的空隙度,又能消除晶体结构的各向异性,是最好的。因为这会给换料和制造带来极大的方便。因此,探索消除晶体结构各向异性的铸造方法有非常重要的价值)。另一方面的好处是,空隙的存在,可容纳裂变气体,限制燃耗产生的体胀。如果能使铀锆合金与锆合金膨胀系数较接近,加上它们本身可容许有较大延伸率,再在设计上采取些应对措施(如铀部件分段,段与段之间留适当间隙等),原则上在较大爆室尺寸条件下,可以允许脉冲运行。

(6) 核放能区和产氚区进行模块化设计(亦称功能模块),以便于安装拆卸。模块用耐高温的 Zr 合金或 Mo 合金包裹密封,只留水管、气管与外回路连接,确保模块的独立性与安全性。

从上一节的讨论可知,对于 Z 箍缩驱动的混合堆,次临界能源堆部分的规模相当大,核燃料装量超过 1000t,加上产氚区、屏蔽区,总重量将大于 2000t。这样的尺寸和重量,不可能进行整体制造和安装,因此只能划分成许多部件来做。由于核燃料的存在,换料时如何解决放射性对环境的影响及余热安全问题是十分重要的。我们的解决办法是制成独立模块,将包层沿环向分成 18 瓣。图 6-51 所示为包层单瓣结构及其局部放大剖切图。每瓣分为顶部梯形模块、中间直方模块和底部梯形模块,每个模块沿径向又由燃料区、产氚区、支承固定结构、工程通道结构和管道汇总结构等组成。

燃料区包括内嵌冷却剂压力管、U-10Zr 裂变燃料和锆箱。压力管道被设计成正方形排列的串联贯通结构,U-10Zr 沿极向分段浇注成型。为了防止裂变产物从燃料区中泄漏出来,设计了有箱匣密封结构的锆箱。

产氚区包括 H_2O 慢化冷却管、Li_4SiO_4 填充层、氦气流道、锆包壳、键槽和螺栓孔。冷却管设计成"U"形结构,沿径向分层相间排布。各层之间的几何空间填充 Li_4SiO_4 小球,然后再在 Li_4SiO_4 球床间隙中通入氦气载带氚。为了防止载氚氦气泄漏出来,设计了有箱匣密封结构的锆箱。

工程通道设在燃料区与产氚区之间,设计厚度 150mm,通道底部开口,引导流体在通道中流动。在严重事故条件下,安全壳内置安全水箱,依靠重力非能动地向工程通道注

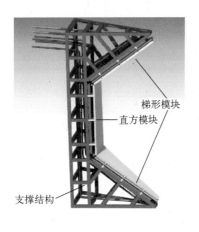
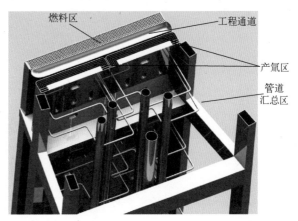

图 6-51　包层单瓣结构和局部放大剖切图

水,通过自燃循环冷却燃料区壁面,实现堆内热量的导出。产生的蒸汽依靠安全壳顶部换热器,将热量传递到安全壳外置储水箱,冷凝水回流到安全壳内置水箱及地坑中,实现闭式循环。

管道汇总结构负责流量分配和热量传输。燃料区冷却剂从包层顶部的总入口管道进入,采用串联从下向上流动,经捕集汇流结构流过嵌入在燃料模块之间的冷却剂管道,带走裂变燃料中的核热,最后再经捕集汇流结构流入总出口管道。

产氚区沿极向设计成分段结构,每段内的两个"U"形功能管道通过 H_2O 入口端板、H_2O 出口端板、氦气入口端板、氦气出口端板进行流量捕集和分配,最后由支管和从底至顶完全贯通的 H_2O 出口总管、H_2O 入口总管、氦气入口总管和氦气出口总管相汇,从而实现各段之间统一汇流。

采用独立模块结构便于单独拆装运输。模块尺寸、质量视将来装、拆能力而定,原则上以尺寸、质量大些为好。一则可增加包层核燃料的包覆率,并保持更好的核性能;二则可减少进出口水气管的数量,使系统更简单,方便装、拆工作的进行。外壳材料 Zr 合金是首选,因为 Zr 的中子学性能好。也可以选用 Mo 合金,因为 Mo 具有很好的耐高温性能,熔点在 2620℃ 左右,且在 1500℃ 左右仍有很好的强度,这对保持系统运行时的密封状态,提高抗余热的能力是很重要的。再者,Mo 的熔点高,导热性能好,有很好的抗辐照能力,在靶丸脉冲中子作用下升温幅度小(只有 10K 量级),作为面向爆室材料,这些性能对保持较长的使用寿命也是十分有利的。此外,Mo 矿蕴藏量大,特别是中国,资源十分丰富,且比 W 材料易加工,优点很突出。

(7) 设立专门的屏蔽区,确保外部环境为极低放射性水平(2~3m 厚的水层可使聚变高能中子漏出系统概率降 10 个量级以上,热中子几乎全部被 B_4C 吸收),并有望大大延长堆址的使用期。

设立专门的屏蔽区的理由有两个:一是减轻包层模块的质量,以增大单个模块的面积;二是增加屏蔽效果,使外环境达到极低的放射性水平。图 6-51 所示为次临界能源堆结构剖面示意图。

由图 6-52 可以看出,所谓专门的屏蔽层就是指模块外的水层、B_4C 层和钢外层。聚

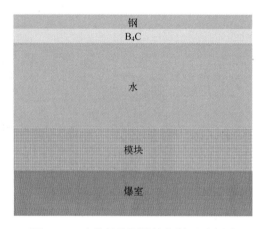

图 6-52　次临界能源堆结构剖面示意图

变高能中子是很难屏蔽的在此我们设置了一个 2~3m 厚的水层,可以把高能中子减弱 8~12 个量级,慢化下来的热中子很容易被 B_4C 吸收。天然 B 中,[10]B 含量占 19.87%,它在入射中子能量为 0.1eV(高于热中子能量)时,发生(n,α)反应截面达 $2×10^3$ b,故 B_4C 层的厚度只需 1~2cm 即可吸收所有热中子。钢外层主要起结构支撑作用,也需吸收在水中所产生的 γ,故它的厚度在 5cm 左右便可。

　　这里还有一个重要问题需要解决,就是必须保持屏蔽水的水温小于等于 100℃,否则水将汽化,压力很高,难以控制。这个温度远低于一回路水的温度,如果不对屏蔽水和一回路水管进行良好的热隔离,将会导致热量的大量流失。隔热材料可选择导热系数很小的石棉和玻璃纤维棉等,并可根据一回路管道的长度和能允许的热量损失功率来进行隔热设计,原则上可把损失率控制在可忽略的水平(小于 3MW)。损失的热量可由水蒸气带走,并容易将这个系统设计成水闭式循环系统。

　　(8)提出具有创新意义的水闭式循环的非能动余热排出系统和非能动放射性气体导出系统,能可靠地解决反应堆的余热安全问题。

　　裂变堆令人担心的安全问题主要有两个:一是存在超临界安全风险;二是在事故情况下放射性余热排出的问题,如果余热排出系统失效,可能导致堆芯燃料熔化,甚至造成大量的放射性气体外泄。Z-FFR 系统处于深度次临界状态,绝不会发生超临界事故,这是它的固有安全本质。因此在设计中我们要重点解决的问题是如何获得更好的余热安全品质。下面将对此问题做定性分析。

　　① 停堆后到堆芯熔化所需要的时间的粗略估计。

　　当堆的热功率为 3000MW 时,停堆后 1s 的余热功率约为堆热功率的 6%,即 $P_0=180$MW,且功率的下降大致满足如下关系:

$$P=P_0 t^{-0.2} \tag{6-16}$$

而从 1s 开始至时刻 t,衰变释放的总能量 Q_{decay} 可由对式(6-16)进行积分得到,即

$$Q_{\text{decay}} = \int P\mathrm{d}t = 1.125 P_0 t^{0.8} \tag{6-17}$$

余热功率与衰变释放的总能量随时间的变化如表 6-9 所列。

表 6-9　余热功率与衰变释放的总能量随时间的变化情况

t	1s	1h	1d	30d	90d
P/MW	180	35	18.5	9.38	7.53
$Q_{\text{decay}}/\text{MJ}$	—	1.58×10^5	2.0×10^6	30.4×10^6	73.2×10^6

包层内有核燃料 1000t,停堆时,设其平均温度为 330℃,铀合金的熔化温度约 1130℃,为确保不让它熔化,我们允许其升温至 1030℃,即核燃料可平均升温 700℃。若取 600℃时的热容量 180J/kg 作为平均热容量,可算出核燃料升温 700℃需要能量约 1.28×10^5MJ,大约需 46min。因为此处我们未考虑核燃料周围物质(如水、其他金属)升温所消耗的能量,故上面的估计是最保守的。也就是说,发生事故后,所有安全系统都不投入动作,堆内核燃料在 46min 内仍可确保不熔化。

② 非能动余热安全设计问题讨论。

这里我们要注意两点:一是要用非能动系统把余热带走;二是万一余热带不走,发生了堆芯熔化事故,也不能让放射性气体外泄,而是非能动地把放射性气体导至安全存放容器中。

a. 非能动余热排出系统。

我们设想利用两类余热排出系统:一类是在模块中设置常温水工程通道(锆合金制成,平时空置,运行中发生事故时使用,见图 6-53(a));另一类是爆室(换料停工时使用见图 6-53(b))。

我们希望水的气化带走堆中的余热,然后水汽冷却变成水降落到外面的水池,而凝结时释放的能量,希望通过热辐射的方式辐射至环境中。下面是关于水池及辐射体换热的估算。

水的汽化热 $q=540\text{cal/g}=2260\text{J/g}$,由于余热功率在 1h 后变化平缓,故以此时的余热功率来估算对水量的需求。在 1h 时,余热功率为 35MW,为了把余热功率带走,所需的耗水量为

$$m=\frac{35\times10^6}{2.26\times10^3}\text{g/s}=15.48\text{kg/s}\approx1\text{t/min} \qquad (6\text{-}18)$$

若水池的水为 20000t,全部汽化需要的能量为 45.2×10^{12}J,计算可得,它能维持带走系统 49 天的余热释放量。因此,辐射散热系统的能力能保证把 1 个月时的余热功率及时散掉就可。也就是说,辐射散热系统的辐射功率应大于 10MW。

假定散热系统表面的散热能力与黑体相当,即单位表面的辐射功率为 σT^4,其中 $\sigma=5.67\times10^{-8}\text{W/(m}^2\cdot\text{K}^4)$。如果取辐射体表面温度为 360K(比水汽温度稍低),则 $\sigma T^4=952\text{W/m}^2$。辐射散热系统功率为 10MW 时,需要约 10000m^2 的换热面积。

如果把辐射体表面做成四面锥体状,则可以把表面积增大两倍以上。故可建一个宽 50m、长 100m、深 4m 的水池,水容量 20000t,池顶面积 5000m^2。这样的设施可以可靠、长久地实现堆的非能动余热安全(只需在停堆后 46min 内的任何时刻打开阀门把池中水引进工程通道或爆室便可)。

实现对水的闭式循环是十分必要的,因为我们的系统并非只是在事故情况下应用。

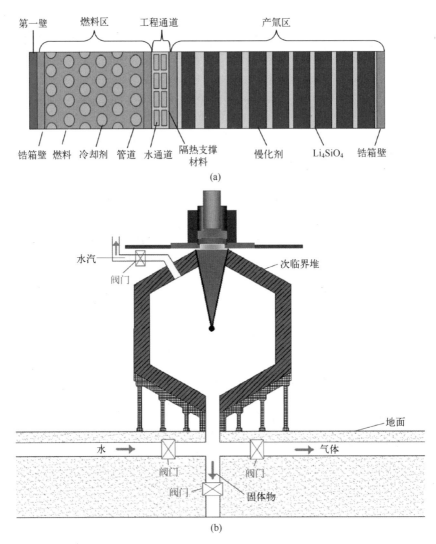

图 6-53　非能动余热排出系统示意图(水闭式循环)

首先,此系统平时可与屏蔽水系统相接,确保它的正常运行。当然这要要求做好该系统中的隔热设计,使损失的热功率小于等于 10MW。其次,当我们进行停堆换料时,为避免早期的强放射性,停堆后需让系统冷却相当一段时间,例如 1 个月或更长,若水不是闭式循环,那对水的需求量也很大。所以汽、水、池闭式循环系统对 Z-FFR 具有十分重要的意义。

　　b. 非能动放射性气体导出系统与容纳放射性气体空间。

　　要非能动地导出放射性气体,其实十分简单,只要在功能模块的氚在线提取管道出口端装一个压力阀便可。当功能模块内气压大于某一值时,压力膜自动破裂,放射性气体就会通过管道顺利流入预设的储气罐中。

　　除此之外,我们还可以利用模块中的空间来容纳放射性气体。实际上模块 5 年换料时,整个放射性气体生成量有限,完全可以根据模块可承受的力学强度,预留出不大的空间来容纳它。

综合上述各种措施,可以避免可能发生的余热安全事故。

未来为了确保放射性安全,让公众对 Z-FFR 的安全问题完全放心,我们还可以设想把整个堆的放射性操作都置于地面以下,只留少数出入口通向外部环境,并对这些出入口气体的情况实行严格监控,从而保证系统对环境无有害影响。

6.5.3 关于热电联供和冷却水闭式循环

由于 Z-FFR 系统将具有可信赖的固有安全本质,因此,该堆可以不必远离城市建造,可建在比如离城 30~50km 的范围内。这样,可以实现热电联供,大大提高能量的利用效率(例如,发电效率 30%左右,热供应比例大于等于 30%)。同时,冷却水也可实现准闭式循环,这就为这种能源方式的广泛应用创造了非常好的条件。下面将就热电联供和冷却水的闭式循环问题做粗略的讨论。

1. 基本设想

为了做到热电联供,我们可以适当牺牲发电效率,例如可设想把二回路乏气的温度提高至 80℃左右(与乏气温度 30~40℃相比,发电效率可能要降低 10%~15%。此数还可调节,取暖季节高,夏季可降至 50℃左右),让冷却水回路(第三回路)的出口温度达到 70~80℃,冷却水经过 50km 左右的保温管道,到达城市边沿的热交换池,温度仍可保持在 70℃以上。在热交换池,与城市热力系统进行热交换,有可能使热力系统热水流出温度仍达到 60~70℃,这样的热水可用来取暖或流入热水系统。第三回路的回流管道可设计成散热型管道,与小型空冷系统结合(或三回路水流至散热水库),使堆第三回路的进口温度降至环境温度(20℃左右)。这样第三回路水是准闭式循环的(小型空冷系统或水库有少量水损耗,损耗量可降至 $0.3m^3/s$ 以下的水平,故称为准闭式循环),堆除发电外,其余的热量被城市热力管道和第三回路的散热系统所散掉。第三回路的回流管道必须是散热型管道,它要有能力散掉堆生产热量的 20%左右,以适应夏季运行状态(夏季不要取暖)。

此设想既可解决冷却水的大量消耗问题(如压水堆),又可大大提高能量的利用效率,且建堆成本增加甚少。

2. 第三回路保温管道的初步设计考虑

设想 100 万 kW 电站,堆的热功率约 3000MW,若发电消耗 900MW,余下的热量为 2100MW,即 2100MW 的热量最终要散到环境中。对第三回路保温管道,即使长 100km,要求它传给环境的热量要远小于 2100MW,才能保证进入热交换池的水温仍在 70℃以上。因此,我们初步设计管道,并估计其传给环境的热功率。

我们取管道为 3 层结构(图 6-54),内管为不锈钢管,管内半径为 1m,壁厚 1cm;外层为水泥管,起保护内管和中间空气层的作用;中间为空气层,空气的导热系数很小,厚度取 10cm 左右便可起到很好的保温作用。内管可用间隔 2m 的绝热陶瓷环支撑,环宽 10cm 左右便可。取空气的热导率 $\lambda = 3\times10^{-4}W/(cm \cdot K)$,陶瓷的热导率 $\lambda = 10^{-2}W/(cm \cdot K)$,内管壁温度为 80℃,水泥管内壁的温度为 20℃,则容易算出平均每米管长传热为 900W 左右,100km 传热损失约为 90MW,远小于 2100MW,故保温管的保温性能很好,流入热交换池的水温仍应接近 80℃。1t 冷却水由 20℃升至 80℃,吸收的热量约

250MJ,因此,带走 2100MW 的热功率,每秒需要水 8.4t,在半径为 1m 的管道内,水的流速为 2.67m/s。

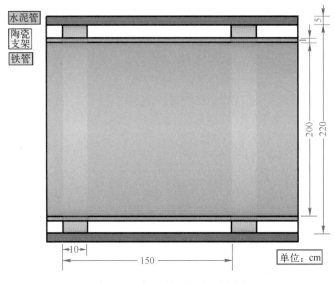

图 6-54 保温管道结构示意图

3. 第三回路回流散热管道及回路的初步设计考虑

对于回流管道,我们应选择导热性能较好的金属来制作,如铝(热导率 $\lambda = 2.35$ W/(cm·K))、镁(热导率 $\lambda = 1.53$W/(cm·K))或镁铝合金。若用铝管,同样取管半径 1m,壁厚 1cm(管道内压很小,不必太厚),取管壁温度为 40℃,环境温度(水管表面温度)为 39℃(此数不好确定,可能更接近水温,与环境空气对流情况关系密切。对流主要靠风,事实上,沿管道方向,始终存在着温度差,无风时,管外空气也会出现对流),简单估算出平均每米管长传出热达 0.08MW 量级,30km 的管长就可能把水从 40℃ 以上冷却至环境温度。

如果回流管道还不足以把水降至室温,我们还可以或者加上管道末端的空冷系统或水库散热系统。这两者都是利用蒸发热远大于热容量以节省用水量(这至少会减少到自然排放的三回路水量的 1%)。为确保管道中心相对高温的水能方便流向管壁,可在管的某些地点放置类螺旋桨机构,利用水流的速度搅动水,让其充分搅匀散热。

这一设计考虑原则可应用于现在的压水堆,并大大扩展堆址的选择范围。

4. 建设第三回路花费估计

对于保温管道,按长度 50km 算,管道内管用不锈钢材(普通型),用量约 2.5 万 t,按每吨钢材 4000 元计算,则钢材费用是 1 亿元人民币。把制造、安装和外面的水泥管费用一起计算,建造成本也将在 3 亿元人民币左右。

对于回流散热管道,虽然是长 50km 左右的铝管,但成本不会超过保温管道。

总之,建设第三回路的花费应在 10 亿元人民币以内,它的作用是解决建堆的水资源难的问题,同时还把堆的热能利用效率提高 1 倍左右,是未来能源必须考虑的问题。

6.5.4　包层研究进展

由于 Z-FFR 氚循环对 TBR 的要求较低,故与托卡马克类相匹配的次临界能源堆相比,Z-FFR 有可能实现更大的能量放大倍数。

关于次临界能源堆包层的设计思想和数值模拟方法,在第 4、5 章有较为详细的论述。针对 Z-FFR,仍采用天然铀金属合金作为初始燃料,轻水为传热、慢化介质的技术路线。铀锆合金采用粉末冶金的方式,并保持密度为金属晶体密度的 85%,轻水密度取 $0.6\text{g}/\text{cm}^3$,爆室内半径采用 7m。中子学基准计算模型如图 6-55 所示,从爆室向外看,整个包层可分为第一壁、裂变区、产氚区和屏蔽区。表 6-10 给出了该模型的主要设计参数。

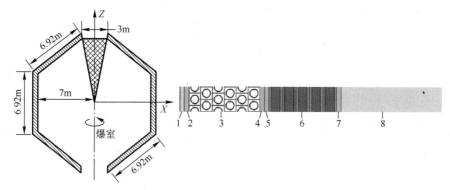

图 6-55　Z 箍缩驱动的次临界能源堆包层中子学基准计算模型
1—第一壁;2,4,5,7—锆箱;3—燃料区;6—产氚区;8—屏蔽区。

表 6-10　基准模型的主要设计参数

名称	材料成分	参 数 值	备 注
第一壁	W、Ti_3Al	厚 0.1cm、1.0cm	W 面向等离子体(PFM),Ti_3Al 密度为 $4.5\text{g}/\text{cm}^3$
燃料区	ZIRLO U-10Zr、H_2O、ZIRLO	锆箱厚 1.0cm 分 6 区,每区 2.62cm,总厚度 15.72cm;铀水比为 2;管道内/外直径为 1.71/1.91cm	包覆燃料区,内外各 1 层 天然铀,燃料密度为 $13.3\text{g}/\text{cm}^3$,锆铌合金密度 $6.44\text{g}/\text{cm}^3$,燃料体积份额 58.4%,包壳体积份额 8.25%
氚增殖区	ZIRLO Li_4SiO_4、ZIRLO、H_2O	锆箱厚 1.0cm 分 5 区,每区 3cm,其中 Li_4SiO_4 1.0cm,H_2O 2cm	包覆产氚区 Li_4SiO_4 密度为 $1.34\text{g}/\text{cm}^3$,^{6}Li 富集度为 91.3%;慢化剂温度为 293.16K,密度为 $1.00\text{g}/\text{cm}^3$
屏蔽区/ 反射层	C(石墨)	61.3cm	石墨密度为 $2.62\text{g}/\text{cm}^3$
其他参数	—	顶、底孔中子直接泄漏率为 1.9% 顶、底孔单模块环向宽度 0.26m,赤道位环向宽度 1.22m,包层总表面积为 675.8m^2	上下梯形模块功率份额为 26.9%,直筒段模块功率份额为 46.2%

　　与磁约束聚变源相比，Z 箍缩驱动的次临界能源堆包层具有较大的覆盖立体角份额。如何减少泄漏出裂变区和产氚区的中子份额，有效地利用中子产能、生产易裂变材料或产氚，将体现不同的设计思想。针对不同的铀水体积比及相应的换料方案进行了优化设计，给出了 3 种方案（方案 1 对应基准模型）。下面给出在总热功率 3GW 条件下，3 种包层方案的中子学数值模拟结果，如图 6-56 所示。

　　方案 1：核燃料 U-10Zr 初始装量 1000t，天然铀 900t，在铀水体积比为 2∶1 的情况下，次临界能源堆可以在 200 年内不换料，平均能量放大倍数大于 15，氚增殖比 TBR 大于1.2，具有较好的能量放大和产氚性能。

　　方案 2：考虑 5 年做一次换料，利用简便干法将沸点低于 2100K 的裂变产物去掉。核燃料 U-10Zr 的初始装量增加到 1200t，铀水体积比为 1.5∶1。在这种情况下，初始能量放大倍数大于 20，燃耗 100 年时能量放大倍数能够到达 30，100 年到 200 年能量放大倍数维持在 30，平均氚增殖比 TBR 大于 1.2。

　　方案 3：为了提高初始能量放大倍数，采用方案 1 运行 5 年并作简便干法后处理的乏燃料作为初始装料，在乏燃料区前后分别加入 250t 天然铀区，核燃料总装量为 1500t，铀水体积比为 1.5∶1。在这种情况下，初始能量放大倍数接近 30，燃耗 100 年时能量放大倍数能够到达 40，100 年到 200 年能量放大倍数基本维持在 40 左右，氚增殖比 TBR 大部分时间大于 1.2。

　　从图 6-56 可见，完全有可能在保证氚循环的条件下把能量放大倍数 M 控制在20~40 之间（如方案 2 和方案 3）。回顾 6.2 节的讨论，如果驱动器的电流达到 70MA，则聚变靶放能 2000MJ 便有较大的把握。如果 $M=20$（如方案 2），每 10s 爆炸一次，热能到电能的转换效率为 33%，则一个电站的电功率便为 1300MW；如果 $M=30$（如方案 3），则一个电站的电功率便为 2000MW。随着时间的推移，M 值还会逐渐变大，这对提高经济效益是十分有利的。

　　下面对方案 1 寿命周期初的中子学与热工水力耦合分析及结构设计结果做简要介绍[47]。包层总的热功率为 3000MW，燃料平均功率密度为 48.3W/cm³，最大功率密度为70.3W/cm³，轴向功率峰因子为 1.12，径向功率峰因子为 1.3。

　　热工水力设计准则如下：

　　（1）金属燃料部件平均温度低于其相变温度 617℃，瞬时最高温度低于其熔点 1234℃；

　　（2）结构材料温度低于其使用温度 550℃；

　　（3）氚增殖剂平均温度低于其使用温度 900℃；

　　（4）冷却剂管道内壁不发生偏离泡核沸腾，MDNBR>1.5；

　　（5）所有冷却剂管的流量分配与期望值偏差小于 10%。

　　采用 MCNP/FLUENT 耦合系统开展了中子学与热工水力耦合分析，发现耦合效应不显著，对中子学宏观参数影响很小，但对局部功率分布有较大影响。基于中子学计算给出的能量沉积特性，完成了包层的瞬态传热分析，获得了次临界包层的主要热工参数。一回路燃料区冷却剂（时间平均值）名义压力为 15.5MPa，冷却剂入口温度 280.7℃，出口温度 323.3℃，总流量为 12613.8kg/m³。图 6-57 给出了 1 个脉冲运行区间（10s）内，包

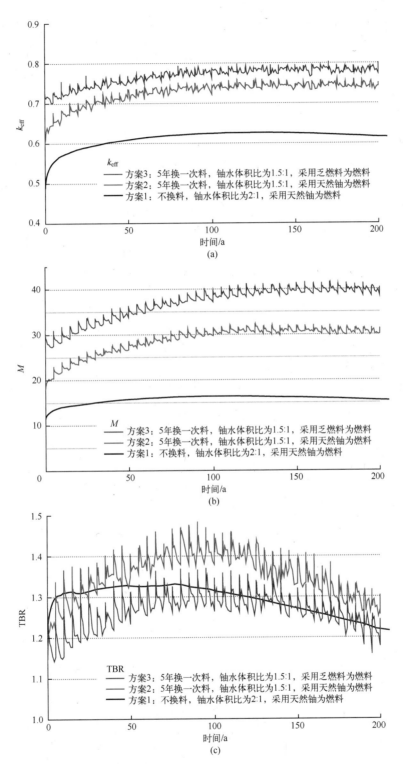

图 6-56　3 种包层方案主要技术指标 200 年内随时间变化曲线

（a）系统 k_{eff} 随时间的变化；（b）系统能量放大倍数随时间的变化；（c）系统氚增殖比随时间的变化。

层径向温度随时间的分布。爆室内靶丸聚变发生后,包层燃料区整体温度瞬时剧增,靠近第一壁的燃料区升温最显著。随着聚变结束和冷却剂载带热量,燃料区温度逐渐下降。随着下一个脉冲来临,燃料区将重复先升温再降温的过程。燃料区局部瞬时最高温度为920K,管道最高温度约为660K,第一壁最高温度为776K,均在安全限值范围以内。热管冷却剂出现了泡核沸腾,最大热流密度约为 1.1MW/m², 远小于临界热流密度(CHF),不会出现传热恶化。产氚区箱体结构材料的最高温度约为307℃,而增殖剂最高温度约为477℃,出现在径向第2排和第3排管道之间的层间对称面上,增殖剂主体部分最低温度约为317℃,出现在最外侧的冷却管道附近,满足设计要求。针对脉冲运行特点,设计了重频热冲击实验平台,对裂变燃料在脉冲热冲击下的热力学性能变化及瞬变工况下的传热特性进行了研究,结果表明,U-10Zr 合金的热力学性能不会发生变化,但瞬时热冲击会产生较大的二次应力,瞬变工况的传热相对于稳态工况略有增强。

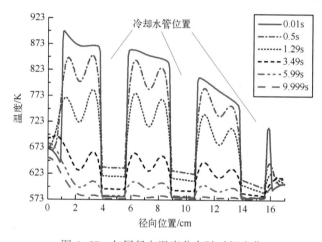

图 6-57　包层径向温度分布随时间变化

温度波动对发电是不利的,因此提出了冷却剂多路延迟混合的方法,对进入蒸汽发生器的一回路冷却剂温度进行控制,减小其温度波动幅度。具体做法是:将每6瓣冷却剂出口管作为一组,控制管道长度使6路冷却剂依次延迟1.67s后进入混合器,6路混合后的冷却剂再汇入1台蒸汽发生器。计算表明,延迟混合后冷却剂温度相对于平均值最大偏差分别为-1.2℃和0.9℃,系统输出功率波动幅度可以控制在-2.84%~2.05%范围内。

运用 Pro/E 结构设计软件建立了单瓣结构的三维实体模型(图6-51),在 ANSYS 平台上开展了结构力学分析、强度设计和校核。根据力学分析和热工水力分析结果,调整包层本体的结构模型设计参数,进行迭代设计,从而完成了包层结构概念设计。单瓣结构支撑力学分析表明,支撑结构满足重力方向失稳载荷不低于4g的要求。开展了重力、冷却管水压及周期性热冲击综合作用下单瓣结构受力状况分析,提出了有效减小包层结构的热应力的措施。完成了单瓣结构的模态分析,发现重力预应力效应对结构模态结果的影响很小,承重支架部分更易产生共振,需重点关注支架的拉伸、扭转等强度极限。利用 CAD 工具设计了单瓣平动加转动的安装和拆卸机构,研制了管道焊接装置并通过实验完成了原理展示。

6.6　Z-FFR 综合评价

初步设想的 Z-FFR 总体结构如图 6-58 所示。在图 6-58 中,最上部分为 RTL(换靶传输机构),中间浅色部分为脉冲功率驱动器,下部为爆室及次临界能源堆。

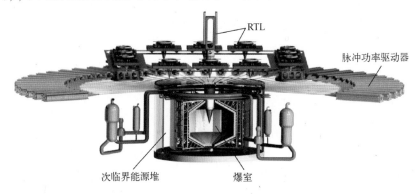

图 6-58　Z-FFR 总体结构示意图

6.6.1　Z-FFR 建造成本初步估计

初步估计 Z-FFR 的建造成本如下:驱动器(70MA)小于等于 10 亿美元,次临界能源堆约 10 亿美元,靶、负载、RTL 约 3 亿美元,氚、燃料循环系统约 7 亿美元。总建造成本约30 亿美元。

驱动器建造成本可参照 2000 年 Sandia 的估计。他们认为建造 60MA 的 Z 箍缩驱动器约需 4.6 亿美元。作为能源装置,技术要求会更高些,估计花费要更大,但作为技术较成熟的工业设备,成本则应该降低,因此 10 亿美元造价应是合适的。

次临界能源堆部分包括功能包层系统、屏蔽系统、二回路发电系统、三回路冷却水系统,其中花费最大的应是功能包层系统。功能包层系统的花费在核燃料部件和产氚区。核燃料为天然铀合金,天然铀市场价小于等于 130 美元/kg,1000t 是 1.3 亿美元,合金化后制成部件,应该不会超过 5 亿美元 。发电部分造价约 1 亿美元。故次临界能源堆部分按 10 亿美元概算也是可以的。

其他设施,如靶、负载、RTL 等的生产,氚回收分离处理、简便干法处理等,都是可几个电站公用的。因此,我们认为整个电站按 30 亿美元概算是基本合理的。

6.6.2　堆的性能综述

综合上述分析,Z-FFR 的优点如下:

(1) 系统有效增殖系数 $k_{eff} \leqslant 1$,无临界安全事故,且容易实现非能动余热安全,不会出现放射性泄漏事故,具有很好的固有安全本质,不需要场外应急系统。

(2) 能够实现烧 ^{238}U 和 ^{232}Th,并可从天然铀开始,因而可以成为千年能源且受资源约束少。只要聚变中子源技术过关,就可大规模使用。

（3）包层能量放大倍数 $M>10$，甚至可达 20 或更高，因而可以大大降低对聚变技术的要求，可促进聚变能技术的尽早应用。

（4）核燃料制造和循环简单、换料周期长，核废料少、易处理（多数裂变产物半衰期较短，需处理的核废物量仅为每年 200kg 左右），也不需要专门处理次锕系等长寿命核素（一直放在堆内嬗变），具有很好的经济性及环境友好性。

（5）不需要进行铀钚循环，也不依赖铀同位素分离技术，具有良好的防扩散功能。

（6）具有较好的嬗变功能，且在核燃料循环过程中基本不向外界排放放射性物质；所产生的次锕系核素基本都被嬗变掉，是非常清洁环保的能源系统。

（7）单个电站可以实现发电 100 万 kW 以上，也可以发电 200 万 kW，具有非常高的投资效费比。

（8）核电站有可能实现热电联供，这样可成倍提高能量利用效率。

（9）散热管道思想可帮助电站实现第三回路冷却水的闭式循环，这为核电站选址问题提供了方便。

综上所述，Z-FFR 应是一种性能堪称完美的能源系统。

6.6.3　Z-FFR 竞争力评估

这里，大致比较一下热功率 1GW 规模各种核能系统的建造成本，如表 6-11 所列。

表 6-11　热功率为 1GW 规模的各种核能系统的建造成本估计

成　　本	核 能 系 统			
	纯聚变堆	快　　堆	Z-FFR	热　　堆
建堆花费/亿美元	≥100	50~60	约 30	约 20

需要说明的是快堆的建造成本。建一个 100 万 kW 电站，原则上需准备 5t 左右的钚，这是 1000t 热堆乏燃料中的钚含量。因此，建造一个堆需要后处理厂用"湿法"处理约 1000t 的乏燃料。而一个年处理 800t 乏燃料的后处理厂的建造费用为 200 亿美元，也就是说，5t 钚的成本价是 20 亿美元，再把钚制造成快堆元件至少也得 20 亿美元。因此，建造一个快堆，原则上，60 亿美元应是下限（除钚之外，还需数千吨反应堆级钠）。快堆可以成为千年能源，但与 Z-FFR 相比，其不足之处是成本高，安全性低，由于核燃料循环要进行铀钚分离，后续运行花费也高。

热堆最大的优点是运行简便，建造成本低，但它的铀资源利用率太低（1% 以下），不能成为千年能源。与 Z-FFR 相比，安全性也有所不及，要处理的核废料量也大得多，建堆后，后续运行及核废料处理花费也较大。

纯聚变堆原则上也可成为千年能源（必须充分开发地球锂资源），但不论是哪种驱动方式，其建造成本都很高，氚自持的维持也十分困难（地球上金属铍资源极为有限），若实现起来在技术上、材料抗辐照能力上都有许多困难。虽然放射性废料较少，但与 Z-FFR 相比，这点优势已不重要。

综合比较来看，作为千年能源，Z-FFR 是最有竞争力的方案。

参考文献

［1］ OLSON C L. Progress on Z-pinch inertial fusion energy［C］// International Conference on High-power Particle Beams. IEEE,2004.

［2］ 彭先觉. Z 箍缩驱动聚变裂变混合堆:一条有竞争力的能源技术途径[J]. 西南科技大学学报,2010,25(04): 1-4.

［3］ MARTIN T H. Design and performance of the sandia laboratories hermes II flash X-ray generator[J]. IEEE Transactions on Nuclear Science,1969,16(3):59-63.

［4］ 王淦昌. 高功率粒子束及其应用[J]. 强激光与粒子束,1989(01):1-21.

［5］ LAM S K,BANISTER J,CHRISTENSEN B,et al. Improvement on double-EAGLE machine synchronization in both negative and positive modes of operation［C］// Pulsed Power Conference,1999. Digest of Technical Papers. 12th IEEE International. IEEE,1999.

［6］ BOLLER J R, BURTON J K, Jr J D S. Status of the upgraded version of the NRL GAMBLE II pulse power generator［C］//International Pulsed Power Conference. 2nd International Pulsed Power Conference,2013.

［7］ 邱爱慈,李玉虎. 强流脉冲相对论电子束加速器:闪光二号[J]. 强激光与粒子束,1991(3):340-348.

［8］ JOHNSON D L. Initial Proto II pulsed poner tests［C］// 1st IEEE Intern. Pulsed power Conference, Lubbock: IEEE,1976.

［9］ BLOOMQUIST D D,STINNETT R W,MCDANIEL D H,et al. Saturn,a large area X-ray simullation accelerator［C］// 6th IEEE Intern. Pulsed power Conference,New York:IEEE,1987:310-317.

［10］ COOK D L,ALLSHOUSE G O,BAILEY J,et al. Progress in light ion beam fusion research on PBFA II[J]. Plasma Physics & Controlled Fusion,1986,28(12B):1921.

［11］ SPIELMAN R B,CHANDLER G A,DEENEY C,et al. PBFA Z: a 20-MA driver for Z-pinch experiments［C］//10th IEEE Intern. Pulsed power Conference,New York:IEEE,1995:396-404.

［12］ WEINBRECHT E A,BLOOMQUIST D D,MCDANIEL D H,et al. The Z refurbishment project(ZR) at sandia National laboratories［C］//14th IEEE Intern. Pulsed power Conference,New York:IEEE,2003:157-162.

［13］ 邓建军,石金水,曹科峰,等. 流体物理研究所高功率脉冲技术研究进展[J]. 物理,2009,38(12):901-901.

［14］ RAMIREZ J J ,PRESTWICH K R,BURGESS E L ,et al. The hermes-Ill program［C］// 6th IEEE Intern. Pulsed power Conference,New York:IEEE,1987:294-299.

［15］ KIM A A,KOVALCHUK B M,BASTRIKOV A N,et al. 100ns current rise time LTD stage［C］//13th IEEE Intern. Pulsed power Conference,New York:IEEE,2001:294-299.

［16］ KIM A A,BASTRIKOV A N,KOVALCHUK B M,et al. 100 GW fast LTD stage［C］// 10th Symposium on High Current Electronics,New York:IEEE ,2004:141-144.

［17］ ROGOWSKI S T,FOWLER W E,MAZARAKIS M,et al. Operation and performance of the first high current LTD at sandia national laboratories［C］// 15th IEEE Intern. Pulsed Power Conference,New York:IEEE,2005:155-157.

［18］ 周良骥,邓建军,陈林,等. 快脉冲直线变压器驱动源模块的原理及实验[J]. 强激光与粒子束,2006,18(10): 1749-1752.

［19］ 陈林,周良骥,谢卫平,等. 100kA 快脉冲直线变压器驱动源模块[J]. 强激光与粒子束,2010,22(6): 1407-1410.

［20］ 周良骥,邓建军,陈林,等. 1MA 直线型变压器驱动源模块设计[J]. 强激光与粒子束,2010,22(3):465-468.

［21］ 邹文康,周良骥,陈林,等. 100 GW 直线变压器驱动源的物理设计与模拟[J]. 强激光与粒子束,2008,20(2): 327-330.

[22] CREEDON J M. Magnetic cutoff in high-current diodes[J]. Journal of Applied Physics,1977,48(3): 1070-1977.

[23] BERGERON K D. Equivalent circuit approach to long magnetically insulated transmission lines[J]. Journal of Applied Physics,1977,48(7):3065-3069.

[24] DI CAPUA M S , PELLINEN D G. Propagation of power pulses in magnetically insulated vacuum transmission lines[J]. Vacuum,1979,50(5):3713-3720.

[25] BARANCHIKOV E I,GORDEEV A V,KOROLEV V D,et al. Magnetic self-insulation of electron beams in vacuum lines[J]. Soviet Journal of Experimental & Theoretical Physics,1978,48:1058.

[26] MESYATS G A. Pulsed Power[M]. New York: Kluwer Academic/ Plenum Publishers,2005.

[27] DI CAPUA M S,GOERZ D A,FREYTAG E K. Vacuum transmission lines for pulse sharpening and diagnostics appli-cations[C]// Proceedings of the 6th IEEE International Pulsed Power Conference,New York:IEEE,1987: 393-396.

[28] GALSTJAN E A, KAZANSKIY L N, KHOMENKO A I, et al. Study of electromagnetic chock wave in modified MITL[C]// Proceedings of the 11th IEEE International Pulsed Power Conference,New York:IEEE,2001: 1657-1662.

[29] MARTIN T H,VANDEVENDER J P,BARR G W,et al. EBFA: pulsed power for fusion[C]// Proceedings of the 2nd IEEE International Pulsed Power Conference. New York:IEEE,1979:2-8.

[30] VANDEVENDER J P. Self magnetically insulated power flow[C]// Proceedings of the 2nd IEEE International Pulsed Power Conference. New York:IEEE,1979:55-60.

[31] BARANCHIKOV E I, GORDEEV A V, KOROLEV V D, et al. Magnetic self-insulation of vacuum transmission lines[C]// proceedings of the 2nd international topical conference on high power electron and ion beam research and technology,New York:Cornell University,1977:3-21.

[32] VANDEVENDER J P. Long self-magnetically insulated power transport experiments[J]. Journal of Applied Physics, 1979,50(6): 3928-3934.

[33] 宋盛义,周之奎,关永超. 汇流型真空磁绝缘传输线的典型结构[J]. 爆轰波与冲击波,2004,1:36-41.

[34] ROSE D V,WELCH D R,HUGHES T P,et al. Plasma evolution and dynamics in high-power vacuum-transmission-line post-hole convolutes[J]. Review of Modern Physics,2008,11(6):060401.

[35] MENDEL C W,POINTON T D,SAVAGE M E,et al. Losses at magnetic nulls in pulsed-power transmission line sys-tems[J]. Physics of Plasmas,2006,13(10):043105.

[36] SCHUMER J W,OTTINGER P F,OLSON C L. Power flow in a magnetically insulated recyclable transmission line for a Z-pinch-driven inertial-confinement-fusion energy system[J]. IEEE Transactions on Plasma Science,2006,34(6):2652-2668.

[37] SEIDEL D B,SAVAGE M E,MENDEL C W. Low impedance Z-pinch drivers without post hole convolute current ad-ders[C]//IEEE International Conference on Plasma Science,2007. DOI: 10.1109/PPPS. 2007. 4345695.

[38] VANDEVENDER J P,LANGSTON W L,PASIK M F,et al. New self-magnetically insulated connection of multilevel ac-celerators to a common load[C]//Proceedings of the 18th IEEE International Pulsed Power Conference, NewYork: IEEE,2011:1003-1008.

[39] PARKER R K,ANDERSON R E,DUNCAN C V. Plasma-induced field emission and the characteristics of high-current relativistic electron flow[J]. Journal of Applied Physics,1974,45(6):2463-2479.

[40] STINNETT R W,PALMER M A,SPIELMAN R B,et al. Small gap experiments in magnetically insulated transmission lines[J]. IEEE Transactions on Plasma Science,2007,11(3):216-219.

[41] BAKSHAEV Y L , BARTOV A V,BLINOV P I,et al. Study of the dynamics of the electrode plasma in a high-current magnetically insulated transmission line[J]. Plasma Physics Reports,2007,33(4): 291-303.

[42] STYGAR W A, CUNEO M E, HEADLEY D I, et al. Architecture of petawatt-class Z-pinch accelerators[J].

Phys. Rev. ST Accel. Beams. ,2007,10(3):030401.

[43] OLSON C L,Mazarakis M G. Recyclable transmission line(RTL) and linear transformer driver(LTD) development for *Z*-pinch inertial fusion energy(*Z*-IFE) and high yield. [R]. United States:SNL,2007. doi:10. 2172/900850, SAND2007-0059,2007.

[44] OLSON C L. Status of *Z* - pinch fusion [C]// Fusion Power Associates Annual Meeting and Symposium, Washington,2006.

[45] 王勐,周良骥,邹文康,等. 混合模式直线型变压器驱动源模块[J]. 强激光与粒子束,2012,24(5): 1239-1243.

[46] 李正宏,黄洪文,王真,等. *Z* 箍缩驱动聚变-裂变混合堆总体概念研究进展[J]. 强激光与粒子束,2014,26 (10):20-26.

[47] *Z*-FFR项目组. 国防科工局核能开发项目总结报告—*Z* 箍缩驱动聚变裂变混合堆总体概念设计研究[R]. 绵阳:中国工程物理研究院核物理与化学研究所,2015.

第7章 激光惯性约束聚变裂变混合能源

7.1 引 言

近年来以美国为代表的多个国家,广泛、深入地开展了激光惯性约束聚变能源的概念研究[1],以期尽早利用聚变技术发展的成就,为人类提供一种干净、安全、防核扩散、可持续发展的核能源。美国激光惯性约束聚变国家点火装置[2](National Ignition Facility, NIF)原计划于2010年进行点火实验,后推迟到2012年。拟用波长350nm、能量2.03MJ的激光束,以间接驱动的方式实现中心热斑点火(Hot Spot Ignition, HSI)。预计初步可达到的聚变能量增益 G(聚变能与驱动激光能之比)为10左右,以进行点火和聚变能量增益的演示。遗憾的是,迄今为止点火实验仍未达到预期目标。一旦 NIF 点火成功,这将是激光惯性约束聚变研究革命性的一步,必然会受到全世界核能界的关注。

作为纯聚变能源,激光能量需达到 2.5MJ 以上,聚变能量增益(聚变放能与激光能量之比) $G=100$,激光打靶频率 10Hz 以上,才可能具有技术上的可行性,但目前的水平距这种要求还有相当的距离。在此背景下,劳伦斯利弗莫尔国家实验室(LLNL)提出了激光惯性约束聚变裂变混合能源(Laser Inertial Confinement Fusion Fission Energy, LIFE)的设想[3]。本章主要介绍美国 LLNL 设想的激光惯性约束聚变裂变混合堆的概念,所涉及的许多知识对我们了解、分析、判断能源问题将很有助益。

7.2 LIFE 的构成

7.2.1 系统概述

LLNL 设想用波长 350nm、总能量 1.4MJ 的激光束驱动氘氚靶丸发生聚变反应, $G=25\sim30$,打靶频率 10~15Hz,期望实现 350~500MW 的聚变功率。在聚变堆芯周围用含裂变材料的包层,通过裂变反应使能量再倍增 $M=4\sim10$ 倍,从而使系统产生的总热功率为 1400~5000MW,可输出的电功率为 560~2000MW。图 7-1 所示为 LIFE 系统的概念示意图。根据包层内使用的裂变燃料的不同,可以有多种设计方法。例如,可采用贫化铀、天然铀或乏燃料,以实现铀资源高效利用[4];采用武器级钚、武器级铀,销毁美、俄武器级材料[5];采用含钍燃料,开辟钍资源利用新途径[6]等。

进一步对裂变燃料元件的构型做精巧的设计,以加深燃耗,使系统稳定运行数十年,不换料,不作后处理或简单后处理。该系统有望在大幅提高铀资源利用率的同时,大大减少核废料积存,降低核扩散的危险。

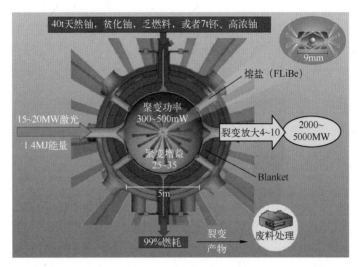

图 7-1   激光惯性约束聚变裂变混合能源系统概念示意图
(LIFE 采用"一次通过"式、封闭燃料循环;15~20MW 的激光功率产生 350~500MW 的聚变功率;
次临界能源堆包层倍增产生的热功率为 2000~5000MW)

7.2.2   聚变系统

7.2.2.1   激光系统[7]

LIFE 的激光系统拟用高能、高功率 N_d 玻璃和高能二极管泵浦固体激光技术,以增加激光强度和频率。理论预期电能转换为激光产生的效率 η_d 可达到 0.1~0.15。LIFE 内爆压缩激光由 192 路独立的激光束流组成,每束激光束能量为 100kW 量级,波长 350nm,激光束对聚焦点的聚焦需达到最佳的运行状态。用高速流动的氦气排出激光器件的热量,以便高功率运行。

7.2.2.2   聚变靶

设想采用间接驱动方式实现氘、氚燃料中心热斑点火。以波长 350nm 的激光束入射于靶室的内壁上,激光在高 Z 的金属的室壁上转换为 X 射线。X 射线在靶丸上形成内爆压缩激波,要求内爆压缩有高度的对称性,使靶丸达到高温、高密度。在靶丸的最高温度、最高密度的中心部位 1% 内实现点火,避免中心以外燃料混进热斑,造成熄火。为适应能源应用,必须发展高速度的、廉价的、大体积工业式的制靶技术。

7.2.2.3   靶室

球形靶室半径 $R=2.5m$,由低活性纳米结构的氧化奥氏体钢构成,以承受高能中子的辐照损伤。室壁的表面覆以 250~500μm 的钨,以承受 1500K 以上峰值高温,如图 7-2 所示。HIS 靶一次放能 37.5MJ,内爆频率 13.3Hz,产生聚变功率 500MW,其中 400MW 由能量为 14.1MeV 的高能中子携带,其余的 100MW 由高能 X 射线和 α 粒子携带。

靶室和光束通道内充氙、氦气体,以吸收大部分 X 射线,同时阻止聚变产生的带电粒子。气体在两次内爆之间由激光通道泵出。爆室半径与内爆放能的平方根成正比。爆

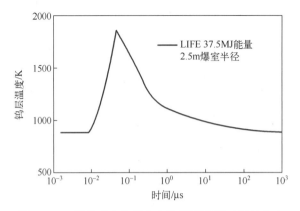

图 7-2　X 射线形成的爆室内钨层温度随时间的分布

室外的包层需 1m 左右的厚度,以减少中子的漏失。

LIFE 要解决的主要问题是,爆室内壁材料在高温下不蠕变,能抗辐照损伤、抗肿胀、抗氢脆裂。在高温氟盐的作用下,抗腐蚀,不产生裂纹。估计 $R=2.5m$ 的爆室的第一壁材料,每年的中子辐照损伤高达 35dpa[8-9],材料辐照损伤问题非常严重。即使按照不锈钢抗中子辐照损伤的极限值 150~300dpa 估计,第一壁的寿命也仅 4~8 年。

7.2.2.4　聚变靶控制系统

聚变靶控制系统需能以 200~400m/s 的速度,每天发射10^6~10^7颗靶丸,要求靶丸以高精度到达靶室中心指定的位置,并能高精度地进行测试、跟踪、定位。这相当于弹道导弹防御系统击中太空飞行导弹的精度。激光聚焦点需精确到十分之几微米,并能承受靶室环境内靶丸内爆残留物的影响。

目前已经用代用靶做了实验,靶飞行速度已达 400m/s,发射频率 6Hz,并且有很高的重复度。

7.2.3　包层系统

7.2.3.1　包层结构

包层沿径向由第一壁、铍增殖层、裂变燃料区、产氚燃料区以及屏蔽层组成。第一壁受强流高能中子照射,需要定期更换。铍增殖层利用 Be(n,2n)反应增殖中子,由于裂变区易裂变核浓度低,铍增殖层厚度要 15cm 才能达到中子增殖的目的。包层可采用固态球床燃料,FLiBe 熔盐做冷却剂兼氚增殖剂;也可采用铀、钍或钍的氟化物熔盐为燃料,并兼做冷却剂和氚增殖剂。裂变燃料区实现能量释放、易裂变燃料生产、中子增殖功能。产氚燃料区利用中子与锂反应生成氚,满足聚变堆氚自持的需要。屏蔽层的作用是减少中子和 γ 射线的泄漏。

随着中子辐照时间的增长,易裂变核浓度会出现先增加后缓慢减小的过程,但在整个寿命周期内系统的有效增殖系数 $k_{eff}≤0.9$。LIFE 包层采用球床燃料或者熔盐燃料,几何适应性好,有利于实现比较高的包层覆盖率。LIFE 具有良好的固有安全性,在失冷事故下燃料可快速排放到包层外的大型容器中,仅用自然对流的方式就可带走衰变余热。

7.2.3.2 裂变燃料元件的构形[9]

包层中的燃料可以是固态燃料,也可以是熔盐燃料。LIFE 希望系统燃耗达到 90% 以上,如果采用固态燃料则需对其构型做特殊的改进。

1. 熔盐冷却的固态燃料

固态燃料一般用 FLiBe 熔盐冷却,FLiBe 还兼作氚增殖剂。FLiBe 在耐高温的固体燃料球床中流动,将燃料核反应释放的热载带出来。燃料循环的速率为 0.3m/d,循环一周所需为时间 30d,计算模拟中可假设燃料燃耗是均匀的。燃料入口温度 610℃,出口温度 640℃,热/电转换效率可达 40% 以上。液体熔盐有很高的比定容热容,可以达到很高的功率密度。熔盐燃料包层可以设计得很紧凑。FLiBe 冷却剂中所含的锂可产生维持聚变堆芯所需的氚。

元件的构型与其承受高燃耗、高辐照损伤的能力有密切的关系。比较有应用前景的 3 种固体燃料构型如下。

(1) 多层均匀结构颗粒型 TRISO 燃料元件。直径 1mm 的燃料颗粒弥散在直径为 $d=2cm$ 的 SiC 球囊中。燃料颗粒呈多层结构和高温气冷堆使用的三层均匀结构(TRI-structural-ISO-tropic,TRISO),燃料颗粒类似,简称 TRISO,如图 7-3 所示。这种燃料元件可承受较高的辐照损伤、较高的裂变气体压力,因而可以达到较高的燃耗深度。燃耗深度的极限主要取决于包壳、石墨承受中子辐照的能力。

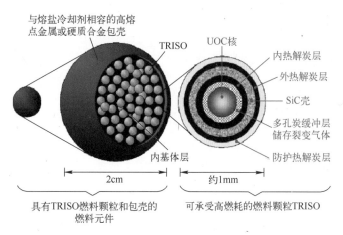

图 7-3 TRISO 燃料颗粒

(2) 固体空腔球形(Solid Hollow Core,SHC)燃料元件。SHC 更有利于实现更深的燃耗深度,预计可承受金属原子燃耗 99% 所产生的裂变气体压力。燃料元件外壁上产生的应力不会超过受辐照材料所能承受的应力极限。固体空腔球形燃料元件如图 7-4 所示。

(3) 密封的粉状燃料(Encapsulated Powder Fuel,EPF)。EPF 是由粉状燃料、基底材料和牺牲材料组成的混合物,封装在不锈钢或其他耐辐照、耐高压材料包壳中。用牺牲材料从化学上缓解高活性裂变产物对包装材料的腐蚀,以粉状燃料的空隙储存裂变气体,以降低裂变气体的压力。

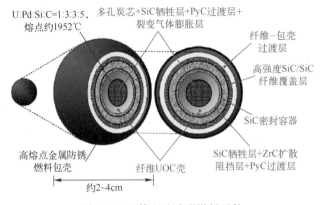

图 7-4　固体空腔球形燃料元件

2. 熔盐燃料

熔盐燃料不会因中子的长期辐照而损坏,有更大的把握达到极深的燃耗[6]。熔盐燃料可在线加料、换料、做后处理,以保证燃料和裂变产物的含量保持在需要的水平上。稀土元素与钚在氟盐中的沉淀有相似的相变转换过程,应适时地排除裂变产物中的稀土元素,检测并控制钚与稀土元素融合的程度,避免沉淀的钚超过允许的浓度。需要研究有关双偶盐混合物,如BeF_2-LiF、BeF_2-ThF_4、BeF_2-UF_4、$LiF-PuF_3$、$LiF-ThF_4$、ThF_4-UF_4 等的相变转换过程及各组分在运行温度下的沉淀状态。

熔盐燃料可以由 FLiBe 冷却,也可以设计成燃料兼作载热剂和氚增殖剂。熔盐有很高的比定容热容,可达到很高的功率密度。

7.2.3.3　包层内的核反应和功率平衡

高能中子进入包层后在各区域与材料相互作用实现多种功能。

中子增殖区常利用 Be 的$(n,2n)$反应来倍增中子。在非核材料中 Pb 的$(n,2n)$反应截面仅次于 Be。

$$Be+n \longrightarrow 2n+X_1+X_2 \tag{7-1}$$

裂变区功能是能量释放、易裂变燃料增殖和中子增殖。式(7-2)~式(7-4)为铀钚循环的主要反应过程,式(7-5)~式(7-7)为钍铀循环的主要反应过程。

$$^{238}U+n \longrightarrow ^{239}U \xrightarrow{\beta} ^{239}Np \xrightarrow{\beta} ^{239}Pu \tag{7-2}$$

$$^{238}U+n \longrightarrow X_A+X_B+\nu n+200MeV \tag{7-3}$$

$$^{239}Pu+n \longrightarrow X_A+X_B+\nu n+200MeV \tag{7-4}$$

$$^{232}Th+n \longrightarrow ^{233}Th \xrightarrow{\beta} ^{233}Pa \xrightarrow{\beta} ^{233}U \tag{7-5}$$

$$^{233}U+n \longrightarrow X_A+X_B+nn+200MeV \tag{7-6}$$

产氚主要靠中子和^6Li 反应产生,^7Li 的贡献较少:

$$^6Li+n \longrightarrow T+^4He \tag{7-7}$$

$$^7Li+n \longrightarrow T+n+^4He \tag{7-8}$$

还有部分中子被结构材料或其他次级反应吸收,或泄漏出系统之外。包层的能量主要是核裂变产生的,产氚、造易裂变材料和其他反应过程也有贡献。各反应过程产生的功率大致如图 7-5 所示。

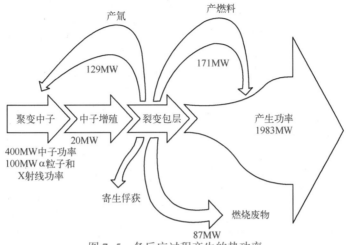

图 7-5　各反应过程产生的热功率

LIFE 包层具有良好的易裂变燃料增殖能力,通过设计可以使系统反应性长期维持在稳定状态。因此,可采用"一次通过"式,经过长期辐照使燃料达到极深燃耗并维持稳定功率输出。这种设计可以大幅提高铀资源利用率,并显著减少乏燃料总量。

7.3　LIFE 的数值模拟和改进设计

近年来,LLNL 开展了一系列的 LIFE 混合堆概念设计。我们以典型的贫化铀包层方案[4]为例进行数值模拟分析。LIFE 的设计方案中有厚达 15cm 的 Be 层,重约 20t,用以增殖中子。Be 是极其稀有的元素,全世界铍矿储量只有数万吨,不可能被大量使用。针对 Be 资源短缺及冷却复杂的问题,我们提出了以 Pb 作为中子增殖剂的改进设计方案[10],并实现了长期、稳定输出 2000MW 热功率的目标。

7.3.1　包层中子学模型

LIFE 包层为一维球形结构,聚变功率取 500MW。聚变靶室半径为 2.5m,氘氚靶丸位于靶室中心,聚变中子源可看作点源。其包层设计目标是在保证氚增殖比(TBR)等于 1 的基础上,使包层热功率长期维持在 2000MW。

文献[4]和[11]介绍了以贫化铀为裂变燃料、Be 为中子增殖剂的包层方案,但缺少详细描述。参考该文献并结合 MCNP 程序进行多次试算后建立了一维球形模型 1,其各区域所用材料、密度及几何尺寸列于表 7-1。模型 1 的包层由靶室第一壁、中子增殖剂(Be)、第一分隔层、裂变燃料区、第二分隔层、反射层及屏蔽层组成。第一壁用 $Li_{17}Pb_{83}$ 冷却;中子增殖层、燃料区和反射层均用 FLiBe 熔盐冷却;冷却剂同时也起氚增殖的作用。燃料区为球床结构,燃料元件为直径 2cm 的 TRISO 小球,小球内填充直径为 1mm 的燃料颗粒。燃料颗粒和燃料元件的填充率分别为 30% 和 60%。燃料区共装载 40t 贫化铀,其中 ^{235}U 的质量分数为 0.26%。反射层采用石墨球,填充率为 60%。

表 7-1　包层各区域所用材料、密度及几何尺寸

区　　域	材　　料	密度/(g/cm³)	几何尺寸/cm
靶室	Kr 气	3.75×10^{-3}	250
第一壁	ODS 钢+Li$_{17}$Pb$_{83}$	8.213	2
中子增殖剂	Be(**Pb**①)	1.886(**11.340**①)	16(**20**①)
第一分隔层	SiC 陶瓷	6.730	2(5)
裂变燃料区	TRISO 元件	2.249(**2.241**①)	87.3(**87**①)
第二分隔层	ODS 钢	7.900	2
反射层	石墨球	2.130	40
屏蔽体	ODS 钢	7.900	10
① 括号内黑体文字及数字为后面模型 2 对应的数据			

燃料球床流动的速率为 0.3m/d,循环 1 次约需 30d[5]。考虑到燃料球流出包层后要搅混再重新入堆,燃耗计算中可近似认为燃料区内各部分燃耗深度相同。同时,为简化问题,将上述各区材料按体积平均作均匀化处理。

7.3.2　包层燃耗过程

我们采用 MCORGS[12] 程序模拟了包层燃耗过程。MCORGS 中子输运部分采用 MCNP 程序,配备从 ENDF-B7 库制作的点连续截面数据库;燃耗部分采用 ORIGENS;核素的各种转换截面由输运计算得到。为分别模拟氚稳定运行模式与功率稳定运行模式,我们在 MCORGS 中添加了氚控制模块和功率控制模块。采用氚稳定运行模式时,调节 ^{6}Li 富集度,保持包层 TBR 恒定。这种模式下功率一直在变动,不利于发电。采用功率稳定运行模式时,调节 ^{6}Li 富集度,尽可能保证在长时间内功率恒定。这种模式下,TBR 在变动,但必须保证整个寿命周期内氚的总体自持。两种模式的控制均通过调节 FLiBe 中 ^{6}Li 富集度实现。

7.3.2.1　功率控制原理和程序验证

图 7-6 给出了模型 1 采用氚控制模式后的计算结果。计算中每个燃耗步长取 50 天,共计算约 80 年,期间不换料,每个燃耗步投入 40000 个源粒子,通量统计误差小于 2%,整个寿命周期内 TBR 控制在 1.01 ± 0.01 的范围内。如图 7-6 所示,初始时刻包层功率为 710MW,1.5 年后上升至 2000MW(A 点),约 7 年后上升至最大值 2977MW。之后,功率开始缓慢下降,约 35 年开始低于 2000MW(B 点),79 年后降至 654MW(D 点)。在图 7-6 中,功率上升到 A 点的时间较文献[11] 中所需时间略长,这种细节上的不一致是由二者的中子学模型不尽相同导致的。但从整体计算趋势来看,二者是完全类似的。D 点处重金属的原子百分燃耗(FIMA,FIMA = 1 − (U、Pu、Np、Am、Cm 等重金属的质量总和)/(寿命周期初贫化铀质量))达 98.5%。文献[11] 中 D 点处 FIMA 为 99%,二者非常接近。

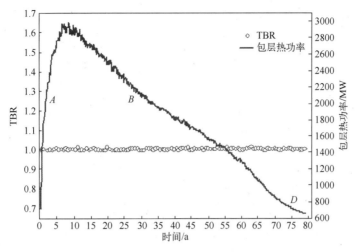

图 7-6　LIFE 氚控制模式下的燃耗曲线

　　氚控制模式下,功率波动太大,不利于传热和电网稳定。因此希望采用功率控制模式使输出功率保持稳定。通过图 7-6 可直观地理解功率控制的基本原理:在 AB 段通过增加产氚量来压低功率,而在 BD 段则通过减少产氚量来抬升功率。

　　系统内氚的核子数密度 N 的平衡方程如下:

$$dN/dt = -\lambda N + S(\text{TBR}-1) \tag{7-9}$$

式中:λ 为氚的衰变常数;S 为聚变中子源强。

　　设 $t=0$ 时的 N 为 N_0,则式(7-9)的解为

$$N = N_0 e^{-\lambda t} + \frac{S}{\lambda}(\text{TBR}-1)(1-e^{-\lambda t}) \tag{7-10}$$

　　当 TBR 大于 1 时,表示当前步氚有剩余;当 TBR 小于 1 时,若当前时间步内净产氚量(负值)加上前一时间步长内剩余的氚之和大于 0,则仍可保持氚自持,功率稳定模式有效,反之,则功率稳定模式失效。当功率稳定模式失效后,可选择停堆,也可选择降低功率并继续以氚稳定模式运行。

　　图 7-7 给出了模型 1 采用功率控制模式的计算结果。如图 7-7 所示,在 A 点(1.5年)包层功率达到 2000MW,并一直维持到 B 点(59 年)。$A'E'$ 段 TBR 一直高于 1.01,氚有剩余。$E'F$ 段 TBR 开始低于 1.01,期间氚的不足可由 $A'E'$ 段补充,直到 F 点(对应的 TBR 为 0.787)累积的氚已全部消耗。此后(F 点之后)无法同时保持功率水平和氚自持。若要继续维持反应堆运行,必须保持氚自持并降低功率水平。由图 7-7 可见,此时 TBR 从 F 点跳跃到 G 点(TBR=1.01),热功率从 B 点(2000MW)跳跃到 C 点1460MW。此后,TBR 基本保持恒定在 1.01 附近,而热功率逐渐下降。图中 B 点和 D 点的 FIMA 分别为 84.5% 和 96.9%,而文献[11]中 FIMA 对应值分别为 84% 和 99%,二者符合良好。

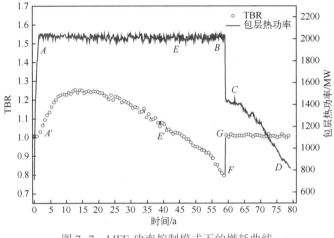

图 7-7　LIFE 功率控制模式下的燃耗曲线

7.3.2.2　Pb 作为中子增殖剂的方案设计

Pb 的(n,2n)反应阈能比 Be 的高,但 Pb 在高能区的(n,2n)截面比 Be 的大。因此,在中子增殖剂层较薄的情况下,二者有可能实现相当的中子增殖效果。表 7-2 给出了 14.1MeV 中子在不同厚度的 Pb 和 Be 内的增殖效果比较。由表 7-2 可见,厚度较小时,Be 的增殖效果优于 Pb,随着厚度的增加,二者的增殖效果差距加大。考虑到 Be 的资源量远低于 Pb,且 Pb 可实现自冷,而 Be 需熔盐冷却,因此,采用 Pb 代替 Be 还是有很大的现实意义的。需要指出的是,表 7-2 中的净增殖指(n,2n)与(n,γ)之差,未考虑源中子项和中子泄漏以及其他截面较小的反应道。

表 7-2　14.1MeV 中子在不同厚度的 Pb 和 Be 内的增殖效果比较

厚度/cm	中子在 Pb 中的增殖			中子在 Be 球(60%)+FLiBe(40%)中的增殖		
	Pb(n,2n)	Pb(n,γ)	净增殖	Be(n,2n)	Be(n,γ)	净增殖
16	0.49342	0.00551	0.48791	0.54772	0.00464	0.54308
18	0.52209	0.00651	0.51558	0.59823	0.00515	0.59307
20	0.54722	0.00752	0.53970	0.63817	0.00561	0.63256
22	0.56614	0.00858	0.55757	0.67489	0.00604	0.66884
40	0.63931	0.01823	0.62108	0.83954	0.00818	0.83135
∞	0.87164	1.8713	−0.99688	1.73610	2.54995	−0.81385

由表 7-2 可见,20cm 厚的 Pb 与 16cm 厚的 Be(模型 1 对应厚度)的中子增殖效果相当。因此,确定 Pb 的厚度为 20cm。以模型 1 为基础,建立了以 Pb 为中子增殖剂的模型 2。模型 2 与模型 1 的不同参数值在表 7-1 中用黑体显示,并用括号标明。Pb 的慢化能力比 Be 弱,对应的中子能谱较硬,热能区中子份额较小,这对能量放大和产氚不利。为实现和模型 1 相当的能量放大效果,模型 2 降低了活性区燃料球的填充率,并在其中增加了部分石墨球,燃料球和石墨球的总填充率为 50%。图 7-8 所示为模型 1 和模型 2 氚增殖比与^{6}Li 富集度的对比。产氚主要依靠热能区^{6}Li 的(n,T)反应,由于模型 2 热能区中子份额较低,因此,在氚增殖比相同时,模型 2 中^{6}Li 富集度要比模型 1 高。

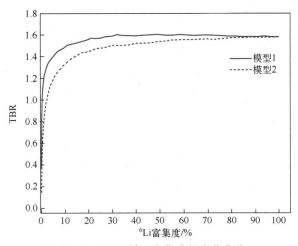

图 7-8　TBR 随 [6]Li 富集度的变化曲线

　　图 7-9 给出了模型 2 在功率稳定模式下的燃耗曲线。由图 7-9 可见,模型 2 的运行趋势与模型 1 的类似。表 7-3 列出了模型 1 和模型 2 到达 $A \sim F$ 各特征点的时间及对应的 FIMA 以及其他参数值,A 点和 B 点之间为功率稳定输出区间。由表 7-3 和图 7-9 可见,模型 2 能实现约 55 年的稳定功率输出,而模型 1 能实现约 57 年的稳定功率输出。显然,二者都可实现设计目标。

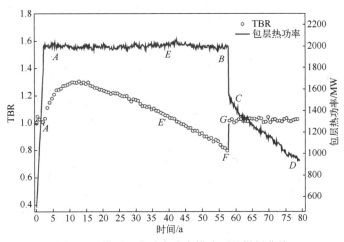

图 7-9　模型 2 在功率稳定模式下的燃耗曲线

表 7-3　模型 1 和模型 2 到达各特征点的反应堆参数对比

特征点	对应时间/a		FIMA/%		TBR		热功率/MW	
	模型 1	模型 2	模型 1	模型 2	模型 1	模型 2	模型 1	模型 2
A	1.7	2.1	1.9	1.8	1.008	1.022	2000	2000
$E(E')$	47.0	43.0	63.9	61.4	1.012	1.032	2000	2000
$B(F)$	59.1	57.7	84.5	81.5	0.787	0.781	2000	2000
$C(G)$	59.1	57.7	84.5	81.5	1.011	1.012	1459	1544
D	79.3	79.3	96.9	95.5	1.005	1.026	820	938

图 7-10 给出了模型 2 包层内易裂变核素在包层内含量随时间的变化情况。运行初期,易裂变核素总量逐渐增加,在第 14 年达到峰值,之后开始逐渐减小。图 7-11 给出了主要的长寿命裂变产物(LLFP)和次锕系核素(MA)在堆内含量变化情况。这些核素含量均经历了先增加后减少的过程,随着燃耗的逐渐加深可实现有效的嬗变。显然,能否开发出耐极深燃耗的燃料元件是 LIFE 概念成功的关键因素。

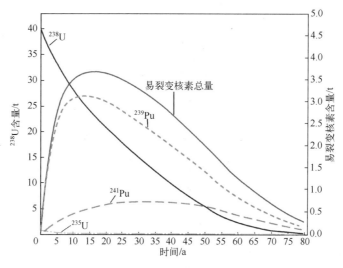

图 7-10 易裂变核素含量随时间变化曲线

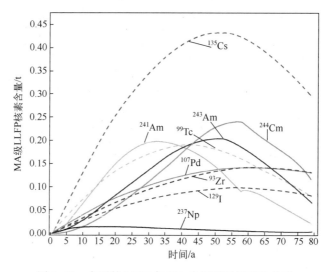

图 7-11 主要的 LLFP 与 MA 含量随时间变化曲线

由图 7-9 可知,模型 2 在约 55 年内可保持 2000MW 的稳定热功率输出,卸料燃耗深度达到约 80%。取热电转换效率为 45%,则等效电功率为 900MW。模型 2 在 55 年内仅使用 40t 贫化铀燃料,产生的乏燃料少于 40t。而电功率为 1000MW 的压水堆 50 年内约需天然铀 7800t,产生乏燃料约 1500t。由此可见,若 LIFE 概念可行,将大幅提高铀资源利用率并显著减少乏燃料总量。

7.4　发展前景与技术上的挑战

美国科学家设想于 2030 年将 LIFE 混合堆引进美国的能源经济。根据美国的铀资源量估计,2100 年前以贫铀或天然铀或轻水堆的乏燃料为燃料的 LIFE 混合堆可为美国提供 1000GW 电能,相当于美国所需电能的 50%。为此要继续研究以克服一系列技术上的难题,主要难题如下。

(1) 激光驱动靶丸聚变,目前要由 NIF 几小时发射 1 次,达到发射频率 10~15Hz。高频率的激光发射要用二极管泵浦固体激光器(Diodepumped Solid – State Lasser, DPSSL),而不是用闪光灯驱动的激光器。DPSSL 的技术已多次在 LLNL 的水银激光系统上做了演示,专家估计,只有 DPSSL 的二极管造价有成量级的下降,才有可能谈及激光驱动核聚变能源的经济可行性。

(2) 每年需用 $4\times10^8 \sim 5\times10^8$ 个廉价的靶丸,要发展工业规模的、廉价的靶丸制造技术。

(3) 发展高速度(>200m/s)、高频率(10~15Hz)、高精度发射、跟踪、定位靶丸的技术。

(4) 进一步研究和发展新型合金钢材料,使第一壁能承受高强度、高能量的中子和 X 射线照射的工作环境。现有的 ODS 合金钢可承受的辐射损伤极限约 60dpa。对于聚变功率为 500MW,半径 $R=2.5$m 的靶室,第一壁的中子负载为 $6.4MW/m^2$,相应的第一壁的辐照损伤为 35dpa/a,那么现有的 ODS 合金钢的使用寿命只有 1~2 年。

(5) 高燃耗裂变燃料元件的构型设计和实验检验,使包层可长期、稳定地运行等。

我们的基本看法是:LLNL 提出的 LIFE 混合堆方案有太多的技术困难。以上 5 个方面是从宏观层面考虑的,下面我们将挑出几个具体的难点问题加以讨论。

(1) 用于能源的激光器问题。为使激光器能以秒级重复频率运行,必须使用二极管泵浦固体激光器。若按一个脉冲输出能量 4MJ(基频光)计算,需要的二极管数量极大,以目前的价格来算,总价值将远超 100 亿美元。

(2) 方案以中心点火靶为基础,这种靶对激光驱动条件极为敏感。如果高重频运行(每秒 10 次以上聚变靶丸爆炸),要保证完全相同的驱动条件是不可想象的。同时,这样的激光器电–光效率也只有 10% 左右,大量能量将沉积在激光器内,冷却系统的复杂性、难度和规模都是极大的。

(3) 激光驱动中心点火靶需用三倍频光,而三倍频晶体非常脆弱,又极其昂贵,要让其长时间高负荷运行也基本不可能。

(4) 激光要进入靶室到达靶上,一是要通过靶室的玻璃窗口,二是要通过爆室内的气体。玻璃窗口在高强度中子辐照下将难以保证其透明度,可能要经常更换,很不利于堆的实际运行。爆室很大,爆炸气体不断产生,其真空度和"干净"程度(爆炸将产生大量的颗粒物或气溶胶)将严重受限。因此真正运行起来,到靶的激光能量及光束质量都将受损。

(5) 从能量输出的角度看,若采用 2MJ 能量的三倍频光(目前 2MJ 尚未实现点火,原设想的 1.4MJ 点火已不可能），则需基频光 4MJ。激光电-光转换效率按 10% 计算，花费电能将达到 40MJ。若堆的热-电转换效率按 40% 计算，则需热能 100MJ。而次临界能源堆 50 年的平均能量放大倍数只有 4 倍，即一个靶丸爆炸释放的能量约为 37.5×4 = 150MJ，能量增益只有 1.5。若考虑激光器散热、氚循环、制靶、运行等消耗的能量，LIFE 恐怕将难以有能量输出。

综上所述，LIFE 不太可能成为一个有竞争力的能源。

参考文献

[1] MOSES E I, RUBIA T D, STORM E, et al. A sustainable nuclear fuel cycle based on laser inertial fusion energy[J]. Fusion Science and Technology, 2009, 56(2):547-565.

[2] MOSES E I. The national ignition facility(NIF): a path to fusion energy[J]. Energy Conversion and Management, 2008, 49(7):1795-1802.

[3] Editorial. Laser fusion on the horizon[J]. Nature photonics, 2012, 6(5):267.

[4] KRAMER K J, LATKOWSKI J F, ABBOTT R P, et al. Neutron transport and nuclear burnup analysis for the laser inertial confinement fusion-fission energy(LIFE) engine[J]. Fusion Science & Technology, 2009, 56(2):625-631.

[5] FARMER J C, RUBIA T D, MOSES E. The complete burning of weapons grade plutonium and highly enriched uranium with laser inertial fusion-fission energy[R]. Livermore: LLNL, 2009.

[6] MOIR R W, SHAW H F, CARO A, et al. Molten salt fuel version of laser inertial fusion fission energy(LIFE)[J]. Fusion Science and Technology, 2009, 56(2):632-640.

[7] STOLZ C J, LATKOWSKI J T, SCHAFFERS K I. Next generation laser optics for a hybrid fusion-fission power plant[EB/OL]. [2018-03-20]. https://e-reports-ext.llnl.gov/pdf/378209.pdf.

[8] DEMANGE P, MARIAN J, CARO M, et al. Thermo-mechanical and neutron lifetime modelling and design of Be pebbles in the neutron multiplier for the LIFE engine[J]. Nuclear Fusion, 2009, 49(11):115013.

[9] FARMER J C. LIFE materials:overview of fuels and structural materials issues volume1[EB/OL]. [2008-03-20]. http://www.osti.gov/energycitations/product.biblio.jsp? osti_id=945586.

[10] 杨俊云,师学明,应阳君. 激光惯性约束聚变裂变混合能源包层中子学数值模拟[J]. 原子能科学技术, 2015, 49(11):1961-1965.

[11] KRAMER K J, MEIER W R, LATKOWSKI J F, et al. Parameter study of the LIFE engine nuclear design[J]. Energy Conversion and Management, 2010, 51(9):1744-1750.

[12] 师学明,张本爱. 输运与燃耗耦合程序 MCORGS 的开发[J]. 核动力工程, 2010, 31(3):1-4.

第8章 加速器驱动次临界系统

8.1 引 言

当前全球储存乏燃料约 28 万 t,且每年新增储存量约 7000t[1]。乏燃料中约含 1‰左右的 Np、Am、Cm 等长寿命放射性次锕系核素(MA)。分离(利用化学方法将 MA 从乏燃料中提取出来)和嬗变(利用核反应将长寿命放射性核素转换为短寿命核素)是处理 MA 的有效方式。快堆、聚变裂变混合堆、加速器驱动次临界系统(Accelerator Driven Sub-crilical System,ADS[2-5])都可以实现 MA 的嬗变。

ADS 由于中子能谱硬,几乎所有的长寿命锕系核素都可在高能区发生裂变,且其净中子产生率均为正,因而 ADS 系统是较理想的长寿命锕系核素废物的焚烧炉。至于未来核能是否一定需要次锕系核素嬗变,以及在何种系统中嬗变更加经济,都需要进一步讨论。一种能源系统是否具有优越性,需要通过与其他能源系统进行比较才能得出客观结论。

8.2 ADS 研发计划

ADS 由强流质子加速器(HPPA)、重金属散裂靶和次临界包层组成。图 8-1 是 ADS 原理示意图,其基本工作原理是:利用加速器产生的中能质子(1~2GeV)轰击重金属靶,使其发生散裂反应释放出大量中子,中子进入次临界包层实现 MA 嬗变和能量输出。目前,国际上 ADS 研发正从关键技术攻关逐步转入建设原理验证装置阶段。

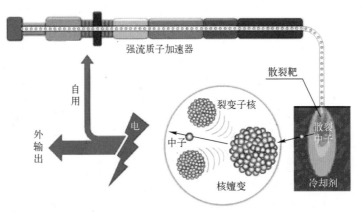

图 8-1 ADS 原理示意图

表 8-1 所列为国际上部分 ADS 嬗变研发计划的设计参数[6],包括加速器质子束流功率(质子能量与束流强度的乘积)、包层有效增殖系数 k_{eff}、系统功率、靶以及裂变燃料种类。由该表可见:ADS 研究要求的束流功率至少为 1MW 量级,工业应用需要达到 10MW 水平;要实现 100MW 级别的功率输出,包层 k_{eff} 均在 0.95 以上;对燃料的要求则和快堆类似。我国的 CiADS[7] 已经立项,有望成为世界上首个建成的 ADS 研究装置。

表 8-1 国际上部分 ADS 嬗变研发计划设计参数

项目		束流功率/MW (质子能量/MeV/ 束流强度/mA)	k_{eff}	堆功率 /MW	中子通量 /(n/(cm²·s))	靶	燃料
欧盟	MYRRHA	2.4(600/4)	0.955	85	10^{15}	铅铋	MOX
	AGATE	6(600/10)	0.95~0.97	100	约 10^{15}	钨(气冷)	MOX
	EFIT/Lead	16(800/20)	约 0.97	400	约 10^{15}	铅(无窗)	MA/MOX
	EFIT/Gas	16(800/20)	0.96	400	约 10^{15}	钨(气冷)	MA/MOX
美国	ATW/LBE	100(1000/100)	约 0.92	500~1000	约 10^{15}	铅铋	MA/MOX
	ATW/GAS	16(800/20)	0.96	600	约 10^{15}	钨(气冷)	MOX
俄罗斯	INR	0.15(500/10)	0.95~0.97	5	—	钨	MA/MOX
	NWB	3(380/10)	0.9~0.98	100	10^{14}~10^{15}	铅铋	UO₂/UNU/MA/Zr
	CSMSR	10(1000/10)	0.95	800	$5×10^{15}$	铅铋	Np/Pu/MA,熔盐
日本	JAERI-ADS	27(1500/18)	0.97	800	—	铅铋	MA/Pu/ZrN
韩国	HYPER	15(1000/10~16)	0.98	1000	—	铅铋	MA/Pu
中国	CiADS	2.5(500/5)	0.734	10	—	铅铋	UO₂

8.3 强流质子加速器

可以获得高束流功率的加速器类型有:直线加速器(LNAC)、快循环同步加速器(RCS)、强流回旋加速器等。强流质子加速器一般通过多级加速器组合的方式实现,它是散裂中子源[8-10]、ADS 等设施的核心。

散裂中子源目前主要用于开展中子散射实验,探索物质的静态微观结构和动力学机制。散裂中子源一般是脉冲式运行,要求质子加速器提供重复频率为几十赫兹、脉冲宽度为毫秒量级的短脉冲,利用质子(1GeV 量级)瞬间打靶产生高脉冲中子通量(比反应堆高 1~2 个数量级),提高散射实验效率。目前正在运行和正在建造的散裂中子源主要设计参数如表 8-2 所列。除了瑞士 PSI 的 SNQ 是以连续波运行,其他散裂中子源都是脉冲运行的。美国的 SNS 装置,质子束流功率为 1.4MW,项目总投资高达 14 亿美元(含中子谱仪)。日本的 J-PARC 装置,质子束流功率为 1MW,工程总投资约 18 亿美元。

用于 ADS 装置的质子加速器最好能以连续波方式运行。中国科学院在"ADS 先导专项"的支持下,建成了国际首台 ADS 超导质子直线加速器示范样机,初步调试连续波束流达到 25MeV/0.17mA,指标达到国际领先水平[6]。如表 8-1 所列,正在建设的 CiADS

项目,加速器束流功率可达 2.5MW(5~10mA)。如果未来要考虑 ADS 来嬗变,需要加速器能提供能量在 1~2GeV 以上的连续波质子束流,束流功率在 10MW 以上。

表 8-2　世界上正在运行和正在建造的散裂中子源主要设计参数[8-10]

名　称	年份	加速器类型	平均束流功率 /MW	重复频率 /Hz	靶体材料	脉冲中子通量 (n/(cm^{-2}·s))
美国 SNS	2006	1GeV LNAC+AR[①]	1.4(5)[②]	60	水银(钨)	10^{17}
日本 J-PARC	2008	20MeV LNAC+500MeV RCS[①]	0.6(1)[②]	25	水银	—
英国 ISIS	1986	70MeV LNAC+800MeV RCS	0.16	50	钨	$8×10^{15}$
中国 CSNS	2018	70MeV LNAC+1.6GeV RCS	0.1(0.5)[②]	25	钨	$2×10^{15}$(10^{16})
欧洲 ESS	在建	1.33GeV LNAC+2AR	5	50	钨	$2×10^{14}$
瑞士 SNQ(PSI)	1996	72MeV LNAC+596 MeV Cycl[①]	0.9	连续波	钨	—

① LNAC 为直线加速器,RCS 为快循环同步回旋加速器,AR 为累积环,Cycl 为回旋加速器;
② 第一个数字代表当前参数,括号里的数字代表升级后预期参数

未来加速器要用作能源,有 3 个问题需要认真解决:一是高可靠性,能长期稳定工作,维护管理方便;二是经济性,特别要寻求提高贵重部件的皮实性和寿命,以降低加速器运行的成本;三是考虑辐射防护安全问题,能量达到 GeV 级的质子,若打在管道上,不管管道由何种介质制成,都会产生极强的放射性,故保持束流不散焦也是十分关键的问题。

8.4　散　裂　靶

加速器将质子加速到 GeV 量级,当轰击重元素组成的靶时,可将一个原子核打成几块,3 块或 4 块,一些中子会被"剥离"出来,还会产生高能质子、中微子、介子等产物(称为核内级联过程)。这些高能产物还会在相邻的靶核上继续通过核反应产生中子及其他粒子(称为核外级联过程)。一般一个质子在重物质靶上可产生 20~30 个中子,称之为散裂反应。表 8-3 给出了 960MeV 质子在不同材料靶中的中子产额,显然采用重金属靶比较有利。散裂反应产生的能量有 50%~65%沉积在散裂靶中[11],剩余能量由高能中子带入包层。散裂靶中沉积的能量必须及时带走,这也是 ADS 系统需要特别关注的问题。CiADS 提出了颗粒靶的设计概念,能较好地解决靶的换热问题。

表 8-3　能量为 960MeV 的质子在不同材料靶中的中子产额

材　料	原子量	中子产额	高能中子(E>20MeV)份额
铀	238	43.62	0.039
钍	232	35.53	0.0482
铅	207	23.35	0.0512
钨	186	26.04	0.0314
锡	118	14.27	0.0852
钠	23	0.84	0.4226
铍	9	1.54	0.4281

散裂靶的中子源强度较高。假设 1GeV 质子打靶时产生 30 个中子,质子能量的 40% 转换为中子能量,则每个中子的平均能量是 13.3MeV。作为比较,每次裂变释放 200MeV 能量和 2.5 个中子,因此,在单位体积内释放同等能量的情况下,散裂中子源的强度比裂变中子源约高 3 倍。选择电流强度 12.5mA、能量为 1GeV 的质子流(功率为 12.5MW),则每秒可产生中子数约 $2.35×10^{18}$ 个。质子束流功率与加速器消耗的电能之比为 0.3 ~ 0.4,则每台加速器消耗的电能约为 30~40MW。

8.5　ADS 包层概念

ADS 包层设计可以有两种主要的技术路线:一是以 10MW 级质子束流建造一个电功率 1GW 级的电站;二是以 10MW 级质子束流建造一个电功率为 100MW 级的电站。前者,我们以 Rubbia 等人[12]的设计为例来分析包层设计的特性。后者是我们提出的以次临界能源堆技术路线为基础的设计方案。

8.5.1　Rubbia 的嬗变包层概念

Rubbia 等人设计的嬗变包层方案采用模块结构,系统由 3 个模块组成,每个模块由 3 台并联质子加速器驱动,加速器总功率为 12.5MW。根据设计,包层的质子能量放大倍数为 120,每个模块产生热功率 1500MW,出口温度为 550~600℃,以热电转换效率 45% 计算,可产生电功率 675MW(图 8-2)。假设质子束能量的 40% 转换为中子能量,则要求包层中子能量放大倍数达到 300。因此,要求包层的 k_{eff} 要大于 0.98,甚至接近于 1,系统处于近临界状态,运行过程中存在超临界事故风险。作为比较,第 4、5 章的磁约束驱动次

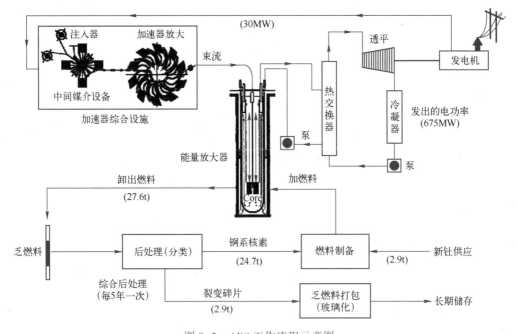

图 8-2　ADS 工作流程示意图

临界能源堆和第 6 章的 Z 箍缩聚变裂变混合堆（Z-FFR）都处于深度次临界状态（$k_{eff}=$ 0.6~0.8），不存在发生临界事故的风险。

包层内冷却剂采用熔融的铅，燃料组件置于大容量液态铅池中，铅的密度高、膨胀系数高、热容量高。在温度差的驱动下，Pb 缓慢流动（流速≤2m/s），可以以自然对流的方式冷却堆芯，并将热量传输至堆的顶端 20m 处的热交换器中，而后从堆的底部返回堆芯。堆芯容器采用细长的柱形结构，有利于建立自然循环。Pb 的沸腾温度高（1743℃），具有大的负空泡反应性系数。反应堆运行温度高，可获得较高的热电转换系数。反应堆容器置于结实的水泥砌成的竖井中，在容器与竖井之间可建立以自然对流、辐射、热传导为基础的非能动空气冷却系统。

燃料可以是金属、混合氧化物或碳化物，大部分锕系核素在堆中被焚烧。燃料中平均功率密度约为 55MW/t，1500MW 热功率的模块需要 27.3t 燃料。满功率运行 5 年，平均燃耗约为 100GW·d/t。由于易裂变燃料不断地产生，可以补偿裂变碎片俘获中子造成的反应性损失，在此其间不需要添置新燃料，或对堆芯进行人为的干预。

Rubbia 的 ADS 概念进行嬗变是有一定吸引力的，但是作为能源完全没有竞争力，跟快堆相比没有任何优越性。首先，它的 k_{eff} 必须大于 0.98，也就是说，堆实际上非常接近临界。质子束流功率达数十兆瓦，其中只有约 40% 左右的能量转化为中子，其余的能量必须靠载热剂带走。散裂靶结构较复杂，在堆芯中心被散裂靶占去的情况下，包层中易裂变材料的用量也比较大（在铀钚循环的快堆中，堆芯 ^{239}Pu 与 ^{238}U 核子数之比约为 0.2 : 0.8），至少与快堆用量相当。其次，ADS 系统核燃料循环的量和后处理方式也与快堆相同，虽然安全控制上较好，但运行的简便性远不如快堆（加速器稳定运行是非常非常难的事情）。所以，这样的堆造价至少为快堆的两倍，但使用性能却很差，与其这样还不如直接用快堆来生产能量。

8.5.2　次临界能源堆包层概念

既然在目前的加速器技术条件下难以建造热功率为 1000MW 的电站，那能否建造小型的简便型电站呢？这里我们提出用 1 台 10MW（1GeV 质子）加速器结合次临界能源堆的方式来建造热功率 300MW 级的电站。次临界能源堆仍用天然铀（U-10Zr 合金）作核燃料，轻水作传热慢化介质，采用压水堆的技术。由于不需要产氚，故有可能把能量放大倍数 M 做得更大些。

我们计算了如下概念模型：球形多层结构模型，内半径为 100cm，每层中天然铀（U-10Zr 合金，密度为 13.5g/cm³）的厚度为 3cm，水的厚度为 1.4cm（水的密度为 0.6g/cm³），Zr 的厚度为 0.1cm，共 20 层，外半径约 200cm。天然铀装量 200t，10 年换一次料，乏燃料采用简便干法后处理，升温至 2100K 除去裂变气体，处理后的燃料掺入 0.6t 贫化铀重新入堆。M 的计算是按中子平均能量考虑的。

假定每个 1GeV 能量质子在靶（可用铅铀混合靶）上打出 30 个中子，质子束流功率有 40% 转换为中子功率，则每个中子平均能量为 13.3MeV，中子功率为 4MW。如图 8-3 所示，从计算出的 M 曲线可知，可取次临界能源堆的 $M=70$，则热功率可达 280MW 左右，电功率约 93MW。取强流加速器电能转换为质子束流的效率为 35%，则 10MW 质子束流需消耗电能 35MW。所以,这种堆的净输出电功率约 58MW。由于安全性能好,这种堆可以靠近城市建造,从而更好地实现热电联供,提高能量利用效率。

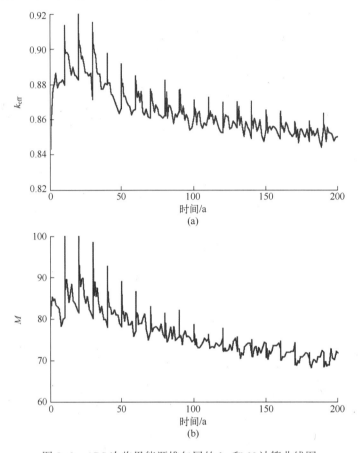

图 8-3　ADS 次临界能源堆包层的 k_{eff} 和 M 计算曲线图

　　ADS 驱动次临界能源堆的最大优点是系统始终处于深度次临界状态,燃料获取方便,运行简便,安全性极好。10 年一换料,燃料持续使用 200 年仍具有良好的中子学性能。200 年后可采用"湿法"处理一次,把燃料中除铀、钚和次锕系核素外,其他的元素全部清除掉;或采用简便干法使燃料升温至 2100K 左右,除去尽可能多的杂质,然后再继续使用。这样,电站场地和加速器的大部分可有更多的使用年限,因而可大大降低运行成本。

　　这类系统运行非常简单,换料也很简便,如果加速器运行也很方便,则成为能源系统便有一定的吸引力。

参考文献

[1]　IAEA. Nuclear technology review 2017［R/OL］.［2018-03-02］https：//www. iaea. org/sites/default/files/publications/reports/2017/gc62-3. pdf.

[2] 徐小勤,史永谦,罗璋淋. 能量放大器中次临界堆芯物理的初步分析[C]//RCNPS 研讨会文集. 北京:中国原子能科学研究院,1996.

[3] 赵志祥,丁大钊,刘桂生,等. 加速器驱动次临界堆堆芯物理概念研究[J]. 原子能科学技术,1999,33(02):52-60.

[4] 苏著亭. 钠冷快增殖堆[M]. 北京:原子能出版社,1991.

[5] 赵致祥,夏海鸿. 加速器驱动次临界系统(ADS)与核能可持续发展[J]. 中国工程科学,2008,10(3):69-71.

[6] 肖国青. HIAF 及 CiADS 项目进展与展望[J]. 原子核物理评论,2017,34(3):275-283.

[7] 彭天骥,顾龙,王大伟,等. 中国加速器驱动嬗变研究装置次临界反应堆概念设计[J]. 原子能科学技术,2017,51(12):2235-2241.

[8] 陈和生. 中国散裂中子源[J]. 现代物理知识,2016,28(01):3-10.

[9] 王芳卫,严启伟,梁天骄,等. 中子散射与散裂中子源[J]. 2005,34(10):731-738.

[10] 唐靖宇,傅世年. 散裂中子源和高功率质子加速器[J]. 2005,34(11):834-839.

[11] BAUER G S. Overview on spallation target design concepts and related materials issues[J]. Journal of Nuclear Materials,2010,398(1-3):19-27.

[12] RUBBIA C,RUBIO J A,et al. Conceptual design of fast neutron operated high power energy amplifier[R]. Gevena:CERN,1995.

第9章　核爆氘氚聚变电站

9.1　引　言

第3章已经阐明,在可预见的未来,传统的聚变能源解决方案包括托卡马克、激光驱动 ICF 和 Z 箍缩驱动 ICF 等,都只能利用氘氚聚变能源。氘氚反应条件远比氘氘反应容易。氘氚反应温度应不低于 1 亿℃,而氘氘反应温度需 $5×10^8 \sim 1×10^9$℃。从劳森判据看,氘氚聚变要求 $n\tau_E > 10^{14}$ cm^{-3} · s^{-1},而氘氘聚变要求 $n\tau_E > 10^{16}$ cm^{-3} · s^{-1}。氚需要用锂来生产,而陆地上锂的含量有限,海水中锂虽然总量巨大,但提取困难,锂在地球上的基础储量约为 1300 万 t[1](中国基础储量约 100 万 t),^{6}Li 蕴含能量约 8000TW 年,与地球上化石能源蕴含能量相当[2]。而海水中的氘含量约 $2.3×10^5$ 亿 t,可以认为是取之不尽用之不竭,从海水中制备氘也并不困难。因此,本章重点探讨氘氚聚变能源的新途径——核爆氘氚聚变能源。

1952 年 11 月 1 日,美国首次在地面上进行了以液态氘为燃料的氘氚聚变核爆炸试验,释放出 $4.19×10^{16}$ J 的能量,相当于 10000kt TNT 当量炸药的能量(1t TNT = 4.19×10^9J)。这些能量若以 35% 的效率转化为电能,相当于电功率为 1GW 的标准电站运行半年。然而,如此巨大的能量却是在百万分之几秒的时间内放出的。这样的放能系统作为武器具有无可比拟的威力和破坏作用,但要想用于和平目的,特别是发电,就必须采取特殊的措施加以控制。

20 世纪 60 年代,美国核武器科学家就提出和平利用核爆能的设想。在 LANL 提出的 Pacer[3-5] 计划中,曾设想氢弹在大盐洞中爆炸,威力 100kt TNT 当量。由于爆炸威力过高,工程难度过大,又未提出解决核燃料循环问题的技术方案,可实施性不强,再加上政治的原因,该研究未能继续进行下去。

20 世纪 80 年代末至 90 年代初,美国 LLNL 的 Szoke、Moir 又提出了和平利用核爆炸能源的概念[6-7]:爆炸装置威力 2kt TNT 左右,聚变份额可达 80%,用熔盐作为工作介质,实现利用核能发电。该方案具有较强的可实施性,但爆炸核装置主要靠烧氚,且爆炸威力偏小,爆炸次数太多,不能充分显示出核爆炸方式的优越性;以熔盐作为工作介质,由于其熔化温度太高,也会给工程实施带来一定的困难。

苏联科学家在 20 世纪 70 年代就提出了利用核爆炸发电的想法,且做了大量的工作,如开矿山、挖运河、增产石油天然气等,为此进行了 100 多次和平利用核爆炸试验。1997 年,俄罗斯技术物理研究院还出版了专著 *Explosion Deuterium Energetics*[8],并与包括美国在内的多国科学家交换过意见。他们宣称,只要政府从政策上支持,实验型爆炸燃烧锅炉方案可以在 5 年内实现。从分析他们公布的资料来看,他们设计的核装置威力偏大($2.5×10^4 \sim 5×10^4$t TNT),聚变份额也不算太高。

1993 年,在 Szoke 等人的启发下,我国也开始对核爆聚变电站进行研究并形成了初步概念,并于 1996 年初,在中俄核武器专家讨论"核爆炸和平利用"会议上作了交流,提出了以液态钠作为工作介质,通过喷钠减弱爆炸冲击波对洞壁的作用强度,实现核能的应用等概念。近年来,在中国工程物理研究院基金的支持下,彭先觉、刘成安进行了初步的可行性论证[9-10],形成了系统的概念和较明确的技术路线。

9.2 基本概念和电站的组成

9.2.1 基本概念

核爆聚变电站是利用核爆聚变释放能量发电的电站。核爆装置的设计原理与氢弹基本相同,有初级和次级两部分。初级为裂变装置,次级为聚变装置,次级是用初级提供的能量驱动聚变,类似于混合堆。但与托卡马克、激光器和 Z 箍缩等驱动器相比,初级要简便且成熟得多,只是单纯的装置制造问题,无需有复杂的过程控制。从目前的技术来说,实现大规模核爆氘氚聚变没有任何困难,不存在任何不确定性。它所使用的热核燃料是氚而不是氘化锂,释放的能量中聚变能占 90% 以上。烧掉 1kg 氚,可以获得相当于 80kt TNT 爆炸产生的能量。氘在水中含量很高(天然水中重水约占 0.015%),海水中含有的氘高达 10^{13}t,作为核燃料资源可以说是取之不尽之不竭的。点燃氘氚聚变所需的能量由易裂变元素 ^{235}U、^{239}Pu 或 ^{233}U 的裂变产生。^{239}Pu 或 ^{233}U 可分别由 ^{238}U 或 ^{232}Th 吸收氘氚聚变产生的中子生成。裂变部分能量仅占聚变-裂变系统总能量的 10% 或更少。所以从核燃料资源看,这种能源所需的燃料主要是海水中的氘和可转换材料 ^{238}U 或 ^{232}Th。因此,我们前面讨论的各种混合堆是千年能源,可以提供人类数千年的能源供给,那核爆氘氚聚变电站则可以提供数万年能源。

核爆炸的能量是瞬时释放的,而且能量巨大。如何把核爆炸的能量安全地转变成可以利用的热能和电能,是核爆氘能发电的技术关键,也是技术难度所在。

电站能量的主要部分由核装置在一个巨大的、密封的洞室(也称爆洞)中的氘氚聚变爆炸产生。图 9-1 所示为爆炸实施过程示意图[9]。

对于 10kt TNT 当量的爆炸,需设计爆洞半径 $60 \sim 80$m、洞高 $180 \sim 200$m、洞壁内衬厚度 10cm 左右的钢壳(钢壳内层应为耐钠腐蚀的不锈钢,如 304 钢,约需 80kt 钢)。在钢壳与岩体之间,填充水泥或岩石预制件,以增强爆洞抗冲击强度和有效减少钢材用量。

爆炸瞬间,往洞中喷液态金属钠,并使钠在核装置周围形成一定的分布,以吸收爆炸能量,从而大大减弱爆炸冲击波和核辐射对爆洞壁的破坏作用。

爆后以较快的速度(20min 以内)抽出爆炸产生的高温钠($700 \sim 800$℃),将其作为热载体存放于热介质储存库,然后慢慢引出到第二回路进行热交换;同时继续喷钠,把爆洞温度降低至 200℃以下,以使爆洞在下次爆炸时有足够的结构强度。爆炸产物都混进到大量的液态钠之中,需发展回收钠中爆炸产物的技术。

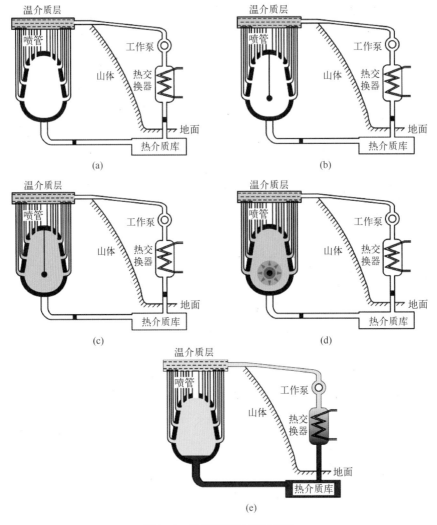

图 9-1　爆炸实施过程示意图

（a）爆前状态；（b）装入核爆弹体；（c）充入载热介质；（d）弹体爆炸；（e）载热剂输出热量。

9.2.2　电站的组成[9-10]

核爆氘聚变电站由核爆装置生产厂、爆洞、发电厂、氚燃料生产和易裂变燃料回收处理厂等部分组成。下面对几个不同于普通核电站的部分加以介绍。

9.2.2.1　核爆装置原理

核爆装置是由聚变份额大于 90% 的"干净型"氘氚聚变弹芯(燃料区为氘,中心为氘氚)和引爆聚变的裂变弹芯(以浓缩铀或钚为燃料)组成,与氢弹原理和构成是一样的。技术上不难设计出总放能 10kt TNT,其中裂变放能小于等于 1kt TNT 的烧氘装置。弹体外用锂产氚以实现氚的循环和增殖。以烧氘为主要生产能量方式是核爆氘聚变电站重要的优势,其主要的核反应如下:

$$D+D \longrightarrow p+T+4.05 MeV \tag{9-1}$$

$$D+D \longrightarrow n+{}^3He+3.27MeV \tag{9-2}$$

$$D+{}^3He \longrightarrow p+{}^4He+18.34MeV \tag{9-3}$$

$$D+T \longrightarrow n+{}^4He+17.6MeV \tag{9-4}$$

上述反应的总效果相当于:消耗 6 个氘核,产生 2 个质子和 2 个 ${}^4He$,释放 43.3MeV 能量,其中 28.2MeV 能量由两个中子携带。总的等效核反应为

$$6D \longrightarrow 2p+2n+2\,{}^4He+43.3MeV \tag{9-5}$$

烧氘型核装置的最大特点是富中子,一次爆炸放出 10kt TNT 的核能和约 1.2×10^{25} 个高能中子。我们可利用高能中子在外包层生产易裂变核燃料和少量的氚。

生成易裂变材料的核反应主要有

$$n+{}^{238}U \longrightarrow {}^{239}U \xrightarrow{\beta} {}^{239}Np \xrightarrow{\beta} {}^{239}Pu \tag{9-6}$$

$$n+{}^{232}Th \longrightarrow {}^{233}Th \xrightarrow{\beta} {}^{233}Pa \xrightarrow{\beta} {}^{233}U \tag{9-7}$$

产氚的核反应主要有

$$n+{}^6Li \longrightarrow T+{}^4He+4.8MeV \tag{9-8}$$

$$n+{}^7Li \longrightarrow T+{}^4He+n'-2.8MeV \tag{9-9}$$

假设有 40%~50% 的中子参与易裂变材料的生产,则一次爆炸可生成约 2kg 的 ${}^{233}U$ 或 ${}^{239}Pu$,而本身消耗的铀或钍仅 50g 左右。因此核爆聚变电站除了提供能源以外,还可以额外生产易裂变核燃料,供同等功率的 3~4 个热中子电站来用,这将能大大延长热中子反应堆能源方式的维持期。

由于裂变放能只占约 10%,核爆电站产生的大量长寿命放射性核素较裂变堆大幅减少,同时还可利用核爆炸产生的大量中子来处理核反应堆生成的核废料。

假定核装置的爆炸威力为 10kt TNT 当量,电站的热电转换效率为 40%,则每天需要爆炸 5~6 个核装置,即可产生 1GW 的电功率和 10kg 以上的易裂变燃料。电站的发电能力越大,需要引爆的核装置就越多。因此,核装置生产厂必须实行流水生产线作业,并具备一定的规模。

9.2.2.2　爆室

全世界已经研究了几种爆炸室的概念,设计成了能经受多次核爆炸的爆炸室。例如,俄罗斯设计的爆炸燃烧锅炉 KBC25,它通过防护层 1.5m 的位移,阻尼爆轰波。该爆炸室的放能比容,即每吨 TNT 爆炸所需的爆炸室体积约为 $120m^3/t$ TNT。参考此参数,10kt TNT 级爆炸的球形爆室半径约为 60m 左右。

爆室可置于山体内也可置于地下。洞壁内衬一定厚度的防钠腐蚀的不锈钢,在内衬与岩体之间填充耐冲击的预制件。洞内把空气抽掉,充入惰性气体氩,以防止金属钠与氧的化学反应。在爆炸的全过程中,爆洞都必须做到有很好的密封,既防止洞外空气的进入,也要防止洞内放射性的气体溢出。

为使爆洞能长时间安全运行,并使电站具有较好的经济性,其建造要求如下:

(1) 有足够的尺寸,能大幅度降低爆炸冲击波对洞壁的作用强度;

(2) 洞壁及洞外结构在高温(150~200℃)下仍有足够的强度,并能经受高温钠长期(10 年以上)的腐蚀;

（3）能经受约 10^5 次核爆炸冲击，即要求强度上有较大的安全余量。

9.2.2.3　爆室的钢外壳[8]

爆室壁是嵌在岩石中的钢外壳，钢外壳在冲击波作用下，所获得的势能等于冲击波的动能。尺寸为 l_0，体积为 l_0^3 的体元，最大可承受的势能等于延伸量 $\Delta l = l_0 \sigma_{允许}/E$（$E$ 为弹性模量）与允许张力 $\sigma_{允许}$ 的乘积。由此可得单位质量可承受的极限势能密度为

$$q_{势} = \sigma_{允许}^2/2E\rho \tag{9-10}$$

由于单位主体质量的比动能为 $v^2/2$，取 $\sigma_{允许} = 2 \times 10^8\,\mathrm{Pa}$，$E = 2 \times 10^{11}\,\mathrm{Pa}$，$\rho_{钢} = 7.8 \times 10^3\,\mathrm{kg/m^3}$，则钢主体保持强度的条件可以通过极限速度 $v_{极}$ 表示为

$$\sigma_{允许}^2/2E\rho \geqslant \frac{1}{2}v_{极}^2 \tag{9-11}$$

即钢壳保持强度的条件应为

$$v_{极} \leqslant \frac{\sigma_{允许}}{\sqrt{E\rho}} = \frac{2 \times 10^8}{\sqrt{2 \times 10^{11} \times 7.8 \times 10^3}} \approx 5\,(\mathrm{m/s}) \tag{9-12}$$

将爆室埋进花岗岩中，内加钢壳内衬，可大大减少钢外壳的厚度，冲击波撞击在钢壳上之后假设 $\Delta = 10\mathrm{m}$ 厚的岩石参与钢包层的阻尼。设岩石的密度为 $\rho_{岩}$，则阻尼岩石的质量为

$$m_{岩} = 4\pi R^2 \Delta = 4\pi R^2 \times 10\rho_{岩} = 126\rho_{岩}R^2 \tag{9-13}$$

由密度 $\rho_{钠} = 829\,\mathrm{kg/m^3}$，比定压热容 $c_p = 1.273\mathrm{kJ/(kg \cdot ℃)}$，假定温升 $350℃$，可以算出，载带出 1 万 t TNT 当量的能量的 80% 需用钠的质量为 $7.52 \times 10^4\mathrm{t}$。事实上，喷入的液态钠在核爆的高温下很快汽化，其汽化热达到 $4\mathrm{MJ/kg}$，钠的用量远小于 $7.52 \times 10^4\mathrm{t}$。文献[8]给出爆炸的比能容为 $350\mathrm{m^3/t}$ TNT，可算出 1 万 t TNT 当量核爆爆室半径约需 $94\mathrm{m}$，可见喷入爆室内钠密度是很低的。钠所载带的能量中机械能比例为 $\eta = 0.2$，则爆室中爆炸产生的冲量 I 使阻尼岩石（$\rho_{岩} \approx 3 \times 10^3\,\mathrm{kg/m^3}$）产生的平均速度为

$$v_{岩} = \frac{I}{m_{岩}} = \frac{\sqrt{2Q\eta\frac{4}{3}\pi R^3 \rho_{钠}}}{4\pi\Delta R R^2 \rho_{岩}} < 3\,(\mathrm{m/s}) \tag{9-14}$$

即岩石位移速度小于钢的 $v_{极} = 5\mathrm{m/s}$，在有效作用时间内，岩石位移可以起到保护爆室的作用。因而用较厚的（10m）岩石作为爆室钢壳内壁阻尼层有助于对钢壳内壁的保护，节约钢材量，否则须用钢材的质量为

$$m_{钢} = \frac{I}{v_{极}} = \frac{\sqrt{2Q\eta\frac{4}{3}\pi R^3 \rho_{钠}}}{v_{极}} = 1.54\,(\mathrm{Mt}) \tag{9-15}$$

喷钠的质量应足够大，以确保钠池温度不超过 $500 \sim 600℃$，温度太高，钢的强度会降低。

9.2.2.4　发电厂

核爆聚变电站的发电厂原则上与钠冷快堆的发电厂相似，只是发电能力可能更大，因为一个爆洞可能具有 $1 \times 10^6 \sim 4 \times 10^6\,\mathrm{kW}$ 的发电能力。

9.2.2.5 核燃料回收处理厂

核燃料回收处理厂的任务包括：回收金属钠中的裂变核燃料铀、钍、钚，聚变核燃料氘和氚等，在核装置制造时再利用；清除金属钠中的放射性杂质，保持一回路运行中的安全。

固体燃料回收的方法基本与快堆钠净化的方法相同。核爆炸后，铀、钍、钚等元素将混入钠液之中，但它们不与钠形成合金，因此冷却后将逐渐沉淀下来。我们可以在介质流经的介质库中对沉淀物进行回收，然后送至后处理工厂进行元素分离（可用高温精炼法）。与核电站的核燃料后处理回收相比，核爆电站的回收由于放射性较弱，可连续进行。

在固体核燃料回收时，我们还可以利用爆炸使钠气化的现象。由于钠的气化温度低，不到 1000℃，故当钠汽化时，其他金属还是固态或液态，使得钠与其他金属和其他杂质的分离，气态钠会在空中停留一段时间，固态或液态金属则会较快地沉降至洞底，为清除杂质提供了方便。

9.3 核爆能量输运的工作介质

9.3.1 对工作介质性质的要求

核爆炸的能量是瞬时释放的，需要用工作介质吸收和储存爆炸能量，然后与第二回路进行热交换。要求工作介质具有如下性质：

(1) 熔点低、比定压热容大、沸点较高；

(2) 不溶解铀、钍、钚材料，以便于核燃料的回收；

(3) 容易获得，价格便宜；

(4) 不产生大量长寿命放射性物质，以利于系统的操作、控制和设备的维修。

经分析，符合上述要求的物质有金属锂和钠，但比较起来，钠更为合适。

9.3.2 钠的物理特性及钠对爆室的安全防护作用[9,11]

钠的物性、放射性、腐蚀性等物理特性对换热和长期运行至关重要，下面首先介绍钠的物理特性。

9.3.2.1 钠的物理特性

1. 钠的物性

钠的熔点低、比定压热容大、沸点不太低。金属钠的熔点为 97.82℃，熔化热为 113.04J/g，沸点为 881.4℃，汽化热为 3876.96J/g。液态金属钠的密度 $\rho_{钠}$（g/cm³）和比定压热容 $c_{p钠}$（J/(g·℃)）都随温度 T 变化，其表达式为

$$\rho_{钠} = 0.9453 - 0.2241 \times 10^{-3} T \tag{9-16}$$

$$c_{p钠} = 1.4371 - 5.8065 \times 10^{-4} T + 4.6241 \times 10^{-7} T^2 \tag{9-17}$$

2. 钠的放射性

钠的中子反应道如下：

$$^{23}\text{Na} + n \longrightarrow {}^{24}\text{Na} \tag{9-18}$$

$$^{23}\text{Na} + n \longrightarrow {}^{22}\text{Na} + 2n \tag{9-19}$$

式中：^{24}Na 的 β^+ 半衰期为 14.8h；^{22}Na 的 β^- 半衰期为 2.6 年。

^{23}Na 的高能中子反应截面如表 9-1 所列。

表 9-1　^{23}Na 的高能中子反应截面

E_n/MeV	10	12	13	14
σ_t/b	1.6	1.7	1.7	1.7
σ_{2n}/mb	0	0	3	20

由表 9-1 可见 ^{23}Na 的高能中子反应截面很小，反应产生的 β^- 粒子射程也很短，因而对结构材料放射性污染小。

3. 钠的腐蚀及相容性[8]

作为工作介质，钠对洞壁和管道材料不会造成严重腐蚀。有些材料，如镍、铬钢（如 300 号系列的不锈钢和含铌的 347 型不锈钢）等，则适宜在高温钠环境中使用；陶瓷和金属陶瓷也有较好的抗钠腐蚀的能力；铀、钍等材料基本不溶于钠，即不会与钠形成合金，这一性质对铀、钍等材料的回收十分重要。

此外，钠在空气中会燃烧，因而爆洞中应把空气完全抽掉，换成惰性气体氩。

9.3.2.2　钠对爆炸室的安全防护作用

爆炸瞬间爆室内的压力、温度在很短的时间内有很大的提高，在腔内出现脉冲式的高温、高压，向爆室的防护壁传输机械脉冲。喷入爆室的钠除作为热载体之外，还可对爆室壁起防护作用。

在爆室内，温度可达到钠的汽化温度。钠的沸点 882.9℃，气化热约为 4MJ/kg，70kt 钠全部气化需消耗能量 2.8×10^8MJ。而 10kt TNT 核爆产生的热能约为 3~4kt TNT 当量，相当于 1.26×10^7~1.68×10^7MJ 能量，它只能将 70kt 钠的 4.5%~6% 气化。钠的气化使相当部分爆炸能量变为钠的潜能，这对爆壁的安全防护有重要的作用。

将密度为 $\rho_{钠}$、厚度为 d 的钠置于密度为 $\rho_{氩}$ 的氩气中，其位置在 $R_{钠}$ 处。氩与钠薄层的质量比为

$$\frac{\mu_{氩}}{\mu_{钠}} = \frac{\frac{4}{3}\pi R_{钠}^3 \rho_{氩}}{4\pi R^2 \rho_{钠} d} = \frac{1}{3}\frac{\rho_{氩}}{\rho_{钠}}\frac{R_{钠}}{d} \tag{9-20}$$

当氩气的动量全传给钠时，钠的速度为

$$v_{钠} = v_{氩}\frac{1}{3}\frac{\rho_{氩}}{\rho_{钠}}\frac{R_{钠}}{d} \approx 2.3\times10^{-4}v_{氩}\frac{R_{钠}}{d} \tag{9-21}$$

当钠层的厚度很薄，如 $R_{钠}/d \approx 100$ 时，$v_{钠} = 0.023v_{氩}$，可见冲击波到达钠层被反射的一段时间内，钠层实际未动。当很轻但速度很高的氩气碰到较重的液态钠防护层时，会使钠内层表面有少量的溅落，当冲击波碰到钠内壁时被阻滞，钠内压力增加，气体向后飞散，并使压力下降。钠层内压力突变向外传播的速度接近于钠中的声速 $c_s = 2.5\times10^3$m/s，当冲击波到达钠层的外自由表面时，产生一个向钠传播的稀疏波，钠层会受到拉伸作用。

当拉伸作用超过液态钠的强度时，钠会出现断裂。剥落的钠可以是由液滴组成的微粒，微粒被氩气隔开，有利于钠内快速地进行热交换和汽化。

钠的汽化能约为 4×10^6 J/kg。核爆热能部分约占比例 $\eta=0.40$，则 10kt TNT 的辐射能部分，可能气化的钠量约为

$$m_{钠}=\frac{0.4\times4.19\times10^{13}\text{J}}{4\times10^6\text{J/kg}}\approx4\text{kt} \tag{9-22}$$

可见即使辐射能部分全部用于钠的汽化，也只能不到汽化热载体用钠 70kt 的 10%。但钠汽化消耗能量多，即使这样少量的钠的汽化对介质温度的降低，冲击波的减弱也是有重要作用的。

使钠汽化的另一因素是辐射波，辐射波先于冲击波到达，在辐射波的作用下，钠因温度的升高而膨胀，其尺寸增量为 $\Delta l=\alpha\Delta Tl$。钠将克服动力学强度而以速度 $v_{飞}$ 飞散，在一维情况下 $\alpha=3\times10^{-4}$K，则飞散的速度为

$$v_{飞}=c_s\alpha\Delta T=c_s\alpha q_{辐}/c_V \tag{9-23}$$

式中：c_s 为钠的声速；c_V 为定容热容量。

如果钠处在 $R=18[Q(\text{kt TNT})^①]^{\frac{1}{3}}=38.8$m 的位置，辐射能占总能量的比例为 10%，那么钠层单位面积所受到的辐射能量（单位：J/m²）为

$$\Phi=\frac{0.1Q(\text{J})}{4\pi R^2}\approx10^8[Q(\text{kt TNT})]^{\frac{1}{3}} \tag{9-24}$$

为简单起见，认为辐射已转换为 γ 射线，其射程 $\lambda=400$kg/m²，那么在钠层上加热的能量（单位：MJ/kg）为

$$q_{辐}=\frac{\Phi}{\lambda}\approx0.25[Q(\text{kt TNT})]^{\frac{1}{3}} \tag{9-25}$$

考虑式（9-23），并取 $c_s=2.5\times10^3$m/s，$\alpha=3\times10^{-4}$K，$c_V=1.2$kJ/(kg·K)，可计算得到钠层由于膨胀飞散的速度为 $v_{飞}=3.37\times10^2$m/s。

取爆炸放能值 $Q=10$kt TNT，参照公式 $\gamma=\left(\frac{Q}{\rho_0}\right)^{\frac{1}{5}}t^{\frac{2}{5}}$ 进行推导，则激波到 $R=38.8$m 处的时间为

$$t_{钠层}=\frac{R^{\frac{5}{2}}\rho^{\frac{1}{2}}}{Q^{\frac{1}{2}}}=\frac{(38.8)^{\frac{5}{2}}(0.6)^{\frac{1}{2}}}{(4.19\times10^{13})^{\frac{1}{2}}}\approx1.12\times10^{-3}(\text{s}) \tag{9-26}$$

辐射波速度远大于冲击波速度，略去辐射波到达 R 的时间则有钠的飞散位移 $\Delta R_{钠层}\approx v_{钠飞}\cdot t_{钠层}=0.378$m。

这说明多孔的钠层在冲击波到达时已膨胀，这种膨胀状态的钠更易被冲击波击碎，密度下降。也更容易被汽化。钠的汽化使部分热能转化为"冻结"状态（潜能），大大降低了介质的压力，降低了爆炸能量对爆室壁安全的不利影响。

分布于核装置周围的钠还可以防止爆炸产生的热辐射和中子对洞壁的直接作用。

---

① 括号中为该物理量所采用的单位，下同。

9.4 静态过程的温度和压力[7]

如9.2.2节所述,10kt TNT 效能相当于 $4.19×10^{13}$ J,所需爆室半径约为 60m。取 $Q = 4.19×10^{13}$ J, $V = \frac{4}{3}π×60^3 = 9.05×10^5 m^3$,如果核爆释放的能量均匀地分布于爆室内,则其能量密度为

$$q_{腔} = \frac{Q}{V} = \frac{4.19×10^{13}J}{9.05×10^5 m^3} ≈ 0.46×10^2 MJ/m^3 \qquad (9-27)$$

这是总能量密度,但只有物质全部做定向运动的机械能部分才能产生压力。例如,液体在半径为 R,高为 H 的柱中,单位高度上的流体质量为 m,它以速度 v 运动,该液体作用面积 $S = 2πRH$ 上的力 $F = mH\frac{v^2}{R}$,于是有柱面上的静压力为

$$p = \frac{F}{S} = \frac{mH\frac{v^2}{R}}{2πRH} = \frac{1}{2}mHv^2/(πR^2 H) = \frac{q_{动}}{v} \qquad (9-28)$$

即等于单位体积内的液体的动能。

对理想气体,气体的内能对压力的贡献取决于分子的自由度 f,对单原子 $f = 3$,对双原子 $f = 5$。如果核爆释放的能量全部为内能,则产生的压力为

$$p = \frac{2}{f}q_{腔} = \frac{2}{3}×0.46×10^2 MJ/m^3 = 30MPa \qquad (9-29)$$

这相当于 300atm($1atm = 101325Pa$),是核爆释放能量可产生的最大压力,但实际压力远小于最大压力。产生的最高温度与密度有关,当空腔中全充氩气时,取 $ρ_{氩} ≈ 0.6kg/m^3$,比定容热容取 $c_V = 0.318kJ/(kg·K)$ 体积 $V = 9.05×10^5 m^3$。由

$$Q = c_V ρ V \Delta T \qquad (9-30)$$

可得极限温度 $T = 2.43×10^5 K$,实际的温度比其极限值低的多。这是因为:第一,只有热能部分参与建立温度和压力;第二,温度高时,部分能量消耗在钠的气化和原子的激发上,使粒子的部分能量转化为"冻结"状态。

可以预计在 $q = 46MJ/m^3$(式(9-27))时,准静态压力约 46atm,而不是理想气体情况下的 300atm。

在建立准静态压力时,仍有一部分的爆炸能因无需转换,而成为动能的形式。在压力容器的设计中,要考虑这种因素,在设计时采用准静态压力与体积的乘积作为容器破坏危险性的标准。

9.5 考虑爆炸冲击波的非静态过程

核爆装置的质量和空间与氩及热载体钠的质量和空间相比小得多。这样可把爆炸看作点爆。

压力波的波阵面以速度 D 传播,在点爆理论[12]近似下,波阵面传播速度 D 值依赖于 t 时刻波到达的位置 r、介质密度 ρ_0 和爆炸能量 Q,即

$$r = \left(\frac{Q}{\rho_0}\right)^{\frac{1}{5}} t^{\frac{2}{5}} \tag{9-31}$$

$$D = \frac{2}{5}\sqrt{\frac{Q}{\rho_0 r^3}} \tag{9-32}$$

$$\rho_{波阵面} = \rho_0 \frac{\gamma+1}{\gamma-1} \tag{9-33}$$

其中,$\gamma = \frac{c_p}{c_V}$ 为泊松比,氘气取 1.65,空气取 1.4。压缩度很高时原先处在半径为 r 的球内的大部分气体,集中在一个很窄的球壳内,球壳厚度为

$$\Delta r = (0.03-0.04)\left[r \cdot (\gamma+1)\right] \tag{9-34}$$

在此球壳内,气体的运动速度为

$$u_{波阵面} = \frac{2D}{\gamma+1} \tag{9-35}$$

波阵面上的压力主要取决于能量和半径,即

$$p_{波阵面} \approx \frac{2}{\gamma+1}\rho_0 D^2 = \frac{8}{25(\gamma+1)}Q\frac{1}{r^3} \tag{9-36}$$

取 $Q \approx 10$kt TNT,$r = 60$m,$\gamma = 1.67$,则有 $p_{波阵面} \approx 23$MPa,与表 9-2 所列计算结果相近。

在垂直入射和反射条件下,波施加于防护壁上的压力大于波阵面上的压力,即

$$p_{静} = p_{波阵面}\left(2+\frac{\gamma+1}{\gamma-1}\right) = 6P_{波阵面} = 138(\text{MPa}) \tag{9-37}$$

对爆洞壁在冲击载荷作用下的物理图像进行模拟计算,假定洞的半径为 R,钢壳厚度为 δ,钢壳外为 2m 厚的水泥,水泥外为岩石,冲击波超压基本正比于爆炸威力。则冲击波压力随半径的变化如表 9-2 所列。

表 9-2　冲击波压力随半径的变化[7]

R/m	40	50	60	70	80
p_1/MPa	6.35	3.3	1.47	1.26	0.89
p_{10}/ MPa	63.5	33	14.7	12.6	8.9
$p_{反}$/ MPa	381	198	88	76.8	53.4

注:R 为爆洞半径;p_1 为 1kt TNT 当量爆炸在 R 处产生的超压;p_{10} 为 10kt TNT 当量爆炸在 R 处产生的超压;
　　$p_{反}$ 为 10kt TNT 当量爆炸冲击波在洞壁上反射后形成的压力,对于单原子气体 $p_{反} = 6p_{10}$

爆炸波对防护壁的压力因其作用时间短,并无特别重大的意义,压力对时间的积分或传输给防护壁的比机械冲量的意义大得多。

机械冲量的主要部分不是取决于波阵面上的压力,而是取决于气体层运动的总动能。我们下面来估计比机械冲量。

爆炸释放的能量的一部分 $Q\eta$ 转换为质量为 $m(r) = \frac{4}{3}\pi r^3 \rho_0$ 气体的径向运动的动

能,η 为爆炸能转换为动能的比例。

$I(r) = \left[2Q\eta m(r)\right]^{\frac{1}{2}}$,比冲量为 $i(r) = \dfrac{I(r)}{4\pi r^2}$,将 $m(r) = \dfrac{4}{3}\pi r^3 \rho_0$ 代入 $I(r)$ 表达式可得

$$I(r) = \sqrt{2Q\eta \frac{4}{3}\pi r^3 \rho_0} = 2.9\sqrt{Q\eta r^3 \rho_0} \tag{9-38}$$

$$i(r) = \sqrt{\frac{Q\eta\rho_0}{6\pi r}} \tag{9-39}$$

爆炸能转变为飞散气体的动能的"有效系数"η 取决于泊松比,而泊松比本身则随着电离程度而变化,在锅炉的大多数情况下 η 在 $0.3 \sim 0.4$ 之间变化。

以下取 $R_{壁} \approx 60\mathrm{m}$,$\eta = 0.4$,$Q = 10\mathrm{kt\ TNT}$,利用上述公式对钢壳的位移和钢壳的飞散速度做估算分析。

9.5.1　钢壳的位移估算

取 $\rho_{氙} = 0.6\mathrm{kg/m^3}$,由式(9-39)可以得到 $i(r) = 0.73\times10^6 r^{-\frac{1}{2}}$,单位为 $\mathrm{Pa\cdot s}$,其中 r 的单位为 m,由此可估计作用在防护壁上比冲量的法向分量[8]约为 $0.094\mathrm{MPa\cdot s}$。由式(9-36)计算得知,钢壳所受径向内应力为 $23\mathrm{MPa}$,据此可计算出击波对岩石有效平均作用时间 $t = 4.09\times10^{-3}\mathrm{s}$。取 $v_{岩} = 4\mathrm{m/s}$,可估算出钢壳位移为 $16.36\mathrm{mm}$。这个量级的位移,钢壳强度是完全可以承受的。

9.5.2　钢壳的飞散速度估算

爆室中氙的质量为 $5.42\times10^5\mathrm{kg}$,由式(9-13)可知,钢壁内包裹的岩石质量 $m_{岩} = 1.36\times10^9\mathrm{kg}$。因氙气的相对质量很小,经过气体对钢壳的非弹性冲击,钢壳获得的动能份额不可能大于

$$\eta_{钢壳} \leqslant \eta\frac{m_{氙}}{m_{岩}} = 0.4\times\frac{5.42\times10^5}{1.36\times10^9} \approx 1.6\times10^{-4}$$

这个值对应于钢壳的飞散速度为

$$v_{钢} = \sqrt{\frac{2\times1.6\times10^{-4}\times4.19\times10^{13}}{1.36\times10^9}} \approx 3.1(\mathrm{m/s})$$

由此可以看出,该速度小于式(9-12)中钢的极限速度 $v_{极} = 5\mathrm{m/s}$ 的速度。可见冲击引起的钢壳速度,在钢的耐受能力之内。爆炸传输给钢壳的冲量的时间有几个毫秒量级,使钢壳获得的速度会受钢壳外的岩石阻挡而衰减。

9.6　TNT 当量与等当量值

化学爆炸与等当量核爆炸产生的破坏效果是不同的。例如,$1\mathrm{kg}$ 石油放能 $40\mathrm{MJ}$,需 $3\mathrm{kg}$ 氧,而空气中氧含量占 20%,所以石油-空气"炸药"的能量密度约为 $2.5\mathrm{MJ/kg}$,TNT炸药的能量密度为 $4.19\mathrm{MJ/kg}$。而核装药,$10\mathrm{kt}$ 的 TNT 的核炸药有 $200\mathrm{kg}$ 的弹体材料,其

能量密度约为 $2×10^5$ MJ/kg,即核爆质量集中在一个小体积中,具极高的能量密度。

例如,10kt TNT 级的核爆,爆室为半径 $R=60$ m 的球形腔,则爆室体积为 $V=\dfrac{4}{3}\pi R^3=$ $9.05×10^5$ m^3,空腔中 95% 的体积充以密度为 0.6kg/m^3 的氩气,则氩气的能量密度约为 82MJ/kg,是普通炸药能量的 20 倍。

假定爆室中单位体积中所含能量是相同的,核爆释放出的能量分为 3 部分:传给氩气的热量 $Q_热$,氩气飞散的机械能(动能)$Q_动$,氩气中的辐射能 $Q_辐$。核爆室中的能量密度远高于普通炸药爆炸时的能量密度,气体密度低,能量分布在少量粒子上,所以温度极高,辐射能所占比例高,有利于热载体钠的汽化。热载体钠的汽化可消耗相当份额的汽化热,因而轰击在钢壳上的动能脉冲受到制约。

爆炸的动能 $Q_动$ 传给爆炸室中的物质,其质量为 m,该物质获得的径向速度为 v,脉冲动量为

$$I=mv=\sqrt{2Q_动 m} \tag{9-40}$$

对于普通炸药而言,释放 10kt TNT 能量,其质量为 10^4t,对于核爆而言,$R=60$m 的腔中氩的质量为 $5.4×10^5$ kg,弹体质量为 $2×10^2$ kg。由于 $\dfrac{Q_{炸动}}{Q_{核动}}>1$,则二者的动量比满足以下关系:

$$\frac{I_{TNT}}{I_{核爆}}=\sqrt{\frac{2Q_{炸动}m_{TNT}}{2Q_{核动}m_{Ar}}}>\sqrt{\frac{10^4 t}{0.054×10^4 t}}=4.3 \tag{9-41}$$

由此可见,同样爆炸能量下,核爆产生的动量远小于炸药爆炸产生的动量,降低空腔中填充物的密度,有助于降低冲击波对爆室腔壁的破坏作用。

用 LS-DYNA 程序对爆洞壁在冲击载荷作用下的物理图像进行了模拟计算,假定洞的半径为 R,钢壳厚度为 δ,钢壳外为 2m 厚的水泥,水泥外为岩石,爆洞结构材料如图 9-2 所示,几种工况下材料强度参数列于表 9-3。

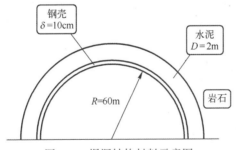

图 9-2 爆洞结构材料示意图

表 9-3 几种工况下材料强度参数[8]

工况	半径/m	厚度/m	$P_反$/MPa	钢弹性模量/GPa	钢内径向应力/MPa	水泥内应力/MPa	水泥位移/mm
1	60	0.1	80.3	60	76.07	14	10.39
2	60	0.1	80.3	150	76.00	14	10.34

（续）

工况	半径/m	厚度/m	$P_{反}$/MPa	钢弹性模量/GPa	钢内径向应力/MPa	水泥内应力/MPa	水泥位移/mm
3	60	0.2	80.3	60	75.60	12.5	9.95
4	60	0.1	8.03	60	7.69	1.8	3.69
5	80	0.1	36.4	60	34.67	5	5.91
6	80	0.1	3.64	60	3.41	0.8	2.44

从结果来看,水泥中的应力比钢壳中的应力要低几倍,这主要是冲击波由钢进入水泥时阻抗变小所致。为了提高水泥的抗冲击能力(主要是位移引起的横向拉伸断裂),可将其做成块状预制件,当然,也可把水泥换成花岗岩制块或其他介质,其强度性能将会更好。显然,这种结构没有横向断裂问题,在径向又有很好的弹性,估计能经受多次爆炸的冲击(这可以由实验室实验来验证),而且即使有损坏,也便于修复更换。

9.7 对核爆氘能发电的几点看法

10kt TNT 核爆氘能发电,其爆室需半径 $R=60m$ 左右的圆柱形或球形,爆室内充密度为 $0.6kg/m^3$ 的氩气和 70kt 以上的钠作为载热剂。降低室内介质(如氩气)的密度,可减少其介质的动能,增加辐射能的比例。核爆的冲击波和辐射能可以加速钠的气化。热载体钠的气化,使核爆的部分能量转为"冻结"状态,有助于降低爆室内的静态压力和作用于壳体的比冲量,有利于爆室的安全防护。

经过上述的分析讨论,得出以下结论:

(1) 核爆炸在一定条件下是可控的,现代技术完全可以实现对 10kt TNT 级核爆炸进行的有效控制。

(2) 与磁约束或惯性约束聚变电站相比,核爆氘聚变能电站在物理上直观、技术简明、易于实施,采用现有的成熟技术,可以解决爆洞的安全、高性能核装置的设计制造、核燃料的生产和回收等问题;在工程上没有重大障碍,初步估计造价与一般核电站相当,因此,它将是一种利用氘作为主要燃料的聚变能源的可能选择。

(3) 聚变份额达 90% 以上,是清洁能源,可减少对环境的污染和影响。

(4) 可以利用核爆炸产生的大量中子来生产核燃料和进行核废料处理。

(5) 该设想主要受制于核不扩散条约,但中国是能源消耗大国,如果能实现能源自给自足,在国际上应该受到欢迎,而且此项技术对人类未来能源的可持续性有重要意义。

 **参考文献**

［1］ US Geological Survey. Mineral Commdity Summaries［R/OL］.［2017-04-10］. https://minerals. usgs. gov/minerals/pubs/mcs/2008/mcs2008. pdf.

［2］ HOFFERT M I, CALDEIRA K, BENFORD G, et al. Advanced technology paths to global climate stability: energy for a greenhouse planet[J]. Science,2002,298(1):981-987.

[3] CALL C J,MOIR R.W. A novel fusion power concept based on molten-salt technology:PACER revisited[J]. Nuclear Science and Engineering,1990,104(4):364-373.

[4] ÜNALAN S,AKANSU S O. Neutronic and thermal analysis of a peaceful nuclear explosion reactor[J]. Fusion Science and Technology,2003,43(1): 110-121.

[5] ACIR A. Improvement of the neutronic performance of the PACER fusion concept using thorium molten salt with reactor grade plutonium[J]. Journal of Fusion Energy,2013,32(1):11-14.

[6] SZOKE A,MOIR R W. A realistic gradual and economical approach to fusion power[J]. Fusion Technology,1991,20(4P2):1012-1021.

[7] MOIR R W. Pacer revisited [J]. Fusion Technology,1989,15(2P2B):1114-1118.

[8] IVANOV G A,VoLOSHIN N P,GANEEV A S,et al. Explosion Deuterium Energetics(in Russian)[M]. Snezhinsk:RFYaTs VNIITF,1997.

[9] 彭先觉,刘成安,陈银亮,等. 核爆聚变电站:人类未来能源的希望[J]. 中国工程科学,2008,10(01):39-46.

[10] 刘成安. 核爆氘能发电爆室设计中的物理问题[J]. 计算物理,2008,25(1):15-21.

[11] 刘成安. 核爆氘-氚聚变能电站——聚变能和平利用的一种可能的途径[J]. 原子核物理评论,2007,24(04):328-332.

[12] 乔登江. 核爆炸物理概论[M]. 北京:国防工业出版社,2003.

第 10 章 钍资源的核能利用

10.1 引　言

起初,出于对铀资源不足的担心,一些科学家开始关注钍的核能利用。理论预测地壳中钍的含量是铀的 3~5 倍。根据 2016 年 OECD 发布的铀资源红皮书[1],全球已探明钍资源约 620 万 t,铀资源 764 万 t。钍资源一般伴随着稀土矿、铀矿、钛矿,作为一种副产品出现。天然钍只有一种同位素^{232}Th,^{232}Th 在中子场的辐照下可转换成易裂变燃料^{233}U,^{233}U 具有优良的中子学性能。通常把^{233}U 作为裂变燃料、^{232}Th 作为转换燃料,实现核能利用的过程称为钍铀循环,以区别于^{235}U(或者钚)为裂变燃料、^{238}U 为转换燃料的铀钚循环。钍铀循环采用热堆技术也有可能实现燃料自持或稍有增殖,这被认为是相对于铀钚循环的一大优势。另外,^{233}U 的俘获截面小,且它需经多次转换才能形成镎、镅、锔等次锕系核素,因此钍铀循环放射性废物的管理相对比较容易。

钍铀循环必须靠浓缩铀或者钚来启动,或者由很强外中子源(如 ITER 级别的聚变堆)驱动含钍包层来启动,等积累了足够的^{233}U 后才能过渡到完全的钍铀循环。也就是说必须先发展铀钚循环才有可能发展钍铀循环,这是钍铀循环最大的缺点。经过几十年的发展,在全球范围内已经建立了比较完善的铀钚循环热中子堆核电产业链,包括前端(含铀矿勘查、采冶、转化、铀浓缩,燃料元件生产)、中端(含反应堆建造和运营,核电设备制造)、后端(乏燃料储存、运输、后处理、放射性废物处理和处置、核电站退役)。发展铀钚循环钠冷快堆将有望解决核燃料增殖与次锕系核素嬗变问题。钍铀循环虽然有潜在的优点,但缺乏明确的需求牵引,技术积累也非常欠缺。福岛核事故后,国际社会对核反应堆的安全性提出了更高的要求。采用液态燃料的熔盐堆具有优良的固有安全特性,重新得到国际社会的重视。从理论上讲,液态燃料熔盐堆结合在线燃料处理技术,可以充分发挥钍铀循环在安全性、燃料增殖、放射性废物最小化方面的优势。

特别需要指出的是,钍铀循环热堆和快堆的增殖能力都远比不上铀钚循环的快堆。要解决核能发展中燃料的长期供应问题,必须实现闭合燃料循环。如果采用闭合燃料循环,钍铀循环和铀钚循环都具有成为千年能源的潜力。钍铀循环涉及面极广,有些潜在的优点能否转化为现实的竞争力,更是一个复杂的大科学工程问题。本章主要从中子学角度分析钍铀循环的特性,探讨如何在现有的工业基础上利用钍资源的问题。

10.2　钍铀循环的中子学特性

钍铀循环所需的^{233}U 必须通过中子辐照产生出来。^{232}Th 经过一次中子俘获,再经过两次 β 衰变即变成^{233}U,转换过程为 $^{232}\mathrm{Th}(n,\gamma)\longrightarrow ^{233}\mathrm{Th}\xrightarrow[22.12\mathrm{min}]{\beta^-}{}^{233}\mathrm{Pa}\xrightarrow[27.4\mathrm{d}]{\beta^-}{}^{233}\mathrm{U}$。

表 10-1 给出了两种可转换核与 3 种主要易裂变核素在热中子谱和快中子谱下的俘获截面 $\sigma_{n\gamma}$、裂变截面 σ_f 以及有效裂变中子数 η。

表 10-1　铀、钍、钚等重要同位素的核反应特性[2]

同位素		热中子谱(0.025eV)			快中子谱(>100eV)		
		$\sigma_{n\gamma}$/b	σ_f/b	平均有效裂变中子数 η	$\sigma_{n\gamma}$/b	σ_f/b	平均有效裂变中子数 η
可转换核	^{232}Th	7.4	0	—	0.38	0.01	—
	^{238}U	2.7	0	—	0.33	0.04	—
易裂变核	^{233}U	45.76	528.5	2.28	0.27	2.73	2.5
	^{235}U	98.68	585.1	2.07	0.56	1.90	2.3
	^{23P}Pu	270.33	747.4	2.11	0.50	1.80	2.9

下面我们先不考虑^{233}U 的来源问题,只从理论上分析钍铀循环中子学特点。

10.2.1　热中子谱钍铀循环

热中子谱下,钍铀循环比铀钚循环更有优势,主要原因如下:

(1) ^{232}Th 的俘获截面约为^{238}U 的 3 倍,^{232}Th 比^{238}U 更有利于俘获中子,热堆中^{233}U 的产出率高于^{239}Pu 的产出率。

(2) ^{233}U 的俘获截面(45.76b)只有^{239}Pu 俘获截面(270.33b)的 1/6,而二者的裂变截面相差不到 30%。因此,热堆中^{233}U 的消耗率低于^{239}Pu 的消耗率。

(3) ^{233}U 的有效裂变中子数(2.28)比^{239}Pu 的有效裂变中子数(2.11)稍大。

上述特点说明:热中子谱下^{232}U $\longrightarrow ^{233}$U 的转换效率比^{238}U $\longrightarrow ^{239}$Pu 的转换效率高;钍中^{233}U 的饱和浓度可大于低浓铀中^{239}Pu 的饱和浓度,钍铀循环比铀钚循环更容易达到易裂变燃料自持的水平;钍铀循环在热堆中能实现较大的转换比,甚至可能实现微小的增殖。

式(4-26)给出了有外中子源时转换比 CR 的表达式,对于临界问题 $S_{\mathrm{ext,a}}=0$,则转换比 CR 的表达式为 $CR=\eta-1-A-L+C$,其中 A、L、C 分别是易裂变核每吸收一个中子时其他材料吸收的中子数、系统泄漏的中子数和可转换材料产生的中子数。美国希平港轻水增殖堆(LWBR)[3-4]曾在 20 世纪 70 年代演示了钍铀循环热堆的增殖能力,增殖比约为 1.013。需要指出的是,LWBR 为实现上述目标做了一些精巧而复杂的设计。例如,取消了可燃毒物和控制棒,利用部分燃料组件的移动来调整泄漏中子数以实现反应性控制;该堆卸料燃耗深度只有 6.8GW·d/t U,远低于商用压水堆的燃耗水平(>33GW·d/t U)。

这些设计是以降低安全性和经济性为代价的,在当前的环境下无法推广应用。

1965 年,ORNL 建成了热功率为 8MW、石墨慢化的熔盐实验堆 MSRE[5]。该堆采用 ^{235}U-^{232}Th 氟化物熔盐燃料运行了 9000h,采用 ^{233}U-^{232}Th 氟化物熔盐燃料运行了 4160h。MSRE 的运行展示了钍基熔盐堆的一些特点,包括负的反应性温度系数,运行方便安全,氟化物熔盐对镍基合金的腐蚀有限等。但 MSRE 并没有演示熔盐堆的增殖能力和燃料在线处理能力,第二运行阶段使用的 ^{233}U 不是第一运行阶段提取出来的。1970 年,ORNL 开始设计石墨慢化的熔盐增殖堆 MSBR,但不久美国就终止了熔盐堆项目。MSBR 设计的增殖比为 1.06。作为对比,铀钚循环热中子堆的 CR 约为 0.6~0.8。假设 MSBR 整个寿命周期 CR 保持不变,则 MSBR 的燃料倍增时间约 26 年[6]。

实际上,CR 会随着裂变产物的积累而减小,因此除非采用在线后处理及时清除裂变产物并将 ^{233}Pa 提出堆外,否则热中子谱熔盐堆燃料倍增时间会更长。另外,热中子谱熔盐堆采用石墨慢化,石墨具有正的温度反应性系数,有可能抵消熔盐燃料的负反应性温度系数,经过 4~8 年的辐照,堆芯结构需要整体更换。

考虑到熔盐堆面临的挑战(主要是燃料在线处理),美国于 2006 年前后提出了氟盐冷却的高温堆(FHR)概念。中国科学院也计划发展此类堆型,并称之为固态燃料的钍基熔盐堆(TMSR-SF)。FHR 和高温气冷堆(HTGR)均无法实现燃料增殖,二者的应用场景也非常类似。FHR 还处于概念研究阶段,而我国的 HTGR 处于世界先进水平,目前示范堆已经接近完工。我们认为,FHR 只有展现出比 HTGR 非常显著的优点才有可能在我国得到发展。

10.2.2 快中子谱钍铀循环

快中子谱下易裂变核素的 η 大,裂变产物吸收截面小,因此中子经济性更好。缺点是快中子谱下易裂变核素的裂变截面低,中子通量高,对材料的辐照损伤严重。钍铀循环要设计成快中子谱应该采用液态燃料熔盐堆。快中子谱熔盐堆可以设计成增殖堆(CR>1)、嬗变堆(CR<1)或者自持堆(CR=1)。

快中子谱熔盐堆概念的特点可参见 2.4.5 节熔盐堆部分。2005 年后,熔盐堆的研究重点转向快中子谱概念,典型设计包括法国的 MSFR、俄罗斯的 MOSART[7-8]。

MSFR 瞄准钍资源利用,热功率 3000MW,寿命周期平均增殖比约 1.1,^{233}U 初装量 5.3t,每天消耗约 3kg 裂变燃料,燃料倍增时间大于 40 年。

MOSART 主要定位嬗变超铀元素,燃料中可以不添加 ^{238}U 或 ^{232}Th 等可转换材料,电功率为 1100MW,可以在线添加燃料维持系统反应性。

传统的熔盐堆需要用泵把燃料从堆外输送到堆内,燃料处于动态流动中,对堆的运行将带来很大挑战。近期 Scott 提出了两种静止燃料的熔盐堆概念[9]。第一种采用 NaF/ThF$_4$ 为冷却剂兼 ^{233}U 增殖剂,采用 UF$_3$/UF$_4$/RbF/NaF 氟化物液态燃料,燃料密封在包壳中静止不动。这是一种热中子谱设计,冷却剂中增殖的 ^{233}U 可在线提出。第二种为快中子谱设计,主要用于嬗变超铀元素,它采用 ZrF$_4$/KF/NaF 冷却剂,采用铀钚混合氯化物液态燃料 NaCl/PuCl$_3$/(UCl$_3$/LnCl$_3$)。这两类熔盐堆可以配合使用,实现易裂变燃料增殖和超铀元素嬗变。

10.3 钍铀循环中的特殊问题

10.3.1 启动问题

^{232}Th 俘获中子生成 ^{233}Th,后者衰变(半衰期 22. 12min)后生成 ^{233}Pa, ^{233}Pa 衰变(半衰期 27. 4d)后形成 ^{233}U。自然界中没有 ^{233}U,因此必须首先靠启动燃料(浓缩铀或者堆级钚)将 ^{232}Th 不断转换为 ^{233}U。由于钍 ^{232}Th 的俘获截面远大于 ^{238}U 的俘获截面,启动燃料的浓度一般要高于同类铀钚循环堆型。

可以有两种方式过渡到 ^{232}Th–^{233}U 循环。

(1)"先造再烧"。例如,MSRE 第二阶段就是完全的钍铀循环,其使用的 ^{233}U 是从其他反应堆生产出来的。文献[10]基于 MSBR 堆芯结构计算了液态燃料熔盐堆生产 ^{233}U 的能力。反应堆初装 6. 8t Pu、41. 5t ^{232}Th,通过在线添加钚钍氟化物熔盐维持反应性,通过在线提取 ^{233}Pa 将生产的 ^{233}U 储存起来。计算中假设燃料处理周期为 10d,结果表明 MSBR 在两年内在线添加 3. 4t Pu,可累积生产 0. 75t ^{233}U(临界质量)。这种方式 ^{233}U 生产比较快,但由于钚两年累计使用量高达 10t,因此燃料的利用率太低。

(2)"边造边烧"。仍以 MSBR 为例,这次将堆外生成的 ^{233}U 立刻返回堆芯。这种情况下反应堆燃耗大致可分为两个阶段。前 30 年为过渡循环,钚的裂变贡献逐渐下降, ^{233}U 的裂变贡献逐渐增加。30 年后为平衡循环,此时 ^{233}U 的产生和消耗达到平衡。过渡循环 30 年内累计消耗 7. 1t Pu,净生产 0. 75t ^{233}U,平衡循环增殖比为 1. 04,每年净生产 ^{233}U 约 40kg。

研究表明,MSBR 如果采用浓缩铀来启动,也会面临 ^{235}U 利用效率低或者过渡时间长、^{233}U 生产慢的缺点。"先造再烧"方式初始投入富集度 20% 的浓缩铀约 8. 6t,两年内还需在线添加 ^{235}U 约 1700kg,可以净生产 ^{233}U 约 1. 1t。"边造边烧"方式需使用 40% 富集度的浓缩铀约 4t,30 年过渡循环内在线添加 ^{235}U 约 64kg,达到平衡循环后年净产 ^{233}U 约 40kg。

工业界从钍铀循环过渡到铀钚循环可能需要上百年时间。在当前技术条件下比较切实可行的是方案是率先在轻水堆或者重水堆中开展钍的利用。国内开展了将大亚湾核电机组和 CANDU 机组[11-13]燃料组件中部分铀元件替换为钍元件的工作,通过多次循环换料(不做后处理)来实现节省部分铀燃料的理论研究,发现可以节省约 15% ~ 30% 的天然铀。国外研究也有类似结论。印度制定了三步走的钍资源利用战略:第一步,利用重水堆为快堆积累钚;第二步,利用快堆生产 ^{233}U;第三步,利用先进重水堆开启钍铀循环。

10.3.2 钍铀循环的燃料利用率

10.3.2.1 固态燃料堆型

本书 2. 2. 3 节和 2. 5 节分析了铀钚循环的燃料利用率问题。钍铀循环如果采用固态燃料(如 FHR、轻水堆、重水堆等),则其燃料利用率和相应的铀钚循环堆型相当。显然,从提高资源利用率的角度,应该优先发展液态燃料 MSR。

10.3.2.2 液态燃料 MSR

1. 过渡循环期间

由 10.3.1 节可知,过渡循环的实质是用 ^{235}U 或 Pu 来置换 ^{233}U。如果采用"先造再烧"的方式,由于易裂变燃料装量巨大,其燃料利用率甚至比铀钚循环轻水堆"一次通过"式的还要低。如果采用"边造边烧"方式,由于增殖的 ^{233}U 在线提取并返回堆芯,燃料利用率较高。

2. 平衡循环期间

考虑到同等功率的裂变堆每年消耗的裂变材料量基本相当,燃料利用率主要取决于寿命周期内易裂变材料的总投料量。钍铀循环如果采用液态燃料、结合燃料在线处理,则 ^{233}U 堆内投料量接近临界质量,增殖的燃料得到重复利用,因此最有利于提高燃料利用率。下面我们重点对此做出分析。

假设熔盐堆 ^{233}U 的初始装载量为 I_U,^{232}Th 的初始装载量为 I_{Th},每年消耗裂变材料的质量为 m_0,其中易裂变燃料消耗量为 I_0。设转化比为 CR,为保持临界和堆内燃料质量守恒,每年需补充 $I_0(1-CR)$ 的 ^{233}U 和 I_0 CR 的 ^{232}Th。假设 1t ^{233}U 相当于 200t 天然铀,当 CR≤1 时,可以得到 n 年内燃料利用率为

$$f_r(n) = \frac{n \times m_0}{(200I_U + I_{Th}) + 200I_0(n-1) \times (1-CR) + (n-1) \times CR} \tag{10-1}$$

式(10-2)的分子项为累计消耗的裂变燃料,分母项为累计投入的等效裂变燃料投料量,其中 ^{233}U 按 200 倍质量折算,^{232}Th 按 1 倍质量折算。对于 3GW 热功率的熔盐堆,取 $I_U = 1.1t$,$I_{TU} = 65t$,$m_0 = I_0 = 1t$,可得不同 CR 对应的燃料利用率估计值,如表 10-2 所列。实际上不同能谱的堆芯设计方案的 I_U 相差较大,因此表 10-2 中的数据只能做相对参考。显然,提高 CR 或者降低 I_0 是提高钍资源利用率的重要途径。熔盐堆由于易裂变燃料的初始投料量较小,平衡循环阶段的燃料利用率比铀钚循环较高(具体可见 2.2.3 节)。

表 10-2　熔盐堆燃料利用率估计值

CR	I_U/t	I_0/t	每年添加^{233}U/t	60 年^{233}U 投料/t	等效裂变燃料投料/t	60 年燃料利用率/%
0.6	1.1	1.1	0.4	24.7	5040.4	1.19
0.8	1.1	1.1	0.2	12.9	2692.2	2.23
0.9	1.1	1.1	0.1	7	1518.1	3.95
0.95	1.1	1.1	0.05	4.05	931.05	6.44
0.98	1.1	1.1	0.02	2.28	578.82	10.37
0.99	1.1	1.1	0.01	1.69	461.41	13.00
1	1.1	1.1	0	1.1	344	17.44

当 CR>1 时,燃料利用率主要取决于燃料倍增时间。前已述及,MSBR 和 MSFR 的燃料倍增时间分别为 26 年和 40 年,可见钍铀循环快堆的燃料增殖能力远比不上铀钚循环的快堆。

10.3.3 钍铀循环的放射性

^{232}Th 的质量数比 ^{238}U 小 6，^{233}U 的质量数也比 ^{239}Pu 小 6，因此钍铀循环需要经过多次转换才能形成超铀元素（TRU）。例如，^{232}Th 吸收 5 个中子才能转换为 ^{237}Np，而 ^{238}U 只需一次（n，2n）反应；^{232}Th 吸收 9 个中子才能转换为 ^{241}Am，而 ^{238}U 只需 3 次。同理，^{233}U 也要比 ^{239}Pu 更难转换为 MA。这个特点决定了钍铀循环产生的超铀元素比铀钚循环低约 2 个量级。

但是，钍铀循环的总放射性其实和铀钚循环是相当的[4,14]。钍铀循环也会产生一些长寿命重核，有些核素对放射性的贡献比在铀钚循环中更重要。例如，^{233}U 的半衰期为 1.6×10^5 年，其衰变子体 ^{229}Th 有很强的放射性。^{231}Th 的衰变产物 ^{231}Pa 的半衰期为 3.3×10^4 年，也具有强放射性。钍铀循环中会生成少量 ^{232}U（半衰期 76.3 年），其衰变链中含有的 ^{212}Bi 和 ^{208}Tl 会释放出能量分别为 1.6MeV 和 2.6MeV 的高能 γ。因此，后处理及元件加工中都要求远距离、屏蔽操作。^{232}U 有如下 3 个产生途径：

$$^{232}\text{Th}\,(\text{n},\gamma)\,^{233}\text{Th}\xrightarrow[22.12\text{min}]{\beta^-}{}^{233}\text{Pa}\xrightarrow[27.4\text{d}]{\beta^-}{}^{233}\text{U}\,(\text{n},2\text{n})\,^{232}\text{U} \qquad (10\text{-}2)$$

$$^{233}\text{Pa}\,(\text{n},2\text{n})\,^{232}\text{Pa}\xrightarrow[1.32\text{d}]{\beta^-}{}^{232}\text{U} \qquad (10\text{-}3)$$

$$^{232}\text{Th}\,(\text{n},2\text{n})\,^{231}\text{Th}\xrightarrow[25.64\text{h}]{\beta^-}{}^{231}\text{Pa}\,(\text{n},\gamma)\,^{232}\text{Pa}\xrightarrow[1.32\text{d}]{\beta^-}{}^{232}\text{U} \qquad (10\text{-}4)$$

另外，^{233}Pa 吸收 1 个中子会变成 ^{234}Pa，后者会衰变为 ^{234}U，^{234}U 的衰变产物 ^{210}Po 具有很强的放射性和生物毒性。

文献[4]计算了"一次通过"式铀钚循环轻水堆和 ^{232}Th-^{233}U 轻水堆停堆放射性随时间的变化，如图 10-1 和图 10-2 所示。该文献中铀钚循环的燃耗深度为 50GW·d/t U，钍铀循环的燃耗深度为 18GW·d/t U。图 10-1 和图 10-2 中数据系先按照电功率为 1GW 的电站运行 1 年折算，再将铀钚循环燃料装量折算为天然铀进行放射性归一。也就是说，图 10-1 和图 10-2 中放射性为 1 就表示达到天然铀的放射性水平。首先可以看出，停堆时刻两种循环的放射性相当。对于铀钚循环，100 年内放射性主要来自裂变产物（FP）和

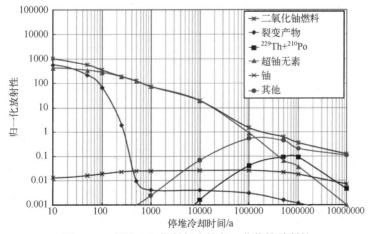

图 10-1　标准 UO_2 燃料轻水堆归一化停堆放射性

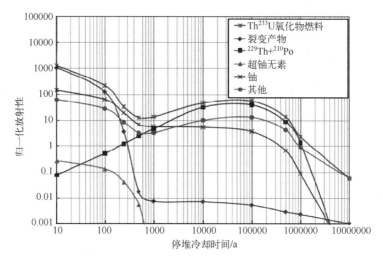

图 10-2　^{232}Th-^{233}U 燃料轻水堆归一化停堆放射性

超铀元素(TRU);100~1000 年内 FP 放射性显著下降,1×10^{2}~1×10^{5} 年的范围内 TRU 放射性占主导;20 万年后总放射性降低到天然铀水平。对于钍铀循环,100 年内放射性主要来自 FP,其次是铀同位素(^{232}U 起主要贡献),TRU 的贡献很小;100~1000 年内 FP 放射性显著下降,^{232}U 的放射性缓慢下降,^{229}Th(^{233}U 的衰变产物)和^{210}Po(^{234}U 的衰变产物)的贡献开始上升;1000 年后^{229}Th 和^{210}Po 的放射性占主导;100 万年后总放射性降低到天然铀水平。

钍铀循环的长期放射性主要来自于^{232}U、^{233}U 和^{234}U 的衰变产物,TRU 的贡献可以忽略,这与钍铀循环显著不同。在不做后处理的情况下,钍铀的长期放射性,尤其是 10000 年后的放射性甚至高于铀钚循环。钍铀循环回收铀或者铀钚循环回收 TRU 都可以使乏燃料的长期放射性显著下降。

10.3.4　中子通量谱、通量密度对^{233}U 产生率的影响

^{232}Th 俘获中子生成^{233}Th,^{233}Th 的半衰期只有 22.12min,可以近似地认为^{232}Th 俘获中子后直接生成^{233}Pa。^{233}Pa 可衰变为^{233}U,也可通过(n,γ)反应转化为^{234}Pa,或者通过(n,2n)反应转化为^{232}Pa。因此,^{233}U 的积累只需考虑以下反应链[15]:

$$^{232}\text{Th}+\text{n} \longrightarrow ^{233}\text{Pa} \xrightarrow[27.4\text{d}]{\beta^{-}} ^{233}\text{U} \tag{10-5}$$

$$^{233}\text{Pa}+\text{n} \longrightarrow ^{234}\text{Pa} \tag{10-6}$$

$$^{233}\text{Pa}+\text{n} \longrightarrow ^{232}\text{Pa}+2\text{n} \tag{10-7}$$

与之对应的单群点堆燃耗方程为

$$\frac{\mathrm{d}n_{\text{Th}}(t)}{\mathrm{d}t} = -\sigma_{\gamma}^{\text{Th}} n_{\text{Th}}(t)\phi \tag{10-8}$$

$$\frac{\mathrm{d}n_{\text{Pa}}(t)}{\mathrm{d}t} = \sigma_{\gamma}^{\text{Th}} n_{\text{Th}}(t)\phi - \sigma_{\gamma+2n}^{\text{Pa}} n_{\text{Pa}}(t)\phi - \lambda_{\text{Pa}} n_{\text{Pa}}(t) \tag{10-9}$$

$$\frac{\mathrm{d}n_{\text{U}}(t)}{\mathrm{d}t} = \lambda_{\text{Pa}} n_{\text{Pa}}(t) - \sigma_{a}^{\text{U}} n_{\text{U}}(t)\phi \tag{10-10}$$

式（10-8）～式（10-10）中：下标 Th、Pa、U 分别代表^{232}Th、^{233}Pa 和 ^{233}U；$n_{Th}(t)$ 代表 t 时刻 ^{232}Th 的核数密度；σ_γ^{Th} 为 ^{232}Th 的（n,γ）截面，$\sigma_{\gamma+2n}^{Pa}$ 为 ^{233}Pa 的（n,γ）与（n,2n）截面之和；σ_a^{U} 为 ^{233}U 的总吸收截面；λ_{Pa} 为 ^{233}Pa 的衰变常数；ϕ 为中子通量密度。

经过一定时间的核反应，^{233}Pa 和 ^{233}U 的产生率等于其消耗率。令式（10-9）和式（10-10）的右边等于 0，得到平衡浓度满足的方程：

$$\frac{n_{Pa}(t)}{n_{Th}(t)} = \frac{\sigma_\gamma^{Th}\phi}{\sigma_{\gamma+2n}^{Pa}\phi + \lambda_{Pa}} \tag{10-11}$$

$$\frac{n_U(t)}{n_{Pa}(t)} = \frac{\lambda_{Pa}}{\sigma_a^{U}\phi} \tag{10-12}$$

由此可得

$$\frac{n_U(t)}{n_{Th}(t)} = \frac{\lambda_{Pa}\sigma_\gamma^{Th}}{(\sigma_{\gamma+2n}^{Pa}\phi + \lambda_{Pa})\sigma_a^{U}} \tag{10-13}$$

由式（10-13）可见，^{233}U 的平衡浓度与中子通量密度及能谱有关，中子通量密度低，则较多的 ^{233}Pa 可衰变为 ^{233}U，有利于提高钍中 ^{233}U 浓度。

由式（10-12）可知，降低中子通量密度或选择能谱硬一些（^{233}U 的总吸收截面 σ_a^{U} 较小）的堆型可以降低 ^{233}Pa 相对于 ^{233}U 的浓度。如果 ^{233}Pa 含量高，停堆后 ^{233}Pa 将继续衰变为 ^{233}U，将引起停堆后反应性上升，称为镁效应，对堆的控制不利。降低 ^{233}Pa 的平衡浓度，可减少这一效应。此外，^{233}Pa 吸收中子与衰变为 ^{233}U 之间存在竞争，^{233}Pa 衰变会生成 ^{233}U。如果发生式（10-6）或式（10-7）的核反应，最终衰变为生成 ^{234}U 或 ^{232}U，都是我们不希望的。理想情况应该使 $\sigma_{\gamma+2n}^{Pa}\phi \ll \lambda_{Pa}$，即吸收贡献远低于衰变贡献。由前面的分析可知，通量过高不但对反应性不利，而且对 ^{233}Pa 衰变为 ^{233}U 也不利。最初曾为钍铀循环设计了高温气冷堆，后因堆功率密度受制于 ^{233}Pa 吸收中子的损失而不能提高，不能实现易裂变燃料增殖，改成了用浓缩铀燃料。

因 ^{233}Pa 衰变半衰期较长（27.4d），如能在线及时取出生成的 ^{233}Pa，减少 ^{233}Pa 吸收中子的消耗，使之在堆外衰变为 ^{233}U，对 ^{233}U 的产出率和减少高放射性元素 ^{232}U 和 ^{234}U 的生成都是有利的。用熔盐堆可以在线加料和燃料后处理的特性有可能尽量减少 ^{233}U 的损失。反之，如果无法实现在线后处理，则势必要增加易裂变燃料装量，降低增殖性能。

10.3.5 核扩散风险

^{233}U 和 ^{239}Pu、^{235}U 一样，都可用来制造核武器。有一种观点认为，钍铀循环中生成的 ^{232}U 可产生很强的高能 γ 放射性，不利于制造核武器，因而钍铀循环具有防核扩散功能。这种看法值得商榷，因为可采取一定方法减少 ^{232}U 的放射性[6]。^{232}U 的半衰期为 72 年，只要在其衰变产生足量的 ^{228}Th 以前清除掉 ^{228}Th 及其衰变子体，则燃料的放射性相当低，此时采用化学方法容易把 ^{233}U 从 ^{232}Th 中分离出来，不影响其用于制造核武器。

另外，对于熔盐堆，可通过在线化学分离的方法分离出 ^{233}Pa，由它衰变产生的 ^{233}U 不含铀的其他同位素，非常适宜制造核武器。

也有人提出利用掺混^{238}U 的变性钍作为核燃料,利用^{233}U 和^{238}U 无法用化学方法分离的方法防止核扩散。这种观点也有漏洞,例如,可从变性钍燃料中分离由^{238}U 生成的^{239}Pu,同样可用于制造核武器。

此外,钍铀循环如果用浓缩铀来启动,其核扩散风险要大于压水堆,因为启动燃料的富集度接近或大于 20%。

可见用钍铀循环代替铀钚循环降低核扩散风险的有效性是值得怀疑的。相反,还有可能会增加一条核扩散的途径。

10.4　次临界能源堆中利用钍的可能性

钍铀循环也可以靠外中子源来驱动,构成 ADS(见第 8 章中 Rubbia 的嬗变包层概念)或聚变裂变混合系统(见第 7 章的 LIFE 的含钍包层)。

LLNL 曾开展了以贫化铀为燃料的 LIFE[16]包层设计,等效聚变功率为 500MW,包层含 40t 贫化铀,在功率控制模式下 40 年寿命周期内包层平均功率维持在 2000MW 左右。LIFE 聚变堆芯体积小,包层贫化铀装量少,包层中子学性能上升到天然铀燃料相当水平约需 1.5 年。LLNL 也设计了天然铀与钍混合物的氟化物熔盐 LIFE 包层概念[17],燃料成分为 LiF(76%(摩尔分数))、UF$_4$(12%(摩尔分数))、ThF$_4$(12%(摩尔分数))。这种概念可以达到和贫化铀燃料类似的中子学效果。Moir 等人[18]还设计了抑制裂变型钍燃料混合堆,中子能量放大倍数 $M_n = 2.1$,每个聚变中子可生产 0.6 个^{233}U,每 1000MW 聚变功率可年产^{233}U 约 2600kg。

第 7 章已经提到,LIFE 的聚变堆芯半径只有 2.5m,包层贫化铀或钍的装量为 40t,随着中子辐照,易裂变核素浓度提高较快,约 1.5 年左右可以达到和天然铀燃料相当的水平。另一方面,LIFE 第一壁中子辐照损伤高达 35dpa/a。能源堆(见第 4、5 章)聚变堆芯较大,第一壁中子辐照损伤低于 10dpa/a。次临界能源堆包层裂变燃料初装料约 600t,如果全部采用钍则约 10 年才能达到和天然铀相当的效果[19]。

下面简要探讨次临界能源堆包层中逐步添加钍燃料的可能性。包层几何模型见表 4-1,燃料成分与概念模型运行 5 年后的成分相同。燃料管理采取如下策略:5 年换一次料,乏燃料经简便干法后处理去除沸点在 1700K 以下的裂变产物;处理后的乏燃料与 5t 天然钍均匀掺混后重新装入包层。计算模拟了经过 40 次换料,累计运行 200 年的燃耗情况。图 10-3 给出了^{238}U 和^{232}Th 含量随运行时间的变化,^{238}U 在不断减少,而^{232}Th 则在不断增多。从图 10-3 可以看出,随着^{232}Th 的积累,每个循环内^{232}Th 的消耗量也在增加。图 10-4 给出了^{233}U 和^{239}Pu 含量随运行时间的变化。图 10-5 给出了 TBR 和 M 随运行时间的变化情况。从趋势上看,在 200 年的时间内 M 都在缓慢上升,变化范围在 15~23 之间,和添加贫化铀的情况类似。

表 10-3 汇总了 TBR、M 和 F/B 随运行时间的变化情况,表 10-4 汇总了重要锕系核素含量随运行时间的变化情况。从表 10-3 的最后一行可以看到,100~200 年间 F/B 的变化很小,说明在此期间系统处于平衡燃烧期。从图 10-4 和图 10-5 也可看到,这段时间内^{239}Pu 和^{241}Pu 的增长速度很慢,TBR 先是缓慢上升,在 80 年左右达到最大值 1.35,之

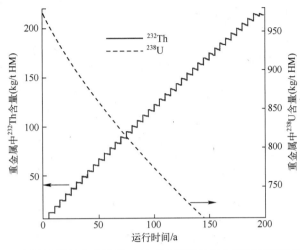

图 10-3 全用简便干法后处理时(加钍)增殖材料含量随运行时间的变化

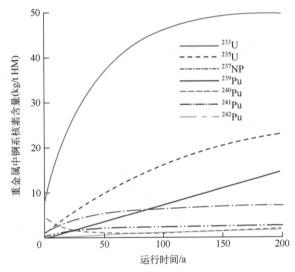

图 10-4 全用简便干法后处理时(加钍)重要锕系核素含量随运行时间的变化

后平稳缓慢下降,到 200 年时仍能维持在 1.23。寿命周期末 ^{239}Pu 和 ^{233}U 的含量分别为 49.71‰和 14.52‰。由于 ^{239}Pu 已进入平衡期达 100 年左右,而 ^{233}U 则还处于增长期。可以预计,随着运行时间的增加,系统将逐渐从以铀钚循环为主过渡到以钍铀循环为主。可见用聚变驱动的混合堆,从铀钚循环过渡到钍铀循环需要相当长的时间。如果直接从天然钍做起,要经过更长的时间才能达到和天然铀相当的效果。

表 10-3 全用简便干法后处理时(加钍)TBR、M 和 F/B 随运行时间的变化

运行时间/a	0	9.96	19.8	49.80	100.30	119.8	140.3	159.8	179.8	199.8
TBR	1.240	1.267	1.277	1.337	1.349	1.341	1.325	1.275	1.252	1.230
M	14.9	16.5	17.6	20.32	22.6	23.0	23.1	23.2	23.1	23.0
F/B	1.81	1.584	1.496	1.310	1.193	1.164	1.142	1.122	1.108	1.097

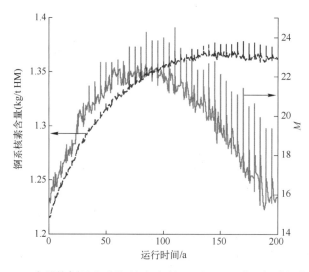

图 10-5　全用简便干法后处理时(加钍)M 和 TBR 随运行时间的变化

表 10-4　全用简便干法后处理时(加钍)锕系核素含量随运行时间的变化　单位:kg/t HM

运行时间/a		0	9.96	19.8	49.80	100.30	119.8	140.3	159.8	179.8	199.8
（加钍）锕系核素成分	^{232}Th	6.80	19.63	25.18	60.30	122.46	136.33	157.26	177.33	197.11	211.64
	^{233}U	0.00	0.52	1.17	3.46	7.30	8.87	10.36	11.94	13.41	14.52
	^{235}U	4.74	2.86	2.04	1.07	1.15	1.33	1.53	1.77	1.99	2.16
	^{236}U	0.99	2.11	2.76	4.11	5.28	5.62	5.93	6.22	6.48	6.65
	^{238}U	976.73	948.56	924.21	859.68	774.31	742.94	715.97	688.92	663.42	645.00
	^{237}Np	1.10	2.56	3.48	5.28	6.52	6.78	6.97	7.14	7.25	7.31
	^{239}Pu	7.99	17.68	23.87	36.85	46.02	47.76	48.87	49.53	49.72	49.71
	^{240}Pu	0.89	2.89	4.63	9.86	16.17	18.14	19.79	21.24	22.40	23.13

10.5　乏燃料管理问题

如前所述,钍铀循环的总放射性水平和铀钚循环相当。如果采用"一次通过"式,其乏燃料管理难度和铀钚循环类似。假设乏燃料中 99.9% 的 ^{232}Th 和 ^{233}U 经后处理返回堆内复用,则 1000 年后剩余废物的放射性与铀钚循环"一次通过"式相比降低近 2 个量级(可参考图 10-1 和图 10-2),接近天然铀的放射性水平。

闭式循环的关键是后处理,现有的 THOREX 流程还很不成熟。只有少数国家开展过钍基燃料后处理流程的实验研究,研究的数据和经验都较少,从乏燃料中分离钍、铀和钚的流程尚未发展起来。如果采用固体燃料,由于 ThO_2 很稳定,不易溶解于硝酸中,需在硝酸中加入 HF 才能溶解乏燃料,这会加剧对不锈钢设备和管线的腐蚀。如果采用熔盐燃料,则需解决在线后处理技术的一系列问题。

采用快中子谱的熔盐堆设计,反应堆中子经济性好,有可能开发出与之匹配的更加简单、经济的后处理技术。在线将^{233}Pa 和^{231}Pa 及时取出,可增加^{233}U 产量,并减少^{234}U 和^{232}U 产量,有可能降低燃料元件制造的困难和成本,需要加强研究。

10.6　开发和利用钍资源的几点看法

钍资源开发和铀钍循环闭式燃料循环的发展是密不可分的。钍铀循环需要采用浓缩铀或者堆级钚来启动。采用堆级钚来启动钍铀循环有可能提高铀/钍资源利用率、减少超铀核素积累,是比较理想的选择。堆级钚的大量积累和分离将是制约钍铀循环发展的首要因素。

钍铀循环的技术积累还非常欠缺,技术路线尚不明确。熔盐堆结合在线燃料处理被认为是发挥钍铀循环优势的最佳选择。但是熔盐堆目前还处于可行性研究阶段,钍铀循环的定位尚不明确。熔盐堆的增殖能力并不突出,过渡循环时间和燃料倍增时间长,不利于扩大规模。熔盐堆嬗变似乎是一个比较好的选择,但是究竟是采用钍铀氟化物燃料(钍铀循环)还是采用铀钚氯化物燃料(铀钚循环)目前也未有定论。钍基燃料的 Thorex 后处理流程是否可行,^{232}U 的强放射性如何应对,这些核心技术问题都需要在工业规模上得到验证。

我们比较认同 NEA 对钍资源利用的观点,即循序渐进、密切配合现有铀钚循环体系。我国开发钍资源也应该放在核能利用的大背景下循序渐进地展开。具体来说,建议开展以下工作。

(1) 加强核能发展战略研究,根据我国核能发展的基础,充分论证我国发展钍铀循环的定位和技术路线。

(2) 开展钍资源调查,摸清储量。在加大铀矿资源调查的同时,探明钍矿资源,做好伴生矿中钍资源的保护。

(3) 开展钍铀循环的中子学研究,完善数据库。在现有反应堆增殖层中,做^{232}Th 产生^{233}U 的理论计算和积分实验。

(4) 研究在压水堆、重水堆中,以一次通过的方式,部分使用钍资源。加深燃耗,延长换料周期,以节省铀资源,积累经验,可暂不做后处理。

(5) 开展钍铀循环乏燃料后处理实验室规模研究,包括轻水堆、重水堆用含钍燃料中^{233}U 分离与燃料制备,熔盐燃料的在线处理技术,放射性污染和辐射防护研究等。

(6) 快中子谱的熔盐堆技术可以降低对熔盐燃料在线处理的要求,应该加强这方面的基础研究。快中子谱的熔盐堆技术既可能用于钍铀循环也可能用于铀钚循环,应该作为未来熔盐堆发展的重点。

(7) 聚变裂变混合堆在钍资源利用方面有独特的优势,应该加强这方面的理论研究。

参考文献

[1]　IAEA and OECD NEA. Uranium 2016: Resources,Production and Demand[R]. France:NEA,2016.
[2]　顾忠茂. 钍资源的核能利用问题探讨[J]. 核科学与工程,2007,27(02):97-105.

［3］ JAGANANATHAN V. Thorium pre-breeder/breeder route to widen the nuclear material base for generation of electric power［C］// thorium fuel utilization：Option and trends. Vienna：IAEA，2002.

［4］ YUN D，KIM T K，TAIWO T A. Th/U-233 multi-recycle in PWRs ［R/OL］. ［2018-03-20］. US：ANL，2010. http：//citeseerx. ist. psu. edu/viewdoc/download?doi=10. 1. 1. 461. 8965&rep=rep1&type=pdf.

［5］ HO M K M，YEOH G H，BRAOUDAKIS G. Molten salt reactors，Materials and processes for energy：communicating current and technological developments［M］. Spain：Formatex Research Center，2013.

［6］ 连培生. 原子能工业［M］. 北京：原子能出版社，2002.

［7］ OECD NEA. A technology roadmap for generation IV nuclear power systems［R/OL］. ［2017-04-10］. https：// www. gen-4. org/gif/upload/docs/application/pdf/2013-09/genivroadmap2002. pdf.

［8］ OECD NEA. 2016 GIF annual report［R/OL］. ［2017-04-10］. https：//www. gen-4. org/gif/upload/docs/application/pdf/2017-07/gifannual_report_2016_final12july. pdf.

［9］ DOLON T J. Molten salt reactors and thorium energy［M］. UK：Woodhead Publishing，2017.

［10］ 崔德阳. 熔盐堆利用富集铀/钍燃料启动建立钍铀循环运行模式的研究［D］. 上海：中国科学院上海应用物理研究所，2017.

［11］ 石秀安，胡永明，刘志宏，等. 压水堆平衡堆芯钍铀燃料循环初步研究［J］. 核科学与工程，2007，27（1）：68-76.

［12］ 张家骅，包伯荣，陈志成，等. 压水堆中使用分立型铀、钍燃料组件的堆芯物理特性研究［J］. 核科学与工程，2000，20（2）：175-183.

［13］ 杨波，施建锋，毕光文，等. 重水堆钍铀燃料增殖循环方案研究［J］. 核科学与工程，2017，37（01）：129-137.

［14］ OECD. Perspectives on the use of thorium in the nuclear fuel cycle，extended summary［R］. France：NEA，2015.

［15］ MATHIEU L，HEUER D，BRISSOT R，et al. The thorium molten salt reactor：Moving on from the MSBR［J］. Progress in Nuclear Energy，2006，48（7）：664-679.

［16］ KRAMER K J，LATKOWSKI J F，ABBOTT R P，et al. Neutron transport and nuclear burnup analysis for the laser inertial confinement fusion-fission energy（LIFE）engine［J］. Fusion Science & Technology，2008，56（2）：340-349.

［17］ MOIR R W，SHAW H F，CARO A，et al. Molten salt fuel version of laser inertial fusion fission energy（LIFE）［J］. Fusion Science and Technology，2009，56（2）：632-640.

［18］ MOIR，R W. Fission-suppressed fusion，thorium-cycle breeder and nonproliferation［J］. Fusion Science and Technology，2012，61（1T）：243-249.

［19］ 师学明. 聚变裂变混合能源堆包层中子学概念研究［D］. 北京：中国工程物理研究院研究生部，2010.

内 容 简 介

近十年来,中国工程物理研究院 Z 箍缩研究团队在院、国防科工局、ITER 专项和国家自然科学基金委的支持下,对磁约束聚变驱动次临界能源堆和 Z 箍缩驱动聚变裂变混合堆(Z-FFR)进行了非常深入的研究,逐渐形成了可作为未来规模能源的 Z-FFR 技术路线。本书便是对这条路线的论证。

本书共 10 章。前 3 章介绍了能源问题概况、裂变核能的现状和发展趋势、聚变能的基本概念和纯聚变能源的局限性。在此基础上,第 4、5 章提出了聚变裂变混合能源堆的概念,并总结了次临界能源堆包层的相关成果。第 6 章结合"局部整体点火靶"、LTD 可重频驱动器和次临界能源堆概念,提出并论证了 Z-FFR 概念及技术方案。最后 4 章分析了激光惯性约束聚变裂变混合能源、加速器驱动次临界系统、核爆氘氘聚变电站和钍铀循环。

本书可供核能及混合堆研究领域的科研人员和高校师生阅读、参考。

In recent 10 years, the *Z*-Pinch group from China Academy of Engineering Physics(CA-EP) has thorough research on magnetic confinement fusion driven subcritical energy reactor and *Z*-Pinch driven Fusion Fission hybrid Reactor(*Z*-FFR) under the support of CAEP, State Administration of Science Technology and Industry for National Defence, National Magnetic Confinement Fusion Energy Project in China, and Natural Science Foundation of China. *Z*-FFR technical scheme, which can play an important role in future large scale development of nuclear energy, is gradually formed and this book is a well argumentation to *Z*-FFR.

This book consists of ten chapters. In the first three chapters, energy problem, status and tendency of fission energy, basic concept and limitations on fusion energy are introduced. In chapter 4 and 5, a fusion and fission hybrid reactor for energy is proposed and the related work on blanket of the subcritical reactor is outlined. It is then proposed the *Z*-FFR, which consists of"locally integral ignition capsule", repetitive Linear Transformer Driver, subcritical energy reactor, and the scheme argumentation is given. In the last 4 chapters, Laser Inertial confinement Fusion fission Energy (LIFE), Accelerator Driven Subcritical(ADS) system, deuterium-deuterium fusion power plants by nuclear explosives, thorium uranium cycle are analyzed.

This book can be used as a reference to researchers, as well as college students and techers, in nuclear energy and fusion fission hybrid reactor fields.